新编高等职业教育电子信息、机电类规划教材·应用电子技术专业

高频电子线路

（第4版）

林春方　主　编

彭俊珍
方庆山　副主编

陶亚雄　主　审

電子工業出版社
Publishing House of Electronics Industry

北京·BEIJING

内 容 简 介

高频电子线路是电子与通信技术专业的一门重要专业基础课程，全书系统地介绍了无线通信系统主要单元电路的组成与工作原理。本书的主要内容包括：高频小信号放大器，高频功率放大器，正弦波振荡器，调幅、检波与混频，角度调制与解调，反馈控制电路以及数字信号的调制与解调。本书强调基本概念，注重实际应用，各章末附有相应的技能训练，书末还附有高频电子线路 EWB、Labview 仿真实验以及收音机的装配调试实训等内容。

本书可作为高职高专院校电子信息技术、应用电子技术、通信技术及相关专业的教材或参考书，也可供相关专业工程技术人员参考使用。

图书在版编目（CIP）数据

高频电子线路 / 林春方主编. —4 版. —北京：电子工业出版社，2015.8

ISBN 978-7-121-26619-5

Ⅰ. ①高… Ⅱ. ①林… Ⅲ. ①高频－电子电路－高等学校－教材 Ⅳ. ①TN710.2

中国版本图书馆 CIP 数据核字（2015）第 159851 号

策　　划：陈晓明
责任编辑：郭乃明
印　　刷：北京捷迅佳彩印刷有限公司
装　　订：北京捷迅佳彩印刷有限公司
出版发行：电子工业出版社
　　　　　北京市海淀区万寿路 173 信箱　邮编：100036
开　　本：787×1092　印张：12.75　字数：326 千字
版　　次：2007 年 1 月第 1 版
　　　　　2015 年 8 月第 4 版
印　　次：2020 年 6 月第 7 次印刷
定　　价：30.00 元

凡所购买电子工业出版社图书有缺损问题，请向购买书店调换。若书店售缺，请与本社发行部联系，联系及邮购电话：（010）88254888。

质量投诉请发邮件至 zlts@phei.com.cn，盗版侵权举报请发邮件至 dbqq@phei.com.cn。

服务热线：（010）88258888。

第 4 版前言

本书是在第 3 版的基础上修订而成的。听取使用者意见，为了加深学生对数字通信的了解，将原第 4、5 章相关内容整合为第 7 章数字信号的调制和解调。

本书紧密结合高职高专教育特点，培养高素质技术技能人才，以通信系统中各组成部分的电路为载体，进行工作过程系统化的开发，定位准确，内容先进，取舍合理，文字精练，重点突出，各章节内容既各自独立，又相互联系，前后呼应。教学方式灵活，可以根据需要，进行模块组合教学，理论→仿真→实践。为便于老师的教学和学生的自学，还配有电子教案。

在内容处理上，力求简明扼要，突出重点，主动适应社会的实际需求，突出应用性、针对性和适应性，加强实践能力的培养。以模拟通信系统的组成原理为引导，侧重介绍各单元电路的基本工作原理和基本分析方法，避免烦琐的理论推导，并适当介绍了新器件、新电路以及数字通信的一些基本知识。本书的主要内容包括：绪论，高频小信号放大器，高频功率放大器，正弦波振荡器，调幅、检波与混频，角度调制与解调，反馈控制电路以及数字信号的调制与解调。

上海电子信息职业技术学院林春方老师担任本教材主编，负责全书的统稿工作，并编写了第 1 章、第 4 章、第 7 章及附录 A、B 部分；安徽电子信息职业技术学院方庆山老师编写了第 2 章、第 3 章和各章的技能训练部分；湖北职业技术学院彭俊珍老师编写了第 5 章、第 6 章；上海电子信息职业技术学院贾璐、张婷老师编写了附录 C 部分。陶亚雄主审了全书。在编写过程中，得到了上海电子信息职业技术学院的领导和老师们的大力支持，在此一并表示衷心的谢意。

由于编者水平有限，错误之处在所难免，恳请广大读者批评指正。

编者

2015.3

目　录

绪论…… (1)
本章小结…… (5)
思考与练习…… (5)
第 1 章　高频小信号放大器…… (6)
1.1　宽带放大器的特点、技术指标和分析方法…… (6)
1.1.1　宽带放大器的主要特点…… (6)
1.1.2　宽带放大器的主要技术指标…… (7)
1.1.3　宽带放大器的分析方法…… (7)
1.2　扩展放大器通频带的方法…… (9)
1.2.1　负反馈法…… (9)
1.2.2　组合电路法…… (9)
1.2.3　补偿法…… (10)
1.3　小信号谐振放大器…… (13)
1.3.1　小信号谐振放大器的分类和主要性能指标…… (13)
1.3.2　单级单调谐放大器…… (15)
1.3.3　多级单调谐放大器…… (17)
1.3.4　双调谐放大器…… (18)
1.3.5　调谐放大器的稳定性…… (19)
1.4　集中选频放大器…… (20)
1.4.1　集中选频放大器的组成…… (20)
1.4.2　集中选频滤波器…… (21)
1.4.3　集中选频放大器的应用…… (23)
技能训练 1　高频小信号谐振放大器的测试…… (25)
本章小结…… (26)
习题 1…… (26)
第 2 章　高频功率放大器…… (28)
2.1　概述…… (28)
2.1.1　高频功率放大器的分类…… (28)
2.1.2　丙类谐振功率放大器的特点…… (28)
2.1.3　丙类谐振功率放大器的主要性能指标…… (29)
2.2　丙类谐振功率放大器…… (29)
2.2.1　丙类谐振功率放大器的工作原理…… (29)
2.2.2　丙类谐振功率放大器的性能分析…… (33)
2.2.3　丙类谐振功率放大器电路…… (37)
2.3　丙类倍频器…… (41)

*2.4 丁类高频功率放大电路简介……(42)
2.5 宽带高频功率放大器……(43)
2.5.1 传输线变压器……(43)
2.5.2 功率合成与分配电路……(45)
技能训练 2 谐振功率放大器的性能测试……(47)
本章小结……(48)
习题 2……(49)
第 3 章 正弦波振荡器……(50)
3.1 反馈式振荡器的工作原理……(50)
3.1.1 组成与分类……(50)
3.1.2 平衡条件和起振条件……(51)
3.1.3 主要性能指标……(52)
3.2 LC 正弦波振荡器……(54)
3.2.1 变压器反馈式正弦波振荡器……(54)
3.2.2 三点式振荡器……(56)
3.2.3 改进型电容三点式振荡器……(59)
3.3 石英晶体振荡器……(60)
3.3.1 石英谐振器及其特性……(60)
3.3.2 石英晶体振荡器……(62)
3.4 RC 正弦波振荡器……(64)
3.4.1 RC 串并联选频网络……(64)
3.4.2 文氏电桥振荡器……(66)
3.4.3 RC 桥式振荡器的应用举例……(67)
*3.5 负阻正弦波振荡器……(68)
3.5.1 负阻器件……(68)
3.5.2 负阻振荡原理……(69)
3.5.3 负阻正弦波振荡器电路……(70)
技能训练 3 RC 正弦波振荡器的设计与调试……(71)
本章小结……(73)
习题 3……(74)
第 4 章 调幅、检波与混频……(77)
4.1 调幅波的基本性质……(77)
4.1.1 调幅波的数学表达式和波形……(77)
4.1.2 调幅波的频谱与带宽……(78)
4.1.3 调幅波的功率关系……(79)
4.1.4 双边带调制与单边带调制……(80)
4.2 调幅电路……(81)
4.2.1 高电平调幅……(82)
4.2.2 低电平调幅……(83)
4.3 检波器……(86)

4.3.1 大信号包络检波器……（86）
4.3.2 同步检波器……（89）
4.4 混频器……（91）
4.4.1 混频的基本原理……（92）
4.4.2 混频电路……（93）
4.4.3 混频干扰……（96）
技能训练 4 小功率调幅发射机的设计与制作……（98）
本章小结……（100）
习题 4……（100）
第 5 章 角度调制与解调……（102）
5.1 调角信号的基本性质……（102）
5.1.1 调角信号的数学表达式和波形……（102）
5.1.2 调角信号的频谱与带宽……（105）
5.1.3 调频信号与调相信号的比较……（107）
5.2 调频电路……（108）
5.2.1 直接调频电路……（108）
5.2.2 间接调频电路……（111）
5.2.3 扩展最大频偏的方法……（112）
5.3 鉴频器……（113）
5.3.1 鉴频方法综述……（113）
5.3.2 斜率鉴频器……（115）
5.3.3 相位鉴频器……（117）
5.4 调频制抗干扰技术……（119）
技能训练 5 无线调频耳机的设计与制作……（120）
本章小结……（121）
习题 5……（121）
第 6 章 反馈控制电路……（123）
6.1 自动增益控制（AGC）……（123）
6.1.1 AGC 电路的作用与组成……（123）
6.1.2 AGC 电压的产生……（124）
6.1.3 实现 AGC 的方法……（126）
6.2 自动频率控制（AFC）……（128）
6.2.1 AFC 的工作原理……（128）
6.2.2 AFC 的应用……（128）
6.3 锁相环路……（129）
6.3.1 锁相环路的基本工作原理……（129）
6.3.2 锁相环路的相位模型与环路方程……（130）
6.3.3 捕捉过程与跟踪过程……（134）
6.3.4 锁相环路的基本特性……（135）
6.3.5 集成锁相环路及其应用……（136）

6.3.6 频率合成……（140）
技能训练 6 基于锁相环的频率合成器的设计与制作……（145）
本章小结……（146）
习题 6……（147）
第 7 章 数字信号的调制和解调……（148）
7.1 数字通信系统概述……（148）
7.2 基带数字信号……（150）
7.2.1 基带数字信号的波形……（150）
7.2.2 基带数字信号的一般表示式……（152）
7.2.3 基带数字信号的频域特点……（152）
7.3 幅度键控……（154）
7.3.1 幅度键控信号的产生……（155）
7.3.2 幅度键控信号的解调……（157）
7.4 频率键控……（158）
7.4.1 频率键控信号的产生……（158）
7.4.2 频率键控信号的解调……（159）
7.5 相位键控……（160）
7.5.1 相位键控信号的产生……（162）
7.5.2 相位键控信号的解调……（163）
本章小结……（166）
习题 7……（166）
附录 A 实验……（167）
A.1 EWB 基本操作方法简介……（167）
A.2 实验内容及要求……（168）
实验 1 高频小信号谐振放大器……（168）
实验 2 高频谐振功率放大器……（169）
实验 3 正弦波振荡器……（170）
实验 4 调幅与检波……（171）
实验 5 混频器……（175）
实验 6 斜率鉴频器……（176）
附录 B 综合实训——HX108-2 型调幅收音机的装配与调试……（179）
附录 C 基于 Labview 的教学平台……（186）
C.1 Labview 简介……（186）
C.2 Labview 编程基础……（186）
C.3 Labview 仿真实例……（188）
C.3.1 幅度调制（AM）仿真……（188）
C.3.2 频率调制（FM）仿真……（191）
C.3.3 超外差式接收机的仿真……（193）
参考文献……（196）

绪　论

21 世纪人类已进入信息时代，人们可用各种方式方便快捷地传递与接收信息。信息是一个抽象的概念。信息的具体形式有：语言、文字、符号、音乐、图形、图像和数据。各种类型的信息对人类社会生活产生极大的影响，如军事信息影响战争的胜负，甚至决定国家民族的存亡；经济信息影响交易的成败和公司的兴衰等。

通信的主要任务是传递信息，即将经过处理的信息从一个地方传递到另一个地方。传递信息既可以通过有线信道，也可以通过无线信道，即进行有线通信或无线通信。由于无线电波能方便快捷地在空间传播，所受限制较少，因此广泛应用于广播、电视、通信、雷达和导航等领域。而高频电子线路研究的对象主要是无线电发送与接收设备中有关电路的原理、组成与功能，因此下面仅以无线通信系统为例，简单介绍通信系统的基本工作原理及各高频单元电路的应用，以增加读者对高频电子线路的认识。

1　无线通信系统的基本工作原理

无线通信系统的组成框图如图 1 所示。它由发射设备、传输媒质和接收设备构成。其中，发送设备包括变换器、发射机和发射天线三部分；接收设备包括接收天线、接收机和变换器三部分；传输媒质为自由空间。

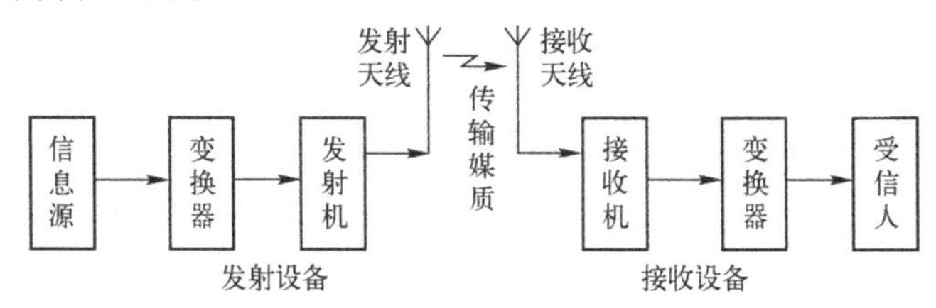

图 1　无线通信系统组成框图

信息源发出需要传送的信息，如符号、文字、声音和图像等，由变换器将这些要传送的声音或图像信息变换成相应的电信号，然后由发射机把这些电信号转换成高频振荡信号，发射天线再将高频振荡信号转换成无线电波，向空间发射。无线电波经过自由空间到达接收端，接收天线将接收到的无线电波转换成高频振荡信号，接收机把高频振荡信号转换成原始电信号，再由变换器还原成原来传递的信息（声音或图像等），送给受信者，从而完成信息的传递过程。

无线电波是一种电磁波，其传播的速度与光速相同，约为 3×10^8m/s。无线电波的波长、频率和传播速度之间的关系可用下式表示为：

$$\lambda=\frac{c}{f} \tag{0-1}$$

式中，λ是波长，单位为 m；

　　c 是传播速度，单位为 m/s；

　　f 是频率，单位为 Hz。

无线电波与光波一样，也具有直射、绕射、反射及折射等现象。不同频率的无线电波，其传播的规律与应用范围也不同，因此通常把无线电波划分为若干波段或频段，如表1所示。

表1 无线电波波段划分表

波段名称	波长范围	频段名称	频率范围	主要用途
长波（LW）	10^3～10^4m	低频（LF）	30～300kHz	长距离点与点间的通信、船舶通信
中波（MW）	10^2～10^3m	中频（MF）	300～3000kHz	广播、船舶通信、飞行通信、船港电话
短波（SW）	10^1～10^2m	高频（HF）	3～30MHz	短波广播、军事通信
米波	1～10m	甚高频（VHF）	30～300MHz	电视、调频广播、雷达、导航
分米波	1～10dm	特高频（UHF）	300～3 000MHz	电视、雷达、移动通信
厘米波	1～10cm	超高频（SHF）	3～30GHz	雷达、中继、卫星通信
毫米波	1～10mm	极高频（EHF）	30～300GHz	射电天文、卫星通信、雷达

无线电波在空间的传播途径有三种：一是沿地面传播，叫地波，如图2（a）所示；二是依靠电离层的反射传播，叫天波，如图 2（b）所示；三是在空间直线传播，叫直线波，如图2（c）所示。

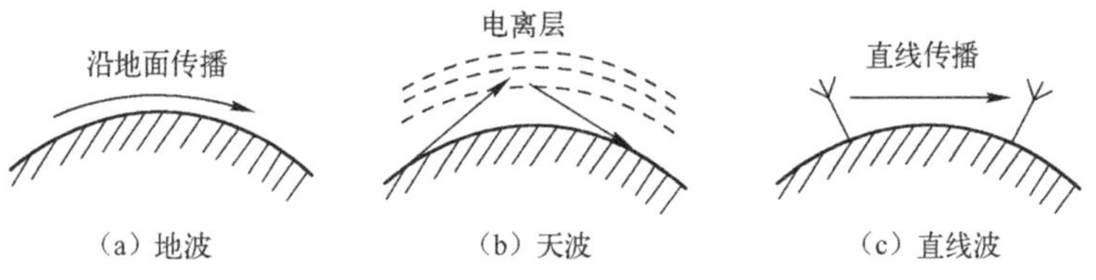

图2 无线电波的传播方式

长波的波长较长，遇障碍物绕射能力强，且地面的吸收损耗较少，因此长波的通信主要以地波方式传播。

波长介于长波与短波之间的中波，由于电离层对其吸收较强，尤其是在白天吸收更为严重，因而，中波在白天基本上不能依靠电离层的反射，而只是依靠地波方式进行传播，但是，地面对中波的吸收比长波厉害。因此，中波在白天的传播距离为100km左右；而在晚上，电离层对中波的吸收减弱，这时中波可借助电离层反射传播到较远的地方。这就是为什么某些远距离的广播电台在白天收不到而在夜间却能收到的原因。

短波的波长较短，地面绕射能力弱，且地面吸收损耗较大，不宜采用地面传播。虽然电离层对短波的吸收也很厉害，但依靠电离层的反射可以实现远距离的短波通信。尤其是利用电离层与地球表面之间的多次反射现象，可实现超远距离的无线电通信，因此短波的广播和通信主要以天波方式传播。

波长比短波更短的无线电波称为超短波（如米波、分米波等）。超短波的波长很短，往往小于地面障碍物（如山峰、高大建筑物等），不能绕过，且地面吸收损耗很大，所以不能以地波方式传播。同时超短波也能穿透电离层，即电离层很难反射它，所以也不能以天波方式传播。因此超短波只能在空间以直线波方式传播。由于地球的表面是球面的，为了增大传播的距离，发射天线往往要提高架设的高度。

2 发射设备的基本原理和组成

在无线通信的发射部分，待传送的信息（声音、图像等）由变换器转换成相应的电信号。

一般来说，这些电信号的频率较低或频带较宽，例如，音频信号（包括语言、音乐）的频率约为20Hz～20kHz，图像信号的频率约为0～6MHz。若把上述信号直接以电磁波形式从天线辐射出去，则存在下述两个问题：

（1）无法制造合适尺寸的天线。由电磁场理论知，只有当天线的尺寸可与被辐射信号的波长相比拟时（波长λ的 1/10～1），信号才能被天线有效地辐射出去。对于频率 f 为 20Hz～20kHz 的音频信号，由式（0-1）可得，相应的波长λ为 15～15 000km。若采用$\lambda/4$ 天线，则天线的长度应在 3.75km 以上。显然，这么长天线的制造与安装实际上是做不到的。

（2）无法选择所要接收的信号。即使上述信号能发射出去，由于多家电台的发射信号的频率大致相同，它们在空间混在一起，因此接收机无法区分，接收者也就无法选择所要接收的信号。

由此可见，要实现无线通信，首先必须让各电台发射频率不同的高频振荡信号，再把要传送的信号“装载”到这些频率不同的高频振荡信号上，经天线发射出去。这样既缩短了天线尺寸，又避免了相互干扰。

把待传送的信号“装载”到高频振荡信号上的过程称为调制。所谓“装载”，是指由携有信息的电信号去控制高频振荡信号的某一参数，使该参数按照电信号的规律变化。通常将携有信息的电信号称为调制信号；未经调制的高频振荡信号好比“载运工具”，称为载波信号；经过调制后的高频振荡信号称为已调波信号。当传输的调制信号为模拟信号时，称为模拟通信系统；当传输的调制信号是数字信号时，称为数字通信系统。虽然调制信号不同，但通信系统的原理和组成是相同的。

高频载波通常是一个正弦波振荡信号，有振幅、频率和相位三个参数可以改变，因此，用调制信号对载波进行调制就有调幅、调频和调相三种方式。

（1）调幅（Amplitude Modulation,AM）。载波的频率和相位不变，载波的振幅按调制信号的变化规律而变化。调幅获得的已调波称为调幅波。

（2）调频（Frequency Modulation,FM）。载波的振幅不变，载波的瞬时频率按调制信号的变化规律而变化。调频获得的已调波称为调频波。

（3）调相（Phase Modulation,PM）。载波的振幅不变，载波的瞬时相位按调制信号的变化规律而变化。调相获得的已调波称为调相波。调频和调相统称为调角。

由于调幅应用较早而且使用广泛，因此，下面以调幅广播发射机为例简明扼要地说明发射设备各部分的作用，调幅广播发射机的组成方框图如图 3 所示。

高频振荡器用来产生频率稳定的高频振荡信号，现多采用石英晶体振荡器。高频放大器用来放大振荡器产生的高频振荡信号，它通常是由多级谐振放大器组成的。由于石英晶体产生的振荡频率不能太高，所以这时还应通过倍频器，使高频振荡的频率倍增到所需的载波频率上，最后输出的是幅度足够大的载波。

低频放大器又称为调制信号放大器，用来放大话筒变换来的电信号，最后输出足够强的调制信号。通常，低频放大器是由几级小信号低频电压放大器和低频功率放大器组成的。

高频功放及调幅器将载波信号的功率放大到足够大，同时用调制信号对载波进行调幅，得到功率足够大的调幅波信号，最后由天线以电磁波形式辐射出去。

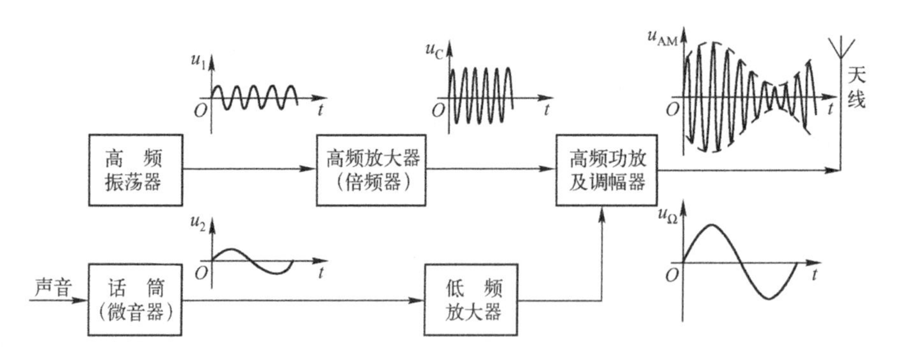

图 3 调幅式无线电广播发射机方框图

3 接收设备的基本原理和组成

无线通信接收设备的工作过程与发射设备相反，它的任务是把空间传来的电磁波接收下来，选出所需的已调波信号，并把它还原为原来的调制信号，以推动输出变换器，获得所需的信息。从高频已调波中“取出”调制信号的过程称为解调。由于已调波的调制方式有三种，因此解调也有三种方式，即检波（调幅波的解调）、鉴频（调频波的解调）和鉴相（调相波的解调）。

目前，无论是无线电广播接收机（收音机），还是电视接收机（简称电视机）、通信接收机、雷达接收机等都毫无例外地采用“超外差”接收机的形式。以上各类接收机的组成与工作原理大同小异，所以，下面以超外差收音机为例，对其工作原理做简略分析。超外差调幅收音机的组成方框图如图 4 所示。

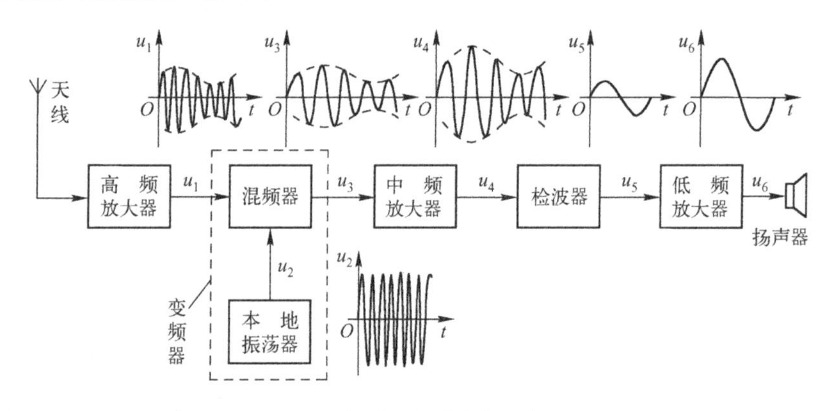

图 4 超外差调幅收音机方框图

接收天线接收从空间传来的电磁波并感生出微小的高频信号，高频放大器从中选择出所需的信号并进行放大，得到高频调幅波信号 $u_1(t)$，高频放大器通常由一级或多级具有选频特性的小信号谐振放大器组成。本地振荡器（又称本机振荡器）产生高频等幅振荡信号 $u_2(t)$，它比 $u_1(t)$的载频高一个中间频率，简称中频。调幅波信号 $u_1(t)$和本振信号 $u_2(t)$同时送至混频器进行混频，混频后输出电压 $u_3(t)$。$u_3(t)$与 $u_1(t)$相比，其包络线的形状不变，即仍携有原来调制信号的信息，但载波频率则转换为 $u_2(t)$的频率与 $u_1(t)$的载频之差，即转换为中频，因此

$u_3(t)$为中频调幅波信号。$u_3(t)$经中频放大器放大为 $u_4(t)$，再送到检波器。检波器从中频调幅信号 $u_4(t)$中取出反映传送信息的调制信号 $u_5(t)$，再经低频放大器放大为 $u_6(t)$，送到扬声器中转变为声音信号。

超外差式接收机的核心是混频器，其作用是将接收到的不同载波频率转变为固定的中频，这就要求本振频率始终比外来信号频率超出一个差频，这也是超外差式接收机名称的由来。由于中频是固定的，因此中放的选择性和增益都可以较高，从而使整机的灵敏度和选择性较好。混频器和本地振荡器如果共用一个电子器件，则它们将合并为一个电路，称为变频器。

本 章 小 结

本章介绍了无线电广播发射与接收的基本原理和工作过程，传输的信息是声音。对于其他形式的信息，无线电波的发射与接收的基本原理和工作过程也是相同的。本书后面各章将分别介绍设备中的高频小信号放大器、高频功率放大器、正弦波振荡器、混频器、调幅和检波、调频和鉴频等内容。

思考与练习

1．无线通信系统由哪几部分组成？各部分起什么作用？

2．无线通信中为什么要进行调制与解调？它们的作用是什么？

3．画出超外差式调幅收音机的原理示意框图，并简要叙述其工作原理。

4．如接收的广播信号频率为 936kHz，中频为 465kHz，问接收机的本机振荡频率是多少？

第1章　高频小信号放大器

学习目标

（1）了解宽带放大器的特点、技术指标和分析方法。

（2）掌握扩展放大器通频带的方法。

（2）正确理解小信号谐振放大器的基本工作原理及其主要性能分析。

（4）熟悉集中选频放大器的基本组成及其工作原理。

放大高频小信号（中心频率在几百千赫到几百兆赫）的放大器称为高频小信号放大器。根据高频信号占有频宽的不同，放大器分为宽带放大器和窄带放大器两类。其中窄带放大器又可分为两类：一类是以谐振回路为负载的谐振放大器；另一类是以滤波器为负载的集中选频放大器。本章首先介绍宽带放大器的特点、分析方法和扩展放大器通频带的方法，然后分析小信号谐振放大器，最后简单介绍具有集中选频功能的集中选频放大器。

1.1　宽带放大器的特点、技术指标和分析方法

随着电子技术的发展及其应用的日益广泛，被处理信号的频带越来越宽。例如，在电视接收机中，由于图像信号占有的频率范围为0～6MHz。为了不失真地进行放大，要求放大器的工作频率至少为50Hz～5MHz，最好是0～6MHz。再如，在300MHz的宽带示波器中，*Y*轴放大器需要具有0～300MHz的通频带。放大这类信号的宽带放大器称为视频放大器。

在雷达和通信系统中，也需要传输和放大宽频带信号。例如，同时传输一路电视和几百路电话信号的微波多路通信设备，放大器的通频带约需20MHz。若设备的中频选为70MHz，则相对通频带达30%左右，这就需要宽频带的中频放大器。而雷达系统中信号的频带可达几千兆赫。要放大这样的信号，就更需要采用宽带放大器。

1.1.1　宽带放大器的主要特点

虽然宽带放大器的下限频率低，但由于其上限频率很高，因此三极管必须采用特征频率f_T很高的高频管，分析电路时也必须考虑三极管的高频特性。

宽带放大器，从技术上讲，比一般低频放大器要求高。这不仅因为它的频带宽，而且还由于它所放大的信号，最终接受的感觉器官往往是眼睛，而不是耳朵。前者比后者敏感得多。所以，在低频放大器中未考虑的一些问题，例如相位失真等，在宽带放大器中就必须予以考虑。

不同用途的宽带放大器，其电路形式有所不同，大体上可分为两种情况。放大从零频到高频信号的宽带放大器，一般采用直接耦合的直流放大器；放大从低频到高频信号的宽带放大器，多采用阻容耦合放大器。但不管哪一类宽频带放大器，由于频带宽，负载总是非调谐的。

1.1.2 宽带放大器的主要技术指标

宽带放大器的主要技术指标有以下四项。

1. 通频带

通频带是基本指标，由于用途不同，对其要求也不同。因为下限频率很低，而上限频率很高，往往就用上限频率表示频带宽度。当下限频率接近零时，就必须注明它的下限频率值，以便在设计电路时，充分考虑下限频率的顺利通过。

2. 增益

宽带放大器的增益应足够高，但增益与带宽的要求往往相互矛盾，有时不得不通过牺牲增益来得到带宽。为了全面衡量放大器的质量指标，常需考虑放大器的增益带宽积（*GB*）。*GB* 值越大，宽带放大器的质量越高。

3. 输入阻抗

为了减轻宽带放大器对前级的影响，要求放大器的输入阻抗高。高质量的宽带放大器的输入阻抗一般为兆欧级。

4. 失真

宽带放大器的失真要小。失真包括非线性失真、频率失真和相位失真。为减小非线性失真，宽带放大器和音频放大器一样，都应该工作在器件特性曲线的直线段，而且应工作在甲类状态。产生频率失真的原因是由于三极管在高频时的电容效应，以及外电路中存在的电抗元件。由此使宽带放大器对不同频率的信号增益不同，从而引起频率失真。而不产生相位失真的条件则是各频率分量的时延时间相等。如：在电视接收机中，相位失真会使显示的图像色调失真、出现双重轮廓、画面亮度不均匀等故障。

1.1.3 宽带放大器的分析方法

分析宽带放大器的频率特性，可以采用与分析一般音频放大器频率特性相似的方法，即稳态法。也可以用另一种分析方法，就是考察阶跃信号通过放大器后的失真情况，称为暂态法。以下简单说明这两种方法的区别与联系。

1. 稳态法

视频信号是包含有从零频到很高频率分量的多频信号。通过测量和分析宽带放大器的振幅频率特性（幅频特性）和相位频率特性（相频特性），即可分析出宽带放大器的增益、带宽、相移和信号失真的情况。这种方法称为稳态分析法，亦称频域分析法。用稳态法测试放大器频率特性时，一般用扫频仪进行。采用扫频仪测试的接线如图 1.1 所示。将扫频仪输出的频率连续变化的扫频信号送到被测放大器的输入端，再用扫频仪的探头观测放大器的输出端，即可在扫频仪的屏幕上直接看到放大器的幅频特性。然后通过扫频仪的频标及 *Y* 轴衰减器就可以读出放大器的中频增益和通频带。

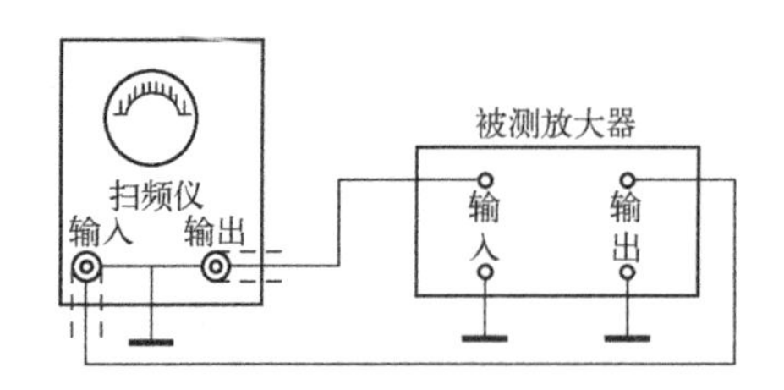

图 1.1　扫频仪测试放大器的接线图

2. 暂态法

暂态法是在时域内研究放大器对阶跃脉冲的响应。图 1.2 为用暂态法测试时的接线图。其方法是给宽带放大器输入一个理想的矩形脉冲，如图 1.3（a）所示，然后用脉冲示波器观察该放大器对此矩形脉冲的响应。图 1.3（b）是有失真时的输出波形。失真程度用脉冲的上升时间 t_r 和平顶降落 ΔU_m 来表示。上升时间 t_r 又叫建立时间，它是指输出电压 $u_o(t)$ 从 $0.1U_m$ 上升到 $0.9U_m$ 所需要的时间。平顶降落 ΔU_m 表示输出电压 $u_o(t)$ 的上升沿顶点 U_m 与下降沿拐点处脉冲值之差的绝对值。为了比较降落的程度，常用平顶降落的相对值 δ 表示，即 $\delta=\Delta U_m/U_m$。

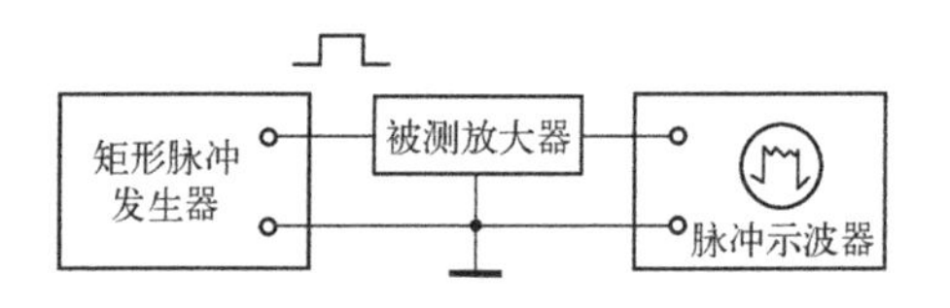

图 1.2　暂态法测试接线图

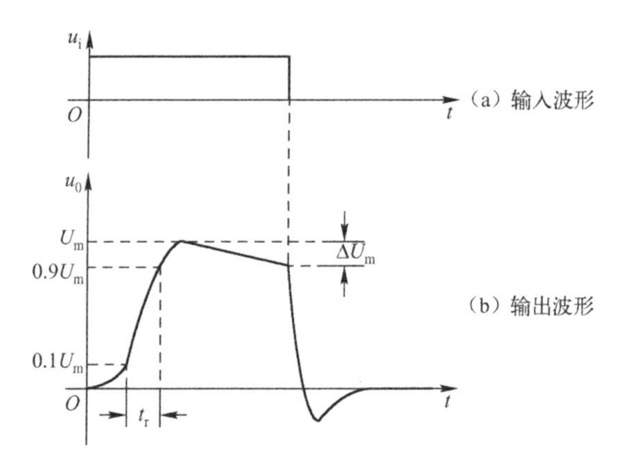

图 1.3　被测放大器的矩形脉冲输入波形与输出波形

宽带放大器的高频特性影响输出脉冲陡峭的前沿；而低频特性则影响平顶部分。输出脉冲的上升沿越陡，说明放大器的高频特性越好；平顶降落越少，说明放大器的低频特性越好。因此，根据输出脉冲的波形就可判断宽带放大器的特性。

稳态法和暂态法分别是从频域和时域分析放大器特性的方法，它们在本质上是一致的。稳态法适合于定量计算，暂态法比较直观，适合于电路的调整。

1.2 扩展放大器通频带的方法

宽带放大器的通频带主要取决于放大器的上限频率，因此，要得到频带较宽的放大器，必须提高其上限频率。为此，除了选择f_T足够高的管子外，还广泛采用负反馈、组合电路以及对电路加以改进（高频补偿）等方法，以达到展宽频带的目的。

1.2.1 负反馈法

采用负反馈技术以增宽放大器的通频带，是一种非常重要的手段，在宽频带放大器中用得最多。负反馈既能抑制外界因素引起的放大器的增益变化，又能抑制由频率变化而引起的增益变化。图 1.4 是无负反馈和有负反馈时的放大器幅频特性曲线。由图可见，加入负反馈后中频电压增益降低了，但幅频特性变得平坦了，即通频带得到展宽。所以负反馈是以降低增益为代价来展宽频带的。而且反馈越深，通频带扩展得越宽。这里必须指出，加负反馈后在改善幅频特性的同时，还会产生附加相移。如果在中频段能满足负反馈条件，在低频段或高频段上，由于这些附加相移的存在，有可能改变反馈信号的极性，致使负反馈变成正反馈，造成反馈放大器工作不稳定，这是在实践中必须注意的问题。

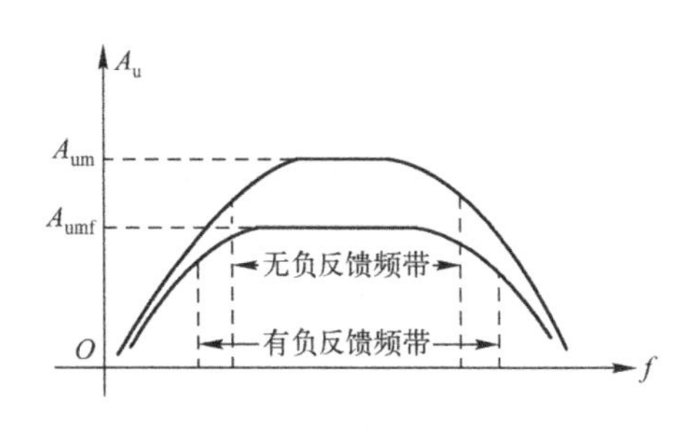

图 1.4 负反馈展宽频带

1.2.2 组合电路法

我们知道，影响放大器高频增益的因素除电路的外接电容、布线电容等外部因素外，主要与三极管内部参数有关，即结电容、结电阻等。考虑到不同组态的放大电路，即共射（CE）、共基（CB）、共集（CC）有各自不同的特点，如共射电路的电压增益最高，上限频率f_H却最低，输入、输出阻抗适中；共基电路的电流增益最低，有一定的电压增益，上限频率f_H较高，输入阻抗低、输出阻抗高；共集电路的电压增益最低，由于它是全电压负反馈，所以它的上限频率f_H很高，另外，它的输入阻抗高、输出阻抗低。因此，如果将它们合理组合，取长补短，就可以用较少的元器件组成优质的宽带放大器。例如采用“共射-共基”、“共射-共集”等组合形式，均可组成较满意的宽带放大器。图 1.5 即为常见的几种组合电路的连接图。

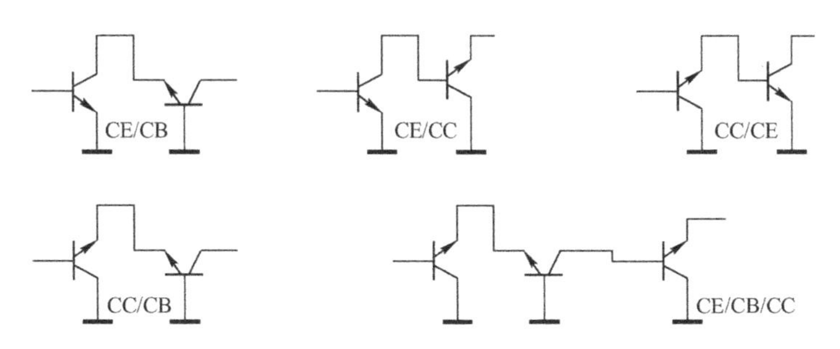

图 1.5 几种组合电路的连接方式

对于“共射-共基”组合电路，由于共基电路的上限频率远高于共射电路，所以整个组合电路的上限频率取决于共射电路。由图 1.5 可以看出，共基电路很小的输入阻抗作为共射电路的负载，则共射电路中三极管的密勒等效电容（由 $C_{b'c}$ 引起）大大减小，从而提高了共射电路的上限频率，因此整个组合电路的上限频率也提高了。当然，负载减小会使共射电路的电压增益下降，但后级共基电路的电压增益会给予补偿，使整个组合电路的电压增益与单个共射电路的电压增益基本相同。“共射-共集”电路则是利用了共集电路的输出阻抗很小的特点，减小了负载电容对电路高频特性的影响，从而使得组合电路频带得到展宽。而“共集-共射”电路中，共集电路很小的输出阻抗作为共射电路等效的信号源内阻，它使得共射电路的源电压增益提高，这种组合电路与单级共射电路相比较，无论是电压增益，还是上限频率都有所提高。其他几种不再一一叙述。

在实用电路中，频带的展宽往往是几种方法综合运用的结果。如图 1.6 所示集成宽带放大器μPC1658C 及其应用电路，其中图（a）为μPC1658C 的内部电路图，该宽带放大器的工作电压为+10V，由 VT_1、VT_2 及 VT_3 组成直接耦合放大电路，信号从第 6 脚输入，经 VT_1 组成的共射电路放大后，再通过 VT_2、VT_3 的射极跟随后，从第 3 脚输出。整个放大电路的增益可通过第 2、第 5 及第 7 脚来设定。由于电路中采用了负反馈以及“共射-共集”组合等展宽频带的措施，使得μPC1658C 的工作频带可达 0～1 000MHz。图（b）是μPC1658C 用做电视天线放大器的一个例子。从图中可以看到，放大器的第 2 脚与地之间接电阻 R_1（180Ω），从而减小了 VT_3 发射极的电流负反馈作用；同时第 7 脚接旁路电容到地，使 VT_1 的放大倍数较大；输出与输入之间接与反馈支路 R_2 和 C_3，形成电压并联负反馈，使输出电压稳定，输出动态范围加大。

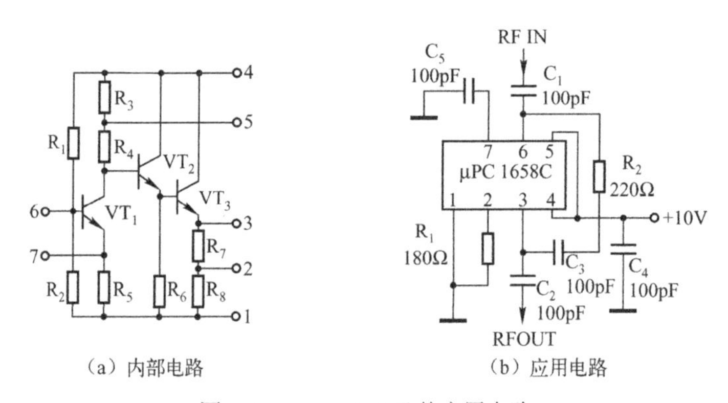

（a）内部电路　　（b）应用电路

图 1.6　μPC1658C 及其应用电路

1.2.3　补偿法

利用电抗元件进行补偿以展宽频带，是一种简便易行的方法，在宽带放大器中经常使用。根据补偿元件接入的电路不同，有基极回路补偿、发射极回路补偿以及集电极回路补偿。

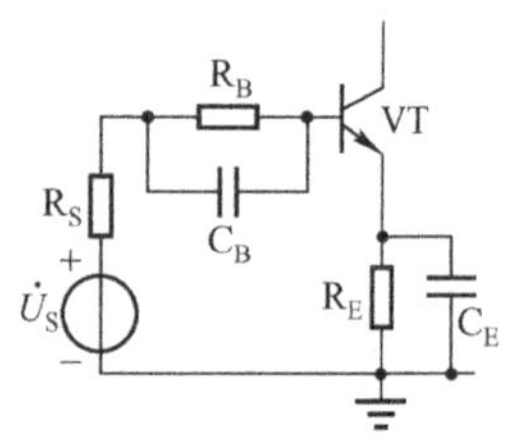

图 1.7　基极 RC 补偿电路

1. 基极回路补偿

图 1.7 是基极 RC 补偿原理电路图。图中 R_B 和 C_B 是补偿用的元件。在低频和中频时，C_B 的容抗较大，R_B、C_B 对输入信号电压有一定的分压作用，从而使得放大电路的电压增益降低。而在高频时，C_B 的容抗减小，R_B、C_B 对输入信号的分压作用减弱，这样，放大电

路的高频增益相对来说就得到了提高，即得到了补偿。在脉冲技术中，由于接入 C_B 以后，它可以使矩形脉冲的上升沿变陡，因此称 C_B 为加速电容。由于加入 C_B 后改善了高频特性，亦即展宽了频带。

2. 发射极回路补偿

发射极回路补偿是广泛使用的另一种补偿方法。图 1.8 所示是发射极回路补偿的基本电路。图中 R_E 和 C_E 为补偿网络。在一般电路中，为了不致影响放大电路的增益，改善低频特性，C_E 往往用得很大，达 50～200μF，此时称 C_E 为旁路电容。但是，如果把 C_E 选小些，例如几皮法及几百皮法。那么，在低频和中频时，C_E 可以视为开路，这时将有一定的电流负反馈，使得低频和中频增益下降。然而，在高频时，由于 C_E 容抗的减小，负反馈减弱，高频增益相对来说就得到了补偿。这种方法与基极回路补偿一样，实际上是用压低中、低频增益，来换取改善高频特性的。

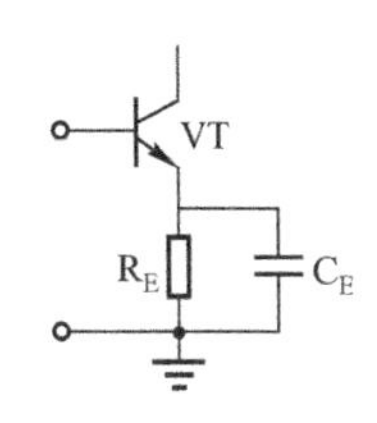

图 1.8 发射极回路补偿电路

3. 集电极回路补偿

当选用 f_T 很高的三极管作为宽带放大器时，上限频率主要受三极管输出电容、分布电容以及负载大小的影响。负载选择是有限度的，而三极管输出电容及分布电容又是客观存在的，因此，要想展宽频带，必须设法对这些杂散电容进行补偿。这就是集电极回路补偿。

集电极回路补偿分并联补偿、串联补偿和复合补偿。

（1）并联补偿。图 1.9（a）所示是集电极回路并联补偿电路，图 1.9（b）所示是它的等效电路。图中 C_o 表示输出回路中的输出电容，它包括三极管的输出电容和分布电容。C_i 是下一级的输入电容。C_C 是集电极耦合电容，由于它的数值很大，分析时可以看成短路。在等效电路中，$C=C_o+C_i$，L 是补偿电感。在低、中频时，电容 C 的作用可以忽略，L 的感抗也很小，可以视为短路。当频率升高时，C 的作用明显，使增益下降。这时只要参数选得合适，L、C 将出现并联谐振，使得放大电路高频段的增益得以提升。即使不是谐振状态，由于 L 的感抗随着频率的升高而增大，它与 R_C 串联也能使总阻抗增大，从而使增益提高。

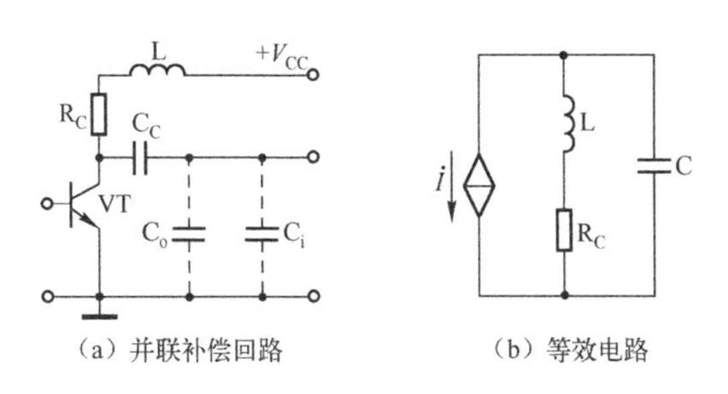

图 1.9 集电极回路并联补偿电路

（2）串联补偿。串联补偿电路的原理图如图 1.10（a）所示，图 1.10（b）所示是它的等效电路。在图中，C_o 是本级输出电容，它包括了 L 以前的分布电容；C_i 是下级的输入电容，它包括了 L 以后的分布电容；L 是补偿电感。C_C与并联补偿中一样，相当于短路。在低、中频时，L 的感抗很小，C_o和C_i的容抗则很大，因此它们的作用可以忽略。随着频率的增高，C_o的容抗变小（与R_C相比较），分流作用开始变大。此时 L 与C_i趋向串联谐振，使C_i端电压增大，减弱了由于C_o的分流作用而使输出减小的趋势。利用 L 把C_o和C_i分隔开，也就减小了电容对负载的分流作用。电感 L 的电感量选得恰当时，可以在比C_o开始显现明显分流作用时更高频率上，使 L 与C_i产生串联谐振，可将幅频特性曲线提升，提高放大器的上限频率。

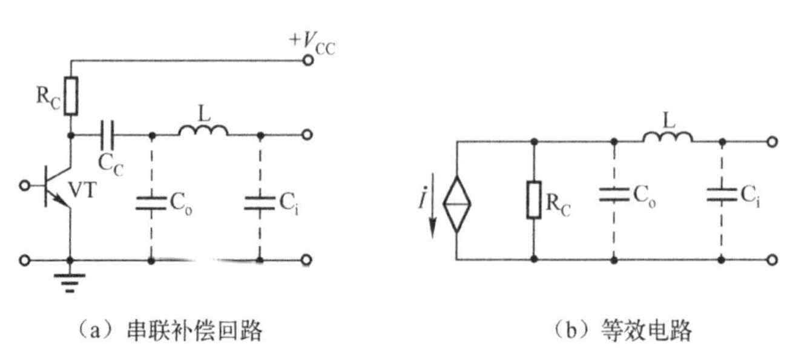

（a）串联补偿回路　　（b）等效电路

图 1.10　集电极回路串联补偿电路

（3）串、并联复合补偿。简单的并联补偿或串联补偿电路只能把通频带展宽 1.5～2 倍。在实用电路中，常常采用串、并联复合补偿的办法，进行两次补偿。其原理电路图如图 1.11（a）所示，等效电路如图 1.11（b）所示。并联电感L_2也可接在电感L_1之后，如图 1.12 所示。

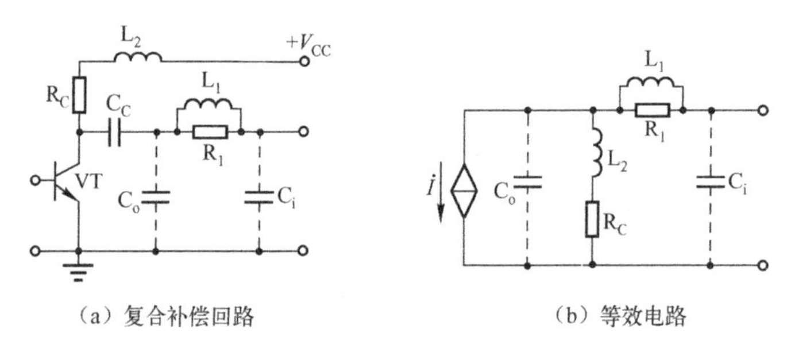

（a）复合补偿回路　　（b）等效电路

图 1.11　集电极回路串、并联复合补偿电路

如果串、并联复合补偿电路中L_1和L_2的数值选择合适，使串、并联谐振频率恰好在高频端的两个不同点上，如图 1.13 所示，就可以使高端频带进一步展宽。为了使幅频特性平坦，不要出现过高的尖峰，往往在L_1两端并联电阻，以降低其 Q 值。L_2两端也可以并联电阻，但不常用。

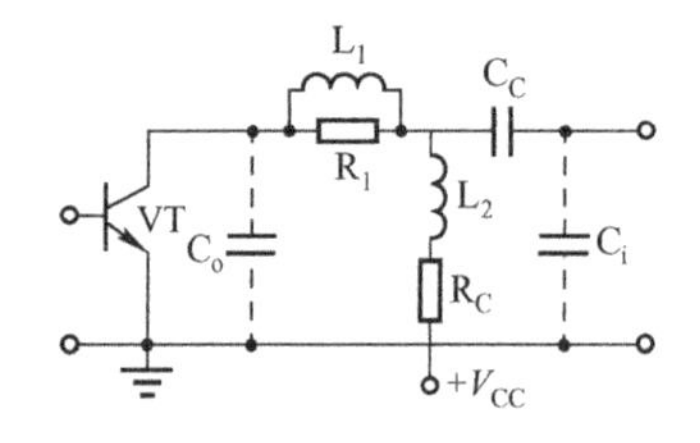

图 1.12　串、并联复合补偿电路

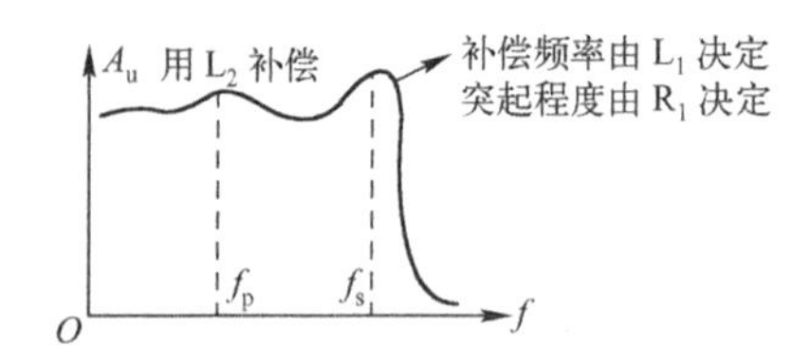

图 1.13　补偿后的幅频特性曲线

图 1.14 所示是电视机的视频放大电路。放大管为高频大功率管 3DA87B，其 f_T=100MHz，

h_{fe}≥20。为了减小图像的非线性失真，放大管应工作在输出特性的线性部分，作为甲类放大。它的静态工作点由电阻 R_1、R_2 确定，C_1 是输入耦合电容。

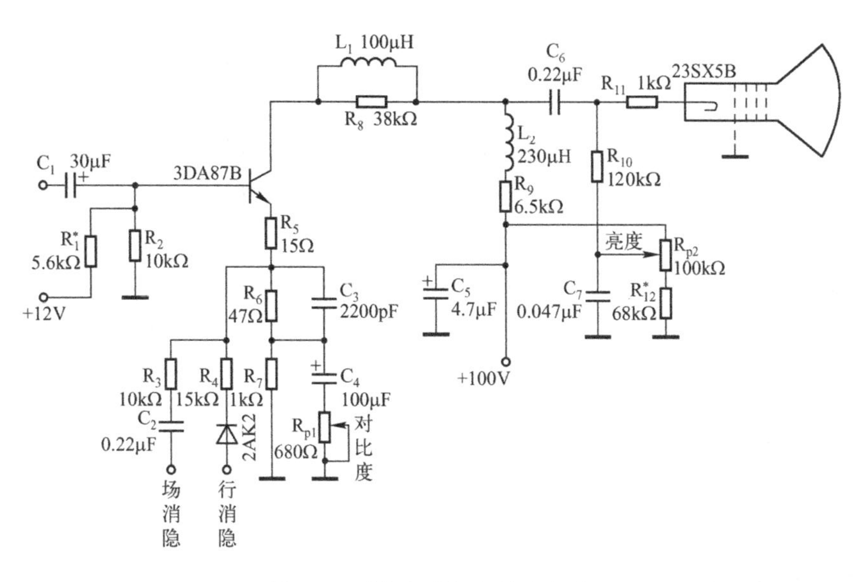

图 1.14　电视机的视频放大电路

发射极上的电阻 R_5、R_6、R_7，电位器 R_{p1} 和电容 C_3、C_4 组成串、并联网络，构成可调的电流负反馈网络，以稳定电路的工作点，并补偿高频特性。其中 C_3 和 R_6 为发射极补偿。集电极电路中的 L_1、R_8 和 L_2 组成串、并联复合补偿电路，也是用以补偿高频特性的。C_6 是输出耦合电容，C_5、C_7 均为滤波电容。

1.3　小信号谐振放大器

采用谐振回路作为负载的放大器称为谐振放大器，又称调谐放大器。由于谐振负载的选频特性，小信号谐振放大器不但具有从接收的众多电信号中选出有用信号并加以放大的作用，而且具有对无用信号、干扰信号、噪声信号进行抑制的作用，因此广泛应用于广播、电视、通信和雷达等接收设备中。

1.3.1　小信号谐振放大器的分类和主要性能指标

小信号谐振放大器的类型很多。按调谐回路区分，有单调谐回路放大器、双调谐回路放大器和参差调谐放大器；按所用器件可分为晶体管、场效应管和集成电路放大器；按器件连接方法可分为共基极、共发射极和共集电极放大器及共源、共漏和共栅放大器等。

小信号谐振放大器的主要性能指标有以下几个。

1. 谐振电压增益

放大器的谐振增益是指放大器在谐振频率上的电压增益，记为 A_{u0}，其值可用分贝（dB）表示。通常，实际应用时，考虑到放大器的稳定性问题，其单级增益 A_{u0} 一般为 20～30dB。若增益不够，可采用多级调谐放大器。

2. 通频带

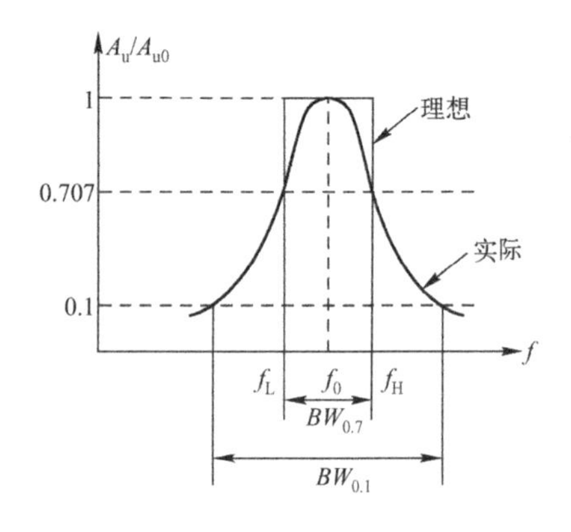

图 1.15 谐振放大器的幅频特性曲线

通频带是指放大器的电压增益下降到谐振电压增益 A_{u0} 的 $1/\sqrt{2}$ 时所对应的频率范围，一般用 $BW_{0.7}$（或 $2\Delta f_{0.7}$）表示。小信号谐振放大器的谐振曲线如图 1.15 所示，图中 f_0 表示放大器的中心谐振频率，A_u/A_{u0} 表示相对电压增益。由图可见，$BW_{0.7}=f_H-f_L$。由于小信号调谐放大器所放大的一般都是已调信号，包含一定的边频，所以放大器必须有一定的通频带，允许主要的边频通过。如：一般调幅广播接收机的中放通频带约为 8kHz，调频广播接收机的中放通频带约为 200kHz，电视接收机的高放和中放通频带约为 6～8MHz。

3. 选择性

选择性是指放大器从各种不同频率的信号中选出有用信号而抑制干扰信号的能力，称为选择性。为了准确地衡量小信号谐振放大器的选择性，通常选用“抑制比”和“矩形系数”两个技术指标。

（1）抑制比。抑制比可定义为谐振电压增益 A_{u0} 与通频带以外某一特定频率上的电压增益 A_u 之比值，用 d（dB）表示，记为：

$$d=20\lg\frac{A_{u0}}{A_u}\text{(dB)} \tag{1-1}$$

显然，d 值越大，放大器的选择性越好。广播调幅收音机常用偏调±10kHz 时的抑制比来衡量它的选择性，即对邻台的抑制能力。例如，超外差式收音机所用的中周（中频变压器）的选择性约为 5～8dB，即偏调±10kHz 时，衰减应不小于 5～8dB。

（2）矩形系数。理想的小信号谐振放大器的谐振曲线应为矩形（见图 1.15 所示的理想矩形），即对通频带内的各频率信号有同样的放大作用，而对通频带外的各频率信号完全抑制。但实际的小信号谐振放大器的谐振曲线与理想的矩形有较大的差异。为了评定实际的谐振曲线偏离（或接近）理想的矩形曲线的程度，引入矩形系数，定义为：

$$K_{0.1}=\frac{BW_{0.1}}{BW_{0.7}} \tag{1-2}$$

式中，$BW_{0.7}$ 是放大器的通频带；

$BW_{0.1}$ 是相对电压增益值下降到 0.1 时的频带宽度。

$K_{0.1}$ 的值越小越好，在接近 1 时，说明放大器的谐振曲线就越接近于理想曲线，放大器的选择性就越好。

4. 稳定性

稳定性是指当组成放大器的元器件参数变化时，放大器的主要性能——增益、通频带、矩形系数（选择性）的稳定程度。一般不稳定现象是放大器增益变化、中心频率偏移，通频带变化、谐振曲线变形等，这些都使放大器性能下降。不稳定的极端情况是放大器自激，以致放大器完全不能工作。在整个波段都远离自激，这是对调谐放大器的基本要求。

5．噪声系数

放大器工作时，元器件在电路内部会产生噪声，在放大信号的同时也放大了噪声，使信号质量受到影响。噪声对信号的影响程度用信噪比来表示，电路中某处信号功率与噪声功率之比称为信噪比。信噪比大，表示信号功率大，噪声功率小，信号受噪声影响小，信号质量好。

衡量放大器噪声对信号质量的影响程度用噪声系数来表示。噪声系数的定义是输入信号的信噪比与输出信号的信噪比的比值。如噪声系数等于 1，说明放大器没有增加任何噪声，这是理想情况。在多级放大器中，最前面一、二级对整个放大器的噪声起决定作用，因此要求它们的噪声系数尽量接近 1。为使放大器内部噪声小，应采用低噪声管，正确选择工作点电流，选用噪声小的元件和合适的电路。

1.3.2 单级单调谐放大器

单调谐放大器是由单调谐回路作为交流负载的放大器。如图 1.16（a）所示为一个共发射极单调谐放大器，它是超外差式接收机中一个典型的中频放大器（简称中放）。图中，R_{b1}、R_{b2} 和 R_e 组成稳定工作点的分压式偏置电路，C_b、C_e 为中频旁路电容，Z_L 为负载阻抗（或下一级输入阻抗），Tr_1、Tr_2 为中频变压器（中周），其中 Tr_2 的初级电感 L 和电容 C 组成的并联谐振回路作为放大器的集电极负载，回路的谐振频率应调谐在输入信号的中心频率上。图 1.16（b）所示为相应的交流通路。可以看出，三极管的输出端和负载阻抗都采用了部分接入的方式与 LC 回路相连，以减小它们的接入对回路 Q 值和谐振频率的影响（其影响是使 Q 值减小、增益下降、谐振频率降低），从而提高了电路的稳定性。采用变压器耦合还能使前后级直流电路分开，也能较好地实现前、后级间的阻抗匹配。

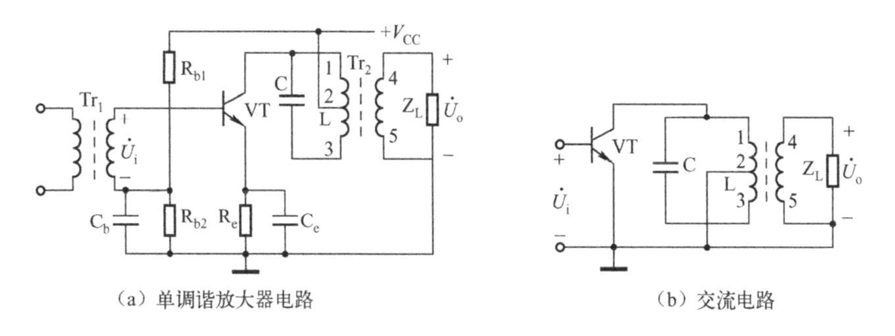

图 1.16　单调谐放大器

由于 LC 并联谐振回路具有选频特性，因此，单调谐放大器具有选频放大功能。理论分析和实验测量都将可以绘出单调谐放大器的幅频特性曲线，如图 1.17 所示。由图可以看出，当输入信号频率等于 LC 谐振频率时，即 $f=f_0$，其增益最高；一旦 $f\neq f_0$，即失谐，放大器的增益将下降。其中，谐振频率 f_0 为：

$$f_0=\frac{1}{2\pi\sqrt{LC_\Sigma}} \tag{1-3}$$

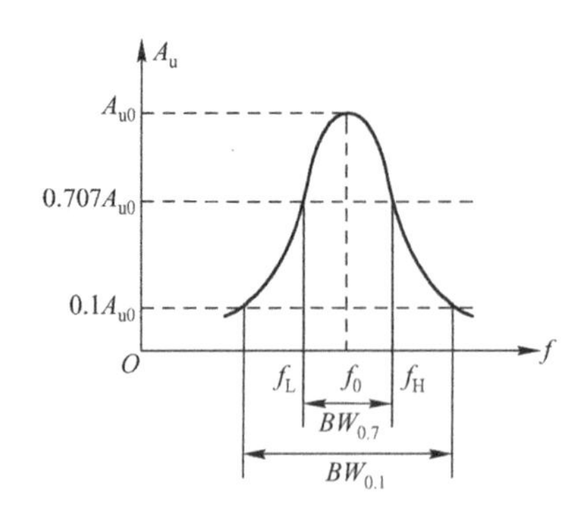

图 1.17　单调谐振放大器的幅频特性曲线

式中，回路总电容 C_Σ 为三极管输出电容和负载电容折合到 LC 回路两端的等效电容与回路电容 C 之和。

由式（1-3）可见，改变 L 或 C_Σ 都可以改变谐振频率，即进行调谐。在实用电路中，常采用调节中周的磁芯来改变电感量 L，达到调谐的目的。

单调谐放大器的通频带 $BW_{0.7}$ 为：

$$BW_{0.7}=\frac{f_0}{Q_e} \tag{1-4}$$

式中，Q_e 为 LC 回路的有载品质因素。其值为：

$$Q_e=\frac{R_\Sigma}{\omega_0 L}=R_\Sigma\omega_0 C_\Sigma \tag{1-5}$$

式中，R_Σ 为 LC 谐振回路的总电阻。

由式（1-4）和式（1-5）可见，改变 R_Σ 的值，Q_e 就会发生变化，通频带也将随之改变。在实用电路中，常采用在 LC 回路两端并联电阻的办法，来降低调谐回路的有载品质因数 Q_e 的值，以达到展宽放大器的通频带的目的。当 f_0 确定时，Q_e 越低，通频带 $BW_{0.7}$ 就越宽。

理论分析还可以得出单调谐放大器的矩形系数为：

$$K_{0.1}=\frac{BW_{0.1}}{BW_{0.7}}\approx 9.95 \tag{1-6}$$

上式说明，单调谐放大器的矩形系数远大于 1，谐振曲线与矩形相差太远，故单调谐放大器的选择性较差。

例 1.1　如图 1.16 所示的单调谐放大器，若谐振回路的谐振频率 f_0=10.7MHz，回路总电容 C_Σ=56pF，通频带 $BW_{0.7}$=120kHz。

（1）求电感 L 和有载品质因数 Q_e；

（2）为了把通频带 $BW_{0.7}$ 调整到 180kHz，通常在回路两端并联电阻 R，求 R 的值。

解：（1）根据式（1-3）和式（1-4）可得：

$$L=\frac{1}{(2\pi f_0)^2 C_\Sigma}=\frac{1}{(2\pi\times 10.7\times 10^6)^2\times 56\times 10^{-12}}\approx 3.95\,(\mu\text{H})$$

$$Q_e=\frac{f_0}{BW_{0.7}}=\frac{10.7\times 10^6}{120\times 10^3}\approx 89$$

（2）由式（1-5）可得，电阻并联前回路的总电阻 R_Σ 为：

$$R_\Sigma = \omega_0 L Q_e = 2\pi \times 10.7 \times 10^6 \times 3.95 \times 10^{-6} \times 89 \approx 23.6\ (\text{k}\Omega)$$

因并联前后回路的有载品质因数之比为：

$$\frac{Q_e}{Q'_e} = \frac{BW'_{0.7}}{BW_{0.7}} = \frac{180}{120} = \frac{3}{2} = \frac{R_\Sigma}{R_\Sigma // R}$$

则

$$R = 2R_\Sigma = 47.2\text{k}\Omega$$

1.3.3 多级单调谐放大器

单级单调谐放大器的电压增益不太高，有时为了展宽频带，又要人为地降低增益，因此，实际运用需要较高电压增益时，就需用多级放大器来实现。下面讨论其主要技术指标。

1. 多级单调谐放大器的电压增益

设有 n 级单调谐放大器相互级联，且各级的电压增益相同，即

$$A_{u1} = A_{u2} = A_{u3} = \cdots = A_{un}$$

则级联后放大器的总电压增益为：

$$A_u = A_{u1} A_{u2} A_{u3} \cdots A_{un} = (A_{u1})^n$$

2. 通频带

多级放大器级联后的谐振曲线如图 1.18 所示，由图可见，级联后总的通频带要比单级放大器的通频带窄。级数越多，总通频带越窄。由理论分析可以得出，n 级相同的单调谐放大器级联后的总通频带为：

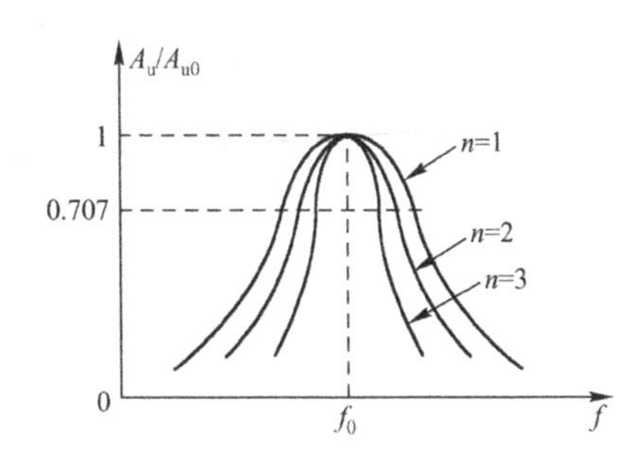

图 1.18 级联放大器谐振曲线

$$BW_{0.7} = \sqrt{2^{\frac{1}{n}} - 1} \cdot \frac{f_0}{Q_e} \tag{1-7}$$

式中，f_0/Q_e 是单级单调谐放大器的通频带；

$\sqrt{2^{\frac{1}{n}} - 1}$ 是频带缩减因子，表 1.1 列举了几种不同 n 值对应的缩减因子的值。

表 1.1 缩减因子与级数 n 的关系

n	1	2	3	4	5	…
$\sqrt{2^{\frac{1}{n}} - 1}$	1	0.64	0.51	0.43	0.39	…

3. 选择性

由图 1.18 还可以看出，放大器级联的级数越多，曲线的形状越接近于矩形，也就是说矩形系数越接近 1，选择性越好。对于 n 级相同的单调谐放大器级联后的矩形系数可以求得

$$K_{0.1} = \frac{BW_{0.1}}{BW_{0.7}} = \frac{\sqrt{100^{\frac{1}{n}} - 1}}{2^{\frac{1}{n}} - 1} \tag{1-8}$$

表 1.2 列出了不同 n 值时矩形系数的大小。

表 1.2　矩形系数与级数 n 的关系

n	1	2	3	4	5	6	…
$K_{0.1}$	9.95	4.66	3.75	3.4	3.2	3.1	…

总之，在多级级联放大器中，级联后放大器的总电压增益比单级放大器的电压增益大、选择性好，但总通频带比单级放大器通频带窄。如果要保证总的通频带与单级时的一样，则必须通过减小每级回路有载品质因数 Q_e 值，以加宽各级放大器的通频带的方法来弥补。由表 1.2 可以看出，级数增加，选择性有所提高，但是当 $n>3$ 时，选择性改善程度不明显。所以说，靠增加级数来改善选择性是有限的。

1.3.4　双调谐放大器

双调谐放大器具有较好的选择性、较宽的通频带，并能较好地解决增益与通频带之间的矛盾，因而它被广泛地用于高增益、宽频带、选择性要求高的场合。

双调谐放大器的负载为双调谐耦合回路，双调谐耦合回路有电容耦合和互感耦合两种类型，这里以互感耦合的双调谐放大器为例，典型的电路如图 1.19（a）所示。图中，R_{b1}、R_{b2} 和 R_e 组成分压式偏置电路，C_b、C_e 为高频旁路电容，Z_L 为负载阻抗（或下一级输入阻抗），Tr_1、Tr_2 为高频变压器。其中，Tr_2 的初、次级电感 L_1、L_2 分别与 C_1、C_2 组成的双调谐耦合回路作为放大器的集电极负载，三极管的输出端与初级回路采用了部分接入的方法，负载阻抗与次级回路也采用了部分接入的方式。图 1.19（b）所示为其交流通路。

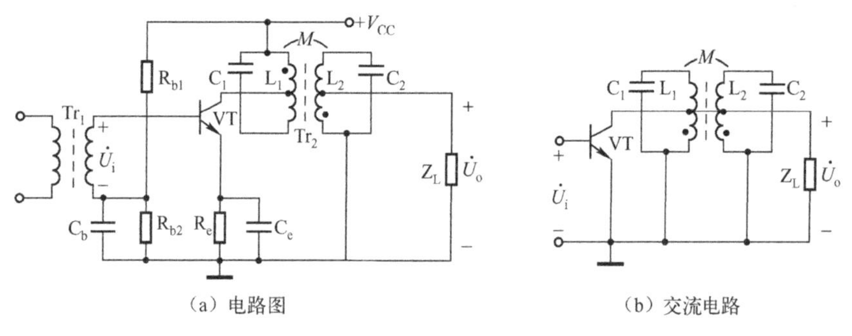

（a）电路图　　（b）交流电路

图 1.19　双调谐放大器电路图

为了简化分析，设初、次级回路元件的参数相同，即 $L_1=L_2=L$、$C_{\Sigma 1}=C_{\Sigma 2}=C_\Sigma$、$Q_{e1}=Q_{e2}=Q_e$，$M$ 为互感系数，为说明回路间的耦合程度，常用耦合系数 k 表示为：

$$k=\frac{M}{\sqrt{L_1L_2}}=\frac{M}{L} \tag{1-9}$$

初、次级回路的谐振频率和有载品质因数为：

$$f_0=\frac{1}{2\pi\sqrt{LC_\Sigma}}$$

$$Q_e=\frac{R_\Sigma}{\omega_0 L}=R_\Sigma\omega_0 C_\Sigma$$

定义耦合因数η为：

$$\eta = kQ_e \tag{1-10}$$

根据理论分析或实验测量可画出双调谐放大器的谐振曲线，如图 1.20 所示。当$\eta<1$ 时，称为弱耦合，这时谐振曲线为单峰；当$\eta>1$ 时，称为强耦合，这时谐振曲线出现双峰；当$\eta=1$ 时，称为临界耦合。由图 1.20 可见，临界耦合与强耦合的峰值相等。临界耦合时的通频带和矩形系数分别为：

$$BW_{0.7}=\sqrt{2}\frac{f_0}{Q_e}$$

$$K_{0.1}=\frac{BW_{0.1}}{BW_{0.7}}\approx 3.16$$

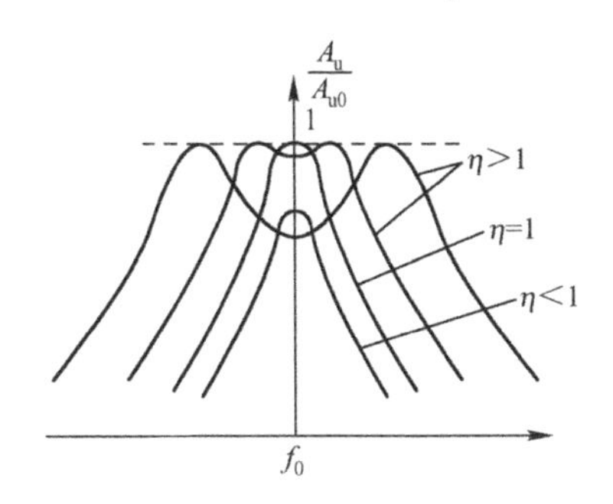

图 1.20　双调谐放大器的谐振曲线

因此，在f_0与Q_e相同的情况下，临界耦合状态的双调谐放大器的通频带为单调谐放大器通频带的$\sqrt{2}$倍；而矩形系数小于单调谐放大器的矩形系数，即其谐振曲线更接近于理想的矩形曲线，选择性更好。

双调谐放大器在弱耦合时，其放大器的谐振曲线与单调谐放大器相似，通频带窄，选择性差，而且增益也低，故一般不采用；在强耦合时，通频带显著加宽，矩形系数变好，但谐振曲线顶部出现凹陷，因此，只是在要求放大器的通频带较宽时才采用。

总之，与单调谐放大器相比较，处于临界耦合状态的双调谐放大器具有频带宽、选择性好等优点，但调谐比较麻烦。

1.3.5　调谐放大器的稳定性

调谐放大器的稳定与否，直接影响到放大器的性能，而影响调谐放大器稳定性的主要因素是三极管内部反馈及负载变化。三极管的内部反馈对放大器的影响有两个方面：一方面是由于内部反馈的作用，使放大器的输入和输出阻抗与信号源内阻及负载有关，这给放大器的安装调试带来很多麻烦。另一方面，内部反馈使放大器不稳定，因为内部反馈通过三极管的结电容 $C_{b'c}$的反向传输作用，将输出电压$\dot{U}_o$的一部分反馈到输入端。虽然 $C_{b'c}$很小，但由于$\dot{U}_o$比$\dot{U}_i$大得多，所以反馈电压$\dot{U}_f$是不能忽略的；尤其在工作频率很高的情况下，很容易因内部反馈而引起高频自激，使正常的放大作用受到破坏。即使不产生自激，由于内部反馈随频率的变化而变化，它对某些频率可能形成正反馈，而对另外一些频率的信号则形成负反馈，且反馈的强弱也不完全相等，使输出信号中有些频率分量得到加强，而另一些频率分量被削弱，其结果使放大器的频率特性、通频带及选择性都受到影响。

为了减小内部反馈对放大器稳定性的影响，在选用三极管时，应尽量选用 $C_{b'c}$值小的器件。此外，也可在电路上采取措施，以消除三极管内部的反馈作用。常用的方法是中和法以及失配法。失配法就是采用如图 1.5 所示的“共射-共基”组态级联的方法，使前后级阻抗不匹配，以减小 $C_{b'c}$的影响。中和法电路如图 1.21（a）所示，图（b）所示为其交流通路，图（c）所示为其桥式等效电路。

由图 1.21（c）可以看到，电感 L_A、L_B、$C_{b'c}$和中和电容 C_N组成一个简单的四臂电桥，根据电桥平衡的原理，可以得到当满足下列条件时电桥平衡。这时即使 C、D 两端有电压，也不会反馈到 A、B 端，即 LC 调谐回路上的输出电压不会反馈到三极管的输入端。

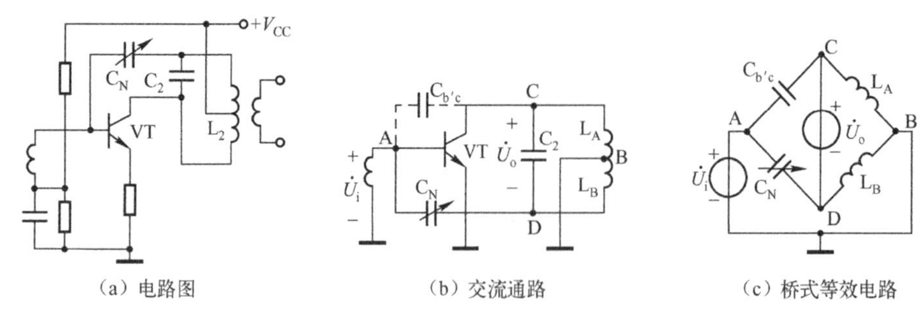

图 1.21　中和法消除内部反馈

平衡条件为：

$$\omega L_A \times \frac{1}{\omega C_N} = \omega L_B \times \frac{1}{\omega C_{b'c}} \tag{1-11}$$

即

$$C_N = \frac{L_A}{L_B} \times C_{b'c} \tag{1-12}$$

因此，调节 C_N 的数值可以消除 $C_{b'c}$ 引起的内部反馈，提高放大器的稳定性。

1.4　集中选频放大器

前面介绍了几种类型的调谐放大器，当它们组成多级放大器时，由于每一级都包含有晶体管和调谐回路，因此，线路复杂，调试不方便，频率特性的稳定性不高，可靠性较差，尤其是不能很好地满足某些特殊频率特性的要求。随着电子技术的不断发展，新型的元器件不断诞生，出现了采用集中滤波和集中放大相结合的高频小信号放大器，即集中选频式放大器。

1.4.1　集中选频放大器的组成

集中选频放大器是由宽频带放大器和集中选频滤波器组成的，它有两种形式，如图 1.22 所示。其中，图 1.22（a）所示的集中选频滤波器接在宽频带放大器的后面，图 1.22（b）所示的集中选频滤波器则置于宽频带放大器的前面。无论哪一种形式的集中选频放大器，它都由两部分组成，一部分是宽频带放大器，另一部分是集中选频滤波器。宽频带放大器一般由线性集成电路构成，当工作频率较高时，也可用其他分立元件宽频带放大器构成。集中选频滤波器则可由多节电感、电容串并联回路构成的 LC 带通滤波器，也可以由石英晶体滤波器、陶瓷滤波器和声表面波滤波器构成。由于后面几种滤波器可以根据系统的性能要求进行精确的设计，在与放大器连接时也可以设置良好的阻抗匹配电路，使得选频特性几乎达到理想的要求，因此，这几种滤波器目前应用得很广泛。下面简单介绍陶瓷滤波器和声表面波滤波器。由于晶体滤波器的特性与陶瓷滤波器相类似，又常用于正弦波振荡器，故放在第 3 章中介绍。

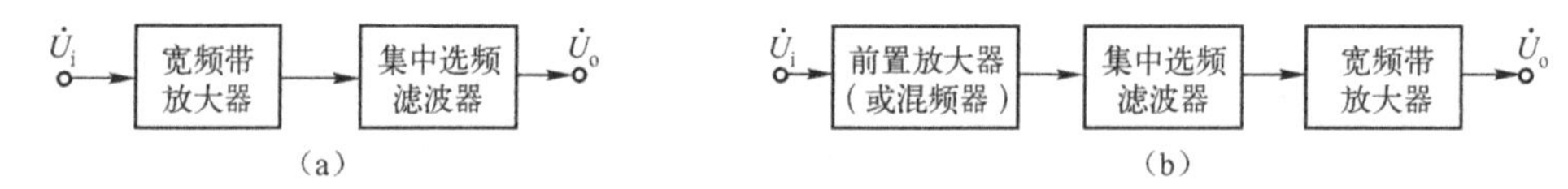

图 1.22　集中选频放大器组成框图

1.4.2 集中选频滤波器

1. 陶瓷滤波器

陶瓷滤波器是用具有压电性能的陶瓷，如锆钛酸铅为材料做成的滤波器。在制造时，陶瓷片的两面涂以银浆（一种氧化银），加高温后还原成银，且牢固地附着在陶瓷片上，形成两个电极；再经过高压极化后，便具有压电效应。所谓压电效应是指，当陶瓷片受机械力作用而发生形变时，陶瓷片内将产生一定的电场，且它的两面出现与形变大小成正比的，符号相反、数量相等的电荷；反之，若在陶瓷片两面之间加一电场，就会产生与电场强度成正比的机械形变。因此，如果在陶瓷片的两面加一高频交流电压，就会产生机械形变振动，同时机械形变振动又会产生交变电场，即同时产生机械振动和电振荡。当外加高频电压信号的频率等于陶瓷片的固有振动频率时，将产生谐振，此时机械振动最强，相应的陶瓷片两面所产生的电荷量最大，此时外电路的电流也最大。总之，陶瓷片具有的谐振特性，可代替电路中的 LC 谐振回路用做滤波器。陶瓷滤波器的等效品质因数 Q_e 可达几百，比 LC 滤波器高，但比石英晶体滤波器低。因此其选择性比 LC 滤波器好，比晶体滤波器差；其通频带比晶体滤波器宽，比 LC 滤波器窄。陶瓷滤波器具有体积小、易制作、稳定性好、无须调整等优点，现广泛应用于接收机和电子仪器电路中。

常用的陶瓷滤波器有两端和三端两种类型。

（1）两端陶瓷滤波器。两端陶瓷滤波器的结构示意图、图形符号及等效电路如图 1.23 所示。图中 C_0 为压电陶瓷片两面银层间的静电容，L_1、C_1、R_1 分别相当于机械振动时的等效质量、等效弹性系数和等效阻尼。压电陶瓷片的厚度、半径等尺寸不同时，其等效电路参数也就不同。由等效电路可以看出，陶瓷片具有两个谐振频率，一个是串联谐振频率 f_s，另一个是并联谐振频率 f_p，分别为：

$$f_s=\frac{1}{2\pi\sqrt{L_1C_1}} \tag{1-13}$$

$$f_p=\frac{1}{2\pi\sqrt{L_1\dfrac{C_1C_0}{C_1+C_0}}} \tag{1-14}$$

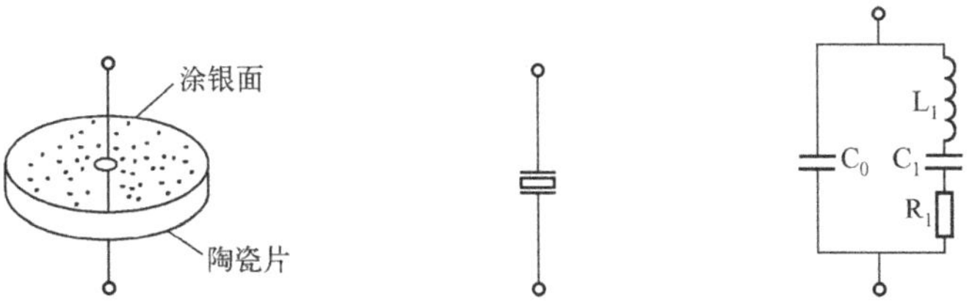

涂银面

陶瓷片

（a）结构示意图

（b）图形符号

L_1 C_0 C_1 R_1

（c）等效电路

图 1.23 两端陶瓷滤波器及其等效电路

串联谐振时，陶瓷片的等效阻抗最小，并联谐振时，陶瓷片的等效阻抗为最大。两端陶瓷片相当于一个单调谐回路。由于它频率稳定、选择性好、具有适合带宽，常把它做成固定的中频滤波器使用。如图 1.24 所示为某电路中用陶瓷滤波器取代射极旁路电容 C_e 的中频放大器。若陶瓷滤波器工作于 455kHz，则对于 455kHz 的信号，滤波器 X_e 呈现的阻抗极小。此时，引入的负反馈最小，放大器增益最高；对偏离 455kHz 稍远的信号，陶瓷滤波器呈现的阻抗较大，放大器引入的负反馈较强，使放大器的增益减小，从而提高了中频放大器的选择性。两端陶瓷滤波器也可以根据需要，组合成不同带宽、不同选择性的四端滤波器。图 1.25 所示是两种四端陶瓷滤波器，图（a）所示是二单元型，图（b）所示是五单元型，当然还可以组成七单元型、九单元型等等。一般来说，陶瓷片数目越多，滤波效果越好。

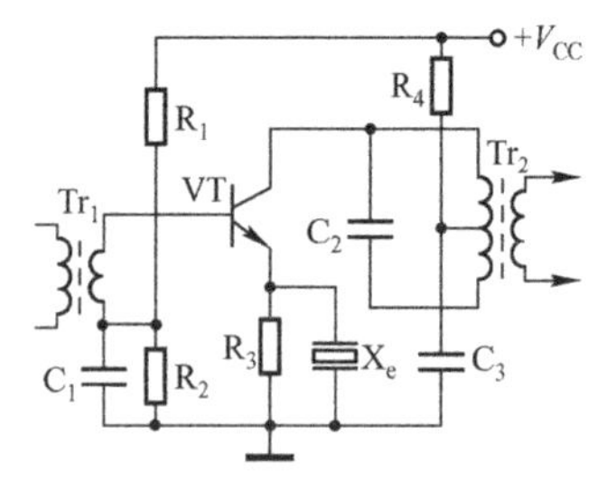

图 1.24 陶瓷滤波器应用电路

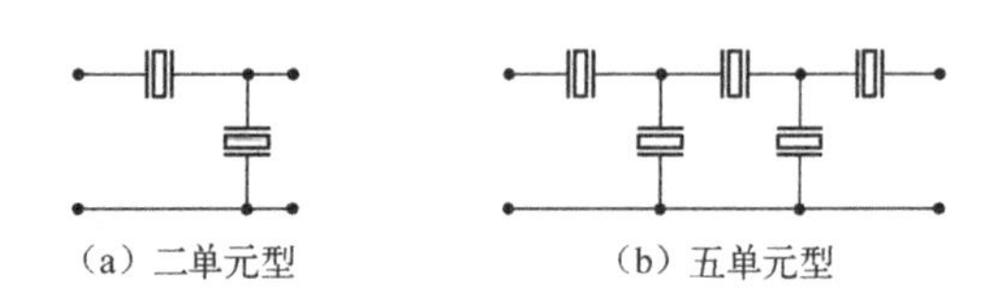

图 1.25 几种四端陶瓷滤波器

（2）三端陶瓷滤波器。图 1.26 是三端陶瓷滤波器的结构示意图、图形符号和等效电路，图中 1、3 端是输入端，2、3 端是输出端。

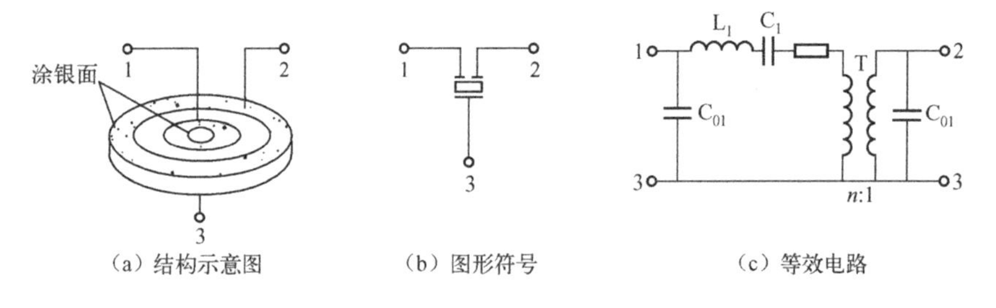

图 1.26 三端陶瓷滤波器及其等效电路

1、3 端输入信号后，如果信号频率等于陶瓷滤波器的串联谐振频率，陶瓷片便产生相当于谐振频率的机械振动。由于压电效应，2、3 端将产生频率为谐振频率的输出电压。三端陶瓷滤波器的等效电路相当于一个双调谐耦合回路，它可以代替中频放大电路中的中频变压器。它的优点是无须调整，因此，三端陶瓷滤波器目前在集成电路接收机中广泛使用。图 1.27 所示为三端陶瓷滤波器代替中频变压器的实际电路。

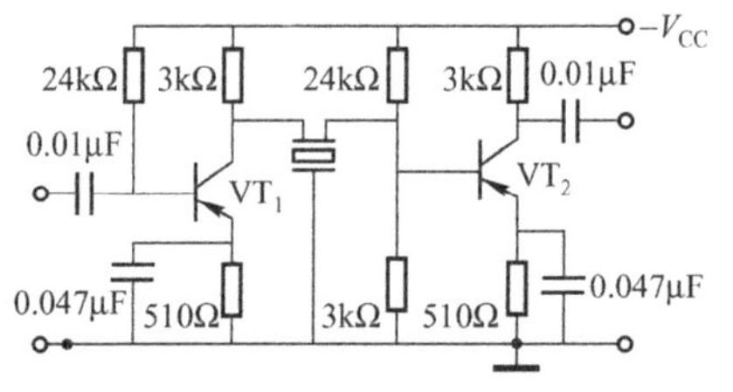

图 1.27 三端陶瓷滤波器应用电路

2. 声表面波滤波器

声表面波滤波器是一种新型的电子元件，常称为 SAWF（Surface Acoustic Wave Filter）。这种滤波器具有体积小、中心频率很高、相对带宽较宽、接近理想的矩形选频特性、稳定性好、无须调整等特点，广泛使用在电视接收机中。

声表面波滤波器的结构示意图和符号如图 1.28 所示。它是以石英、铌酸锂或锆钛酸铅等压电晶体为基片，经表面抛光后在其上蒸发一层金属膜，通过光刻工艺制成两组具有能量转换功能的交叉指形（简称叉指）的金属电极，分别称为输入叉指换能器和输出叉指换能器。当输入叉指换能器接上交流电压信号时，压电晶体基片的表面就产生振动，并激发出与外加信号同频率的声波，此声波主要沿着基片的表面在与叉指电极垂直的方向传播，故称为声表面波。其中一个方向的声波被吸声材料吸收，另一方向的声波则传送到输出叉指换能器，被转换为电信号输出。

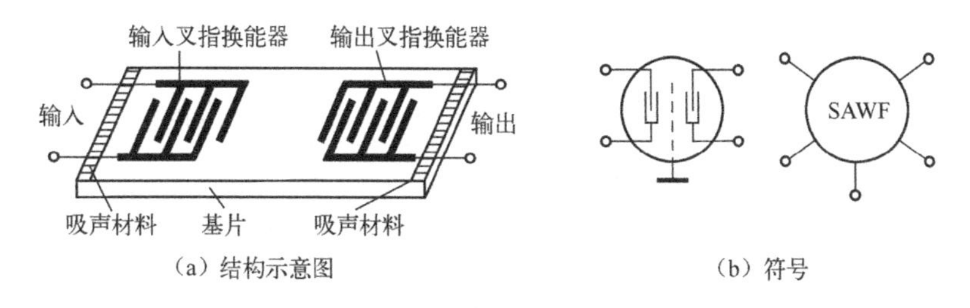

图 1.28　声表面波滤波器

由此可见，在声表面波滤波器中，信号经过电-声、声-电的两次转换，且由于基片的压电效应，使叉指换能器具有选频特性。显然，通过两个叉指换能器的共同作用，使声表面波滤波器的选频特性较为理想。声表面波滤波器的中心频率、通频带等性能与压电晶体基片的材料，以及叉指电极的几何形状和指条数目有关。只要设计合理，用光刻技术制造，可保证有较高的精度，使用时不需调整。

如图 1.29 所示为电视接收机中使用的声表面波滤波器的幅频特性。可见它具有符合要求的幅频特性，具有很好的选择性和较宽的频带宽度，但由于内部多次电声转换，因此，插入损耗较大。为了补偿这种损耗，通常在其前面加一级预中放电路。

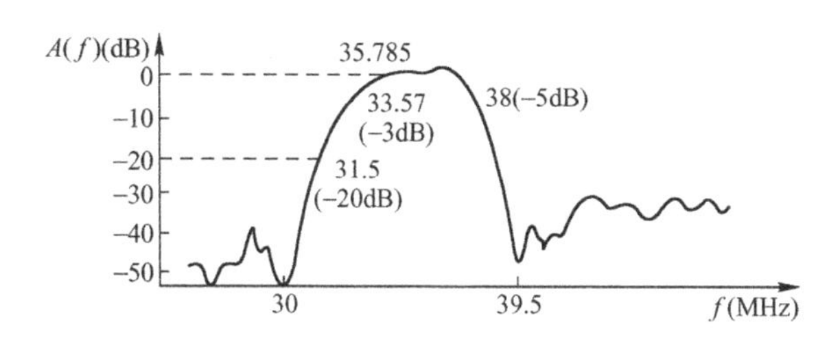

图 1.29　声表面波滤波器的幅频特性

1.4.3　集中选频放大器的应用

由于线性宽频带集成电路能对高频小信号提供高增益、宽频带、稳定性好的放大，可将它与选频电路相结合组成各种常用的集中选频放大器。下面简单介绍两种常用电路。

1. μPC1018 集成中频放大器

μPC1018 是一种广泛应用于调频（FM）、调幅（AM）的集成中频放大器。它为双列直插式 16 脚塑料封装，工作电压为 2.5～6V。它的内部有调频、调幅分开的中频放大器，还有调幅的本振、混频及自动增益控制等电路。图 1.30 所示是由集成电路μPC1018 构成的中频放大器，点画线框内是集成电路的内部结构框图，点画线框外是它的外围电路。

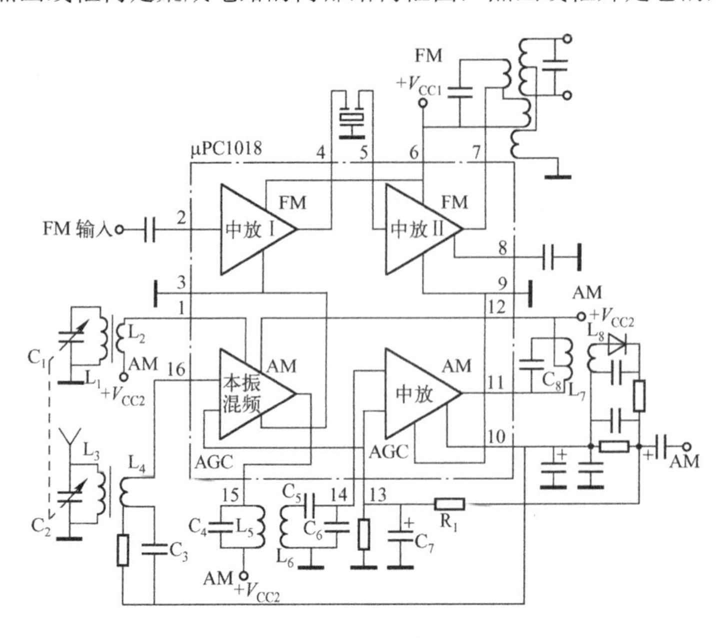

图 1.30　μPC1018 集成中频放大电路

（1）调幅（AM）中频放大工作原理调幅部分由输入选频、本振混频和中频放大三个电路组成。输入选频电路由 L_3、C_2 组成，其作用是从天线接收的信号中选出需要的电台信号，经 L_4 耦合，从 16 脚送入混频电路。L_1、C_1 为本振的振荡回路，本振信号经 L_2 耦合，从 1 脚送入混频电路。经混频后获得的多种频率信号从 15 脚输出。L_5、C_4 和 L_6、C_5、C_6 组成双调谐中频选频回路，具有较好选频特性，其谐振频率为 465kHz。选出的中频信号从 C_5、C_6 连接点以电容分压部分接入方式，经 14 脚送入中频放大器。这种部分接入方式能实现级间阻抗匹配，减小放大器对选频回路的影响。中频放大器为线性宽频带放大器，其内部是直接耦合的多级放大器，具有高增益、稳定性好的特点。经放大后的中频信号从 11 脚输出，其输出负载 L_7、C_8 是一单调谐选频回路，放大器与选频回路之间也采用部分接入方式，以实现阻抗匹配，改善选频性能。最后由 L_8 耦合，将中频信号送到二极管检波器中进行检波。

（2）调频（FM）中频放大工作原理。μPC1018 集成电路的调频中放由两级中放（中放Ⅰ、中放Ⅱ）组成。调频的中频信号从 2 脚输入中放Ⅰ，经放大后从 4 脚输出，外接三端陶瓷滤波器选频。三端陶瓷滤波器等效为一个固定的双调谐选频回路，谐振频率是调频中频 10.7MHz，其 Q 值较高，具有良好选频特性。选频后的信号从 5 脚送入中放Ⅱ，经放大后调频中频信号由 7 脚输出加到双调谐选频回路进行选频，最后将放大了的调频中频信号送入后级的鉴频器进行鉴频。为了减小中频放大器对双调谐回路的影响，放大器与选频回路之间采用了部分接入，这样一方面可以达到阻抗匹配，另一方面也可保持良好的选频性能。

2. TA7680AP 图像中频放大器

TA7680AP 是一块大规模集成电路，双列直插式 24 个引脚，内部包括图像中放和伴音中放两部分。其中，图像中频放大器是三级直接耦合的、具有自动增益控制功能的、高增益、宽频带的差分放大器。图 1.31 所示为彩色电视机中 TA7680AP 图像中频放大器的应用电路。

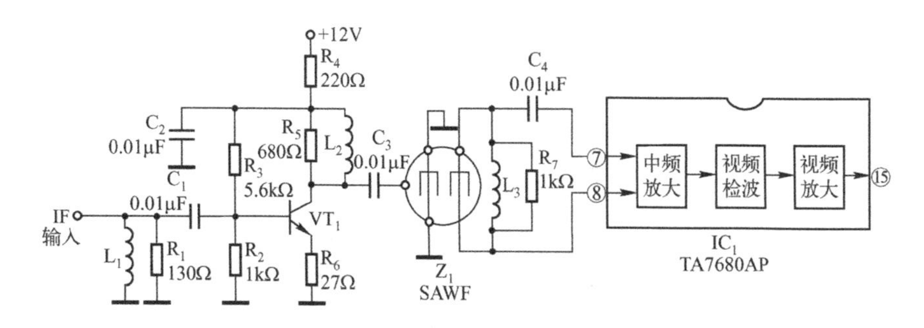

图 1.31　TA7680AP 图像中频放大器的应用电路

由高频调谐器 IF OUT 端输出的图像中频信号经 C_1 加至预中放管 VT_1 的基极。R_2、R_3 是 VT_1 的偏置电阻，R_6 是 VT_1 发射极负反馈电阻。L_2 是高频扼流圈，R_5 是阻尼电阻，它们与 VT_1 输出电容和 Z_1 的输入分布电容共同组成中频宽带并联谐振回路。选频放大后的信号由 VT_1 集电极输出，经 C_3 耦合加至声表面波滤波器 Z_1。预中放电路的供电电源退耦电路由 R_4、C_2 组成。声表面波滤波器 Z_1 的输出端接有匹配电感 L_3，它与 Z_1 的输出分布电容组成中频谐振回路，可减少插入损耗，提高图像的清晰度。声表面波滤波器输出的中频信号，经 C_4 耦合，从集成电路 IC_1（TA7680AP）的 7 脚和 8 脚输入到集成块内部的图像中频放大器。由图像中放输出的信号，经视频检波、视频放大后从 15 脚输出彩色全电视信号。

技能训练 1　高频小信号谐振放大器的测试

1．训练目的

（1）观测小信号谐振放大器的工作特性。

（2）测量小信号谐振放大器的增益和通频带。

2．训练仪器与器材

函数信号发生器，双踪示波器，毫伏表，频率计，稳压电源，三极管 9013，电容（47μF、0.01μF×2、200pF），电阻（10kΩ×2、20kΩ、1kΩ），电位器（100kΩ），电感（220μH）。

3．训练电路

电路如图 1.32 所示。由三极管 9013 及其外围电路组成单级的小信号谐振放大器，其中，由 220μH 的电感和 200pF 的电容组成 LC 谐振回路，作为三极管的集电极负载。

4．训练步骤

（1）首先按图 1.32 所示安装连接好小信号谐振放大器。

（2）测量小信号谐振放大器的增益与通频带。将集电极电流调至 1mA 左右（可采用测发射极电阻上的压降来判断），函数信号发生器置于 100kHz～1MHz 挡，信号源调至 50mV 左右，调节函数发生器频率，当输出 u_o 最大时为谐振点，此时 u_o 和 u_i 的比值即为谐振增益。然后，改变频率，每隔 10kHz 左右记录一次频率及该频率所对应的 u_o 值，画出 u_o 与频率之间的对应关系曲线，即谐振放大器的幅频特性曲线。从特性曲线上估算出u_o下降到最大值的0.7倍时的上、下频率，它们的差值即为谐振放大器的通频带BW。

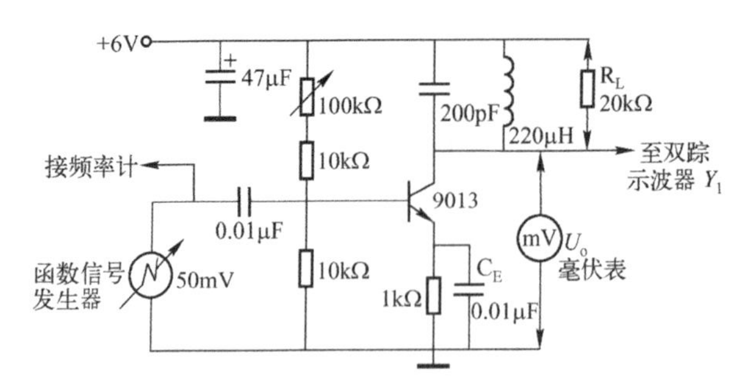

图 1.32　高频小信号谐振放大器实训电路

（3）观察负载变化对幅频特性的影响。在图 1.32 中，220μH 电感的两端并接一个 20kΩ的电阻后，再按第二步的测量方法测量，并画出对应的幅频特性曲线，比较接入负载后幅频特性的变化情况（增益及带宽）。

（4）改变集电极电流，观测其对幅频特性的影响。调节 100kΩ偏置电位器，使集电极电流从 2mA 开始，每下降 0.2mA 观测记录一次谐振增益及通频带，从而了解集电极电流对增益及通频带的影响。

（5）观察无发射极电容对增益及带宽的影响。将图 1.32 中发射极电容 C_E 去掉。使电路引入交流负反馈，观测此种情况下谐振时的增益及带宽。分析增益及带宽与旁路电容 C_E 的关系，并分析原因。

5. 训练总结

（1）整理测试数据，并将测试结果绘成幅频特性曲线。

（2）分析各测试情况下，增益与带宽变化的原因。

本 章 小 结

（1）根据高频信号占有频宽的不同，高频小信号放大器分为宽带放大器和窄带放大器两类。

（2）扩展放大器通频带的方法有负反馈法、组合电路法和补偿法。

（3）小信号谐振放大器是一种窄带放大器，它是由放大器和谐振负载组成的，具有选频或滤波的作用。按谐振负载的不同，可分为单调谐放大器、双调谐放大器等。

（4）高频小信号谐振放大器工作频率高，并且负载回路与工作频率谐振，故在增益较高时，有时会通过三极管内部反馈而自激。所以，除了增益、通频带和选择性外，稳定性也是调谐放大器的重要指标。在电路中，常采用中和法和失配法来减小内部反馈对放大器稳定性的影响。

（5）集中选频放大器是由集中选频滤波器和宽带放大器组成。常用的集中选频滤波器有陶瓷滤波器、声表面波滤波器等。

习 题 1

1.1　简述宽带放大器的分析方法。

1.2　简述“共射-共基”组合电路扩展通频带的原理。

1.3　集成宽带放大器L1590的内部电路如图1.33所示。试问电路中采用了什么方法来扩展通频带？

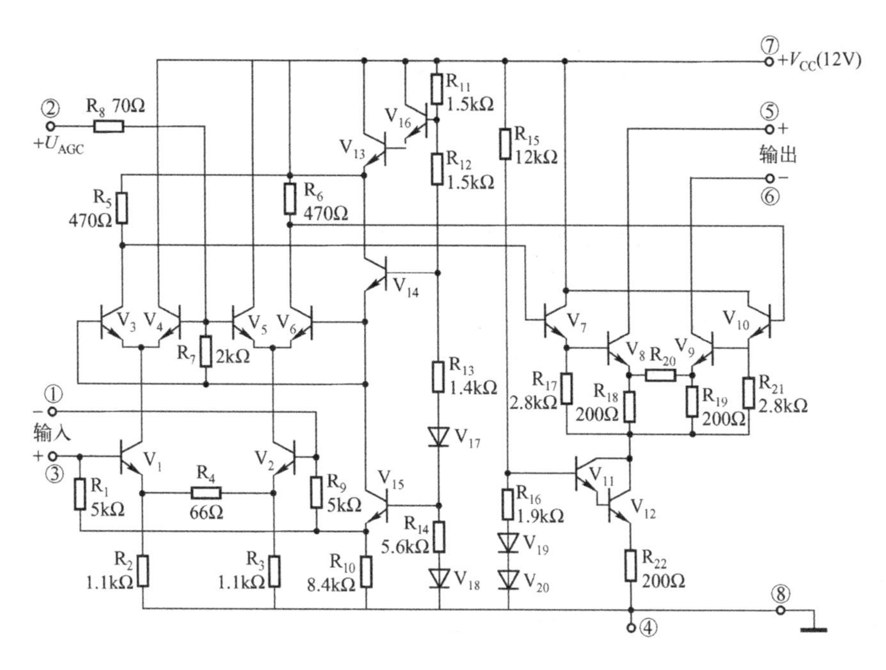

图1.33　L1590的内部电路

1.4　试简述高频小信号谐振放大器的主要技术指标。

1.5　在图1.16（a）所示的单调谐放大器中，若谐振频率f_0=10.7MHz、C_Σ=50pF、$BW_{0.7}$= 150kHz，求回路的电感L和Q_e。如将通频带展宽为300kHz，应在回路两端并接一个多大的电阻？

1.6　调谐在中心频率为f_0=10.7MHz的三级单调谐放大器，要求$BW_{0.7}\geqslant$100kHz，试确定每个谐振回路的有载品质因数Q_e。

1.7　中心频率都是6.5MHz的单调谐放大器和临界耦合的双调谐放大器，若Q_e均为30，试问这两个放大器的通频带各是多少？

1.8　在小信号谐振放大器中，三极管与回路之间常采用部分接入，回路与负载之间也采用部分接入，试简述其原因。

1.9　简要叙述声表面波滤波器选频的工作原理。

第2章　高频功率放大器

学习目标

（1）正确理解谐振功率放大器的基本原理及性能分析

（2）熟悉丙类倍频器的基本组成

（3）一般了解丁类高频功率放大器基本工作原理

（4）了解宽带高频功率放大器的基本组成及基本工作原理

高频功率放大器是用于放大高频信号并获得足够大输出功率的一种放大器。本章将从高频功率放大器的分类和特点开始，首先介绍高频功率放大器中的一类——丙类谐振功率放大器，分析它的工作原理，讨论它的特性以及直流馈电电路和匹配网络，并简单介绍丙类谐振倍频器和丁类高频功率放大器的工作原理；然后介绍传输线变压器以及由它构成的另一类高频功率放大器——宽带功率放大器，并且对常用的功率合成电路做简单介绍。

2.1　概述

在无线电信号发射时，要使发射的高频信号覆盖足够的范围，待发射的高频信号必须经过一系列的放大，以获得足够的功率，然后馈送到天线上辐射出去。因此，高频功率放大电路是所有无线电信号发射装置必不可少的重要组成部分。

2.1.1　高频功率放大器的分类

按工作频带宽窄不同，高频功率放大器可分为窄带型和宽带型两大类。

窄带型常采用具有选频作用的谐振网络作为负载，又称为谐振功率放大器。为了提高效率，谐振功率放大器常工作在丙类状态或乙类状态。在放大等幅信号（如载波、调频信号等）时，放大器一般工作在丙类状态，而放大高频调幅信号时一般工在乙类状态。这是因为前者的效率高，且具有选频作用的谐振网络能滤除谐波，从严重失真的电流波形中得到不失真的电压输出，因而又称为丙类谐振功率放大器；后者为了减小失真，只能工作在乙类状态，工作在乙类的这类功放又称为线性功率放大器（Linear Power Amplifier）。为了进一步提高工作效率，又出现了丁类（Class D）谐振功放，在这种功放中的电子器件常工作在开关状态。

宽带型常采用工作频带很宽的传输线变压器（Transmission-Line Transformers）作为负载，由于不采用谐振网络，因此它可以工作在很宽的频带范围内。对于那些频率变化范围较大的通信设备，由于难以迅速变换窄带功率放大器负载回路的频率，因此，常采用宽频带高频功率放大电路。

2.1.2　丙类谐振功率放大器的特点

丙类谐振功率放大器与低频功率放大器相比较，其共同点都是用来对输入信号进行功率放大。它们的不同点表现在：首先两者工作频率和相对频带不同，低频功放的工作频率较低，一般在 20Hz～20kHz 之间，相对频带较宽；而丙类谐振功放是用来放大高频信号的，工作频率一般在几百千赫到几百兆赫，甚至更高，且由于具有选频作用，相对频带很窄，只有 0.1%左右。其次是负载性质不同，低频功放采用电阻、变压器等非谐振负载，而丙类谐振功放采用的是具有选频作用的谐振网络作为负载。再次是工作状态不同，低频功放为了兼顾效率和不失真地放大，一般工作在乙类或甲乙类状态，而丙类谐振功放因为具有选频网络，常工作在效率较高的丙类状态。

与小信号谐振放大器相比，它们具有的共同点是都是用来放大高频信号，且负载均为谐振网络。但小信号谐振放大器属于小信号放大器，主要用来不失真地放大微弱的高频信号，同时抑制干扰信号，因而主要考虑的是电压放大倍数、选择性及通频带，而对输出功率及效率一般不予考虑，所以一般工作在甲类状态，其谐振网络也主要用于抑制各种干扰信号。丙类谐振功放是用来放大幅度较大的信号，它主要考虑的是功率和效率，因而工作在丙类状态，其谐振网络主要是用来从失真的电流脉冲中选出基波、滤除谐波，从而得到不失真的输出信号。

2.1.3　丙类谐振功率放大器的主要性能指标

丙类谐振功率放大器的主要技术指标是输出功率 P_o、效率 η 和功率增益 A_P。若直流电源提供的功率为 P_{DC}，则效率 η 为：

$$\eta = \frac{P_o}{P_{DC}} \tag{2-1}$$

功率管的集电极耗散功率 P_C 为：

$$P_C = P_{DC} - P_o \tag{2-2}$$

若基极输入功率为 P_i，则功率增益为：

$$A_P = \frac{P_o}{P_i} \tag{2-3}$$

由于丙类谐振功率放大器的晶体管工作在非线性状态，故其属于非线性电子线路，因而不能用线性等效电路来分析，通常采用准静态分析法进行分析和估算。此外，丙类功率放大器是依靠减小管子导通时间来提高效率的，输出功率也会因此而减小，这是一对矛盾。解决这个矛盾的方法之一就是采用丁类放大器。

2.2　丙类谐振功率放大器

2.2.1　丙类谐振功率放大器的工作原理

1. 基本工作原理

丙类谐振功率放大器的原理电路如图 2.1 所示，图中 V_{CC} 和 V_{BB} 为集电极和基极的直流电源。为了使晶体管工作在丙类状态，V_{BB} 应在晶体管的截止区内，即小于管子的截止电压 U_{th}，即 $V_{BB} < U_{th}$。在实际使用中，为了确保放大器可靠地工作在丙类状态，常使 V_{BB}

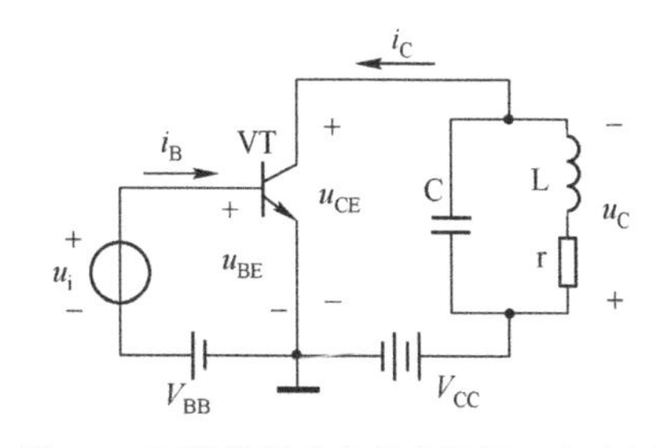

图 2.1　丙类谐振功率放大器原理电路图

为负压或不加基极电源。显然，当没有激励信号 u_i 时（静态时），三极管 V 处于截止状态，即 $i_C = 0$。LC 并联谐振回路作为集电极负载，它调谐在激励信号的频率上，回路电阻 r 是考虑到实际负载影响后的等效损耗电阻。

当基极输入一高频余弦激励信号 u_i 后，三极管基极和发射极之间的电压为：

$$u_{BE} = V_{BB} + u_i = V_{BB} + U_{im}\cos\omega t \tag{2-4}$$

当 u_{BE} 的瞬时值大于基极和发射极之间的截止电压 U_{th} 时，三极管导通，根据三极管的输入特性可知，将产生基极脉冲电流 i_B，如图 2.2（a)、(b）所示。图 2.2（a）中将晶体管输入特性曲线理想化，近似为直线交横轴于 U_{th}，U_{th} 称为截止电压或起始电压。可见管子工作在丙类状态，只在小半个周期内导通，而在大半个周期内截止。通常把一个信号周期内集电极电流导通角的一半称做导电角θ，如图 2.2（c）所示。所以，丙类谐振功率放大器的导电角θ小于 90°。其导电角θ由下式决定：

$$\cos\theta \approx \frac{U_{th} - V_{BB}}{U_{im}} \tag{2-5}$$

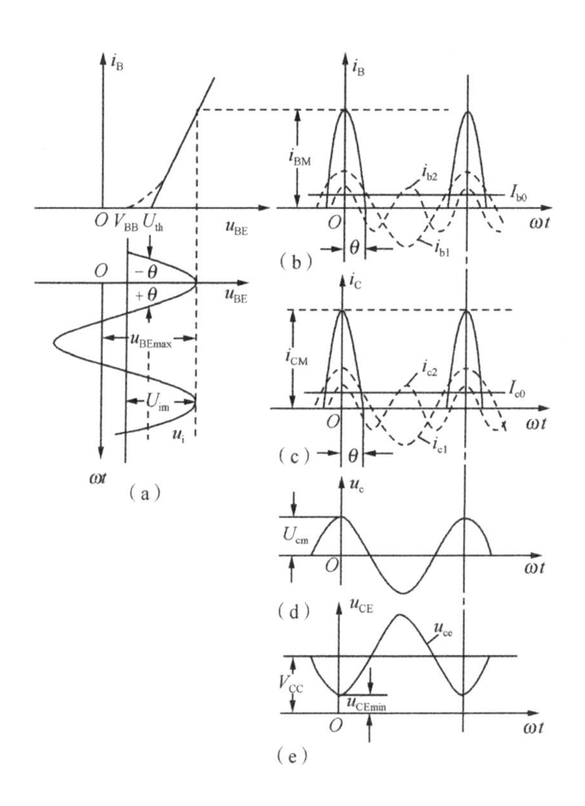

图 2.2 谐振功率放大器中电流、电压波形

将 i_B 用傅氏级数展开，并用 I_{b0}、I_{b1m}、I_{b2m}、…、I_{bnm} 分别表示其直流分量以及基波、二次谐波和高次谐波的振幅，即

$$i_B = I_{b0} + I_{b1m}\cos\omega t + I_{b2m}\cos 2\omega t + \cdots + I_{bnm}\cos n\omega t \tag{2-6}$$

三极管导通后，三极管由截止区进入放大区，此时集电极将有电流 i_C 通过，且 $i_C = \beta i_B$，与基极电流 i_B 相对应，i_C 也是脉冲波形，如图 2.2（c）所示。同理，将 i_C 用傅氏级数展开得

$$i_C = I_{c0} + I_{c1m}\cos\omega t + I_{c2m}\cos 2\omega t + \cdots + I_{cnm}\cos n\omega t \tag{2-7}$$

式中，I_{c0} 为 i_C 的直流分量；

I_{c1m} 为 i_C 的基波分量振幅；

I_{c2m} 为 i_C 的二次谐波分量振幅；

I_{cnm} 为 i_C 的 n 次谐波分量振幅。

由于集电极输出回路调谐在输入信号频率ω上，所以当各分量通过时，只与其中的基波分量发生谐振。根据并联谐振回路的特性，谐振回路对基波电流而言等效为一纯电阻，对其他各次谐波而言，回路因失谐而呈现很小的电抗，可近似视为短路。直流分量只能通过回路电感线圈支路，其直流电阻很小，对直流也可看成短路。根据以上的分析可知，当包含有直流、基波和高次谐波成分的集电极脉冲电流 i_C 流经谐振回路时，只有基波分量电流产生压降，即 LC 回路两端只有基波电压 u_c，从而输出没有失真的高频信号波形（角频率为ω），如图 2.2（d）所示。若回路谐振电阻为 R_p，则可得 u_c 为：

$$u_c = I_{c1m}R_p\cos\omega t = U_{cm}\cos\omega t \tag{2-8}$$

式中，$U_{cm} = I_{c1m}R_p$ 为基波电压振幅。

此时，三极管集电极和发射极之间的瞬时电压为：

$$u_{CE} = V_{CC} - u_c = V_{CC} - U_{cm}\cos\omega t \tag{2-9}$$

集电极和发射极之间的基波电压波形如图 2.2（e）所示。

根据以上分析可知，虽然丙类放大器的三极管在一个信号周期内，只在很短的时间内导通，形成余弦脉冲电流，但由于 LC 谐振回路的选频作用，集电极的输出电压仍然是不失真的余弦波。集电极输出的电压 u_{CE} 与基极激励电压 u_i 相位相反，基极电压的最大值 u_{BEmax}、集电极电流的最大值 i_{CM} 和集电极电压的最小值 u_{CEmin} 出现在同一时刻。由于 i_C 只在 u_{CE} 很低的时间内通过，故集电极功耗很小，功放效率自然就高，且 u_{CE} 越低，效率越高。

2．输出功率和效率

由于输出回路调谐在基波频率上，所以输出电路中高次谐波电压很小，因而，在谐振功率放大器中，我们只需研究直流分量及基波分量的功率。放大器的输出功率 P_o 等于集电极电流基波分量在负载 R_p 上的平均功率，即

$$P_o = \frac{1}{2}I_{c1m}U_{cm} = \frac{1}{2}I^2_{c1m}R_p \tag{2-10}$$

集电极直流电源供给功率 P_{DC} 等于集电极电流直流分量 I_{c0} 与 V_{CC} 的乘积，即

$$P_{DC} = I_{c0}V_{CC} \tag{2-11}$$

所以，效率η等于输出功率 P_o 与直流电源供给功率 P_{DC} 之比，即

$$\eta = \frac{P_o}{P_{DC}} = \frac{1}{2}\cdot\frac{I_{c1m}U_{cm}}{I_{c0}V_{CC}} \tag{2-12}$$

由于 I_{c0}、I_{c1m}、…、I_{cnm} 均与 i_{CM} 及θ有关，故有以下结论：

$$I_{c0} = i_{CM}\cdot\alpha_0(\theta) \tag{2-13}$$

$$I_{c1m} = i_{CM}\cdot\alpha_1(\theta) \tag{2-14}$$

$$I_{cnm} = i_{CM}\cdot\alpha_n(\theta) \tag{2-15}$$

式中，$\alpha_0(\theta)$ 为直流分量分解系数；

$\alpha_1(\theta)$为基波分量分解系数；

$\alpha_n(\theta)$为 n 次谐波分量分解系数。

故效率η可以写成：

$$\eta=\frac{1}{2}\cdot\frac{\alpha_1(\theta)U_{\mathrm{cm}}}{\alpha_0(\theta)V_{\mathrm{CC}}}=\frac{1}{2}g_1(\theta)\xi \tag{2-16}$$

其中，$\xi=\frac{U_{\mathrm{cm}}}{V_{\mathrm{CC}}}$称为集电极电压利用系数；

$g_1(\theta)=\frac{I_{\mathrm{c1m}}}{I_{\mathrm{c0}}}=\frac{\alpha_1(\theta)}{\alpha_0(\theta)}$称为集电极电流利用系数或波形系数，它是导电角$\theta$的函数。不同导电角时各分量的分解系数可参见图 2.3 所示的曲线。

由图 2.3 所示可清楚地看到各次谐波分量变化的趋势，谐波次数越高，振幅就越小。θ=120°时，$\alpha_1(\theta)$有最大值，基波分量可得最大值，但此时效率太低。所以，为了同时兼顾功率和效率，谐振功率放大器的最佳导电角θ一般取 60°～70°左右。

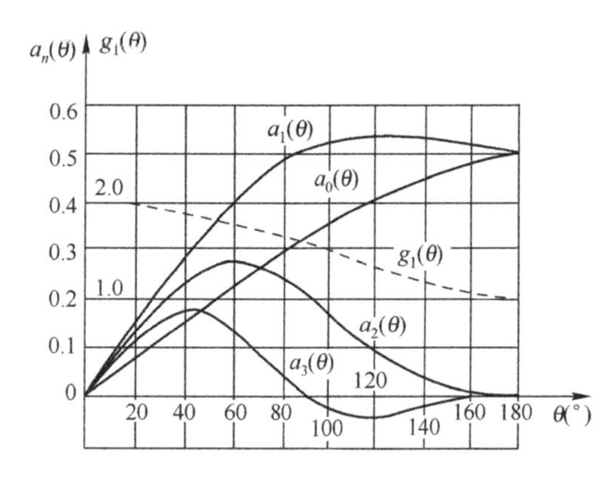

图 2.3　余弦脉冲分解系数

当 $U_{\mathrm{cm}}=V_{\mathrm{CC}}$时，由式（2-16）可求得不同工作状态下放大器效率分别为：

甲类工作状态，θ=180°、$g_1(\theta)=1$、$\eta=50\%$；

乙类工作状态，θ=90°、$g_1(\theta)=1.57$、$\eta=78.5\%$；

丙类工作状态，θ=60°、$g_1(\theta)=1.8$、$\eta=90\%$。

可见，丙类工作状态的效率最高，效率可达 90%。随着θ的减小，效率还会进一步的提高，但输出功率也将会减小。

例 2.1　在图 2.1 所示谐振功率放大电路中，集电极电源电压 $V_{\mathrm{CC}}=18\mathrm{V}$，输入信号电压 $u_{\mathrm{i}}=2\cos\omega t$，并联谐振回路调谐在输入信号频率上，其谐振电阻 $R_{\mathrm{p}}=400\Omega$，晶体管的输入特性曲线如图 2.4（a）所示。求：

（1）画出 $V_{\mathrm{BB}}=-0.5\mathrm{V}$ 时，集电极电流 i_{C} 的脉冲波形，并求导电角θ；

（2）写出集电极电流中基波分量表达式和回路两端电压的表达式；

（3）计算该放大器的 P_{o}、P_{DC}、P_{C} 和η。

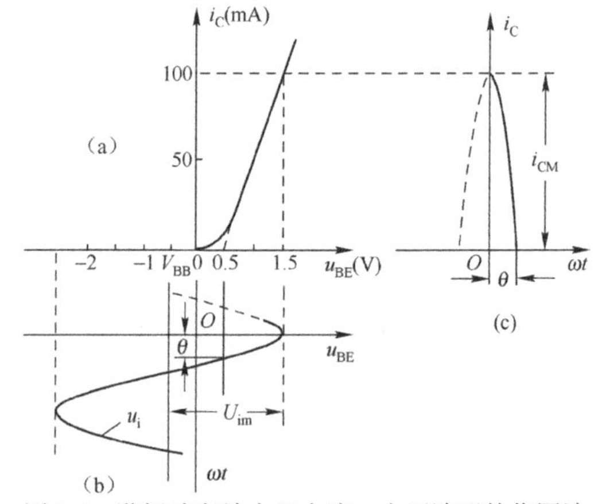

图 2.4　谐振功率放大器电流、电压波形的作图法

解：（1）由图 2.4（a）所示的晶体管输入特性曲线可得 U_{th}≈0.5V。在图 2.4（b）中，可作出放大器输入电压 u_{BE} 的波形。再由图 2.4（a）和 2.4（b）可画出 i_C 的波形如图 2.4（c）所示，由图可得 $i_{CM}=100mA$。由式（2-5）可以求得：

$$\cos\theta \approx \frac{U_{th}-V_{BB}}{U_{im}}=0.5$$

所以

$$\theta=60^\circ$$

可见导电角 θ 主要取决于 V_{BB} 和 U_{im} 的大小。

（2）由图 2.3 可知，$\alpha_1(60^\circ)\approx 0.4$，则

$$I_{c1m}=0.4i_{CM}=40\text{（mA）}$$
$$U_{cm}=I_{c1m}R_p=16\text{（V）}$$
$$i_{c1}=40\cos\omega t\text{（mA）}$$
$$u_c=16\cos\omega t\text{（V）}$$

（3）查曲线图可得 $\alpha_0(60^\circ)\approx 0.22$，则

$$P_o=\frac{1}{2}I^2_{c1m}R_p=0.32\text{（W）}$$
$$P_{DC}=I_{c0}V_{CC}=0.22\times 100\times 18\approx 0.4\text{（W）}$$
$$P_C=P_{DC}-P_0=0.08W$$
$$\eta=P_o/P_{DC}=80\%$$

2.2.2 丙类谐振功率放大器的性能分析

1. 近似分析方法——动态线

在低频电路中我们已经学会用图解法分析一般放大电路的方法，我们也可以用这样的方法来近似地分析高频功率放大电路。但是，由于高频谐振功放的集电极负载是谐振回路，其集电极电压与集电极电流波形截然不同，且大小也不成比例，所以，作出的交流负载线已不是非谐振负载功率放大器（如低频功放）中那样的一条直线了。谐振功放的交流负载线称为动态负载线，简称动态线。动态线实际上就是在输入信号作用下，功率管的集电极电流 i_C 和 C-E 极间电压 u_{CE} 在 i_C～u_{CE} 平面内工作点移动的轨迹。

那么，如何作出动态线呢？首先必须知道功率管的特性，如果功率管的工作频率较低（$f<0.5f_\beta$），则管子的结电容影响可忽略，功率管的特性可用输入和输出静态特性曲线表示，其高频效应忽略不计。为了便于分析，输出特性曲线的参变量采用电压 u_{BE}，而不是 i_B（根据输入特性曲线上 i_B 与 u_{BE} 之间的关系，可以将 i_B 转换为 u_{BE}）。其次动态线只能根据 u_{BE} 和 u_{CE} 逐点描出，且由 $u_{BE}=V_{BB}+U_{im}\cos\omega t$ 和 $u_{CE}=V_{CC}-U_{cm}\cos\omega t$ 两式决定，这就必须确定 V_{BB}、U_{im}、V_{CC} 和 U_{cm} 四个电量值。

我们可以先确定 V_{BB}、V_{CC}、U_{im} 和 U_{cm} 四个电量的数值，并将 ωt 按等间隔给定不同的数值（例如，$\omega t=0^\circ$、$\pm 15^\circ$、$\pm 30^\circ$ …），则可得到 u_{BE} 和 u_{CE} 的值，如图 2.5（a）所示。再根据不同间隔上 u_{BE} 和 u_{CE} 的值，在以 u_{BE} 为参变量的输出特性曲线上找出对应的动态点，连接这些动态点便可得谐振功率放大器的动态线，并由此可画出 i_C 的波形、确定的 i_C 的值，如

图 2.5（b）所示。由前面讨论可知，设定不同数值的 V_{BB}、V_{CC}、U_{im} 和 U_{Cm}，画出的集电极电流脉冲波形就不同，由此求得主要技术指标也就不同。

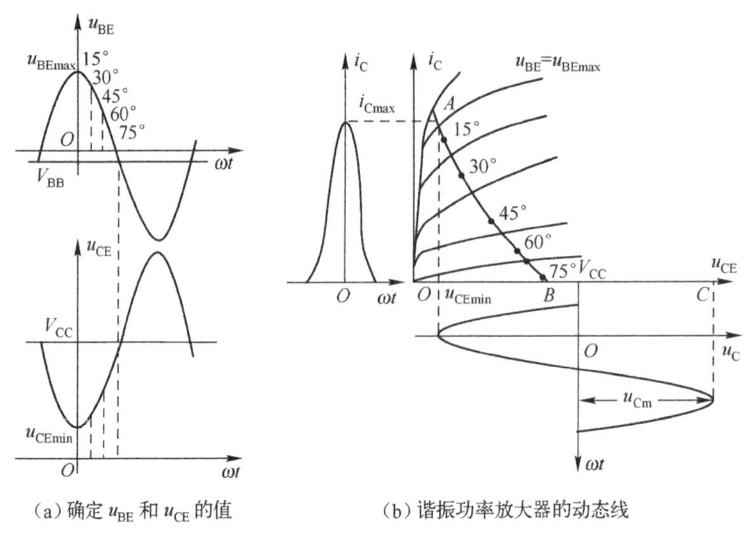

图 2.5　谐振功率放大器的近似分析方法

2. 三种工作状态

由前面讨论可知，集电极电流脉冲的宽度（或导电角 θ）主要取决于 V_{BB} 和 U_{im} 的大小，当 V_{BB} 和 U_{im} 一定时，集电极电流脉冲宽度也就近似一定，几乎不随 U_{Cm} 的大小而变化。当 $\omega t=0$ 时，$u_{BE}=u_{BEmax}=V_{BB}+U_{im}$、$u_{CE}=u_{CEmin}=V_{CC}-U_{Cm}$。当 V_{BB}、U_{im}、V_{CC} 为定值时，即 u_{BEmax} 不变时，随着 U_{Cm} 由小增大，u_{CEmin} 则将由大减小，对应的动态点 A 将沿 $u_{BE}=u_{BEmax}$ 的那条特性曲线向左移动（由 A' 向 A''' 移动）。其中，A'' 为由放大区进入饱和区的临界点，如图 2.6 所示。通常把动态点 A 处于放大区称为欠压状态，动态点 A'' 处于放大区和饱和区之间的临界点称为临界状态，动态点 A''' 处于饱和区称为过压状态。可见，判断谐振功率放大器处于何种工作状态，只须判断动态线的顶点 A，即 $u_{BEmax}=V_{BB}+U_{im}$ 和 $u_{CEmin}=V_{CC}-U_{Cm}$ 确定的点所处的位置，即可判断出功放的工作状态。

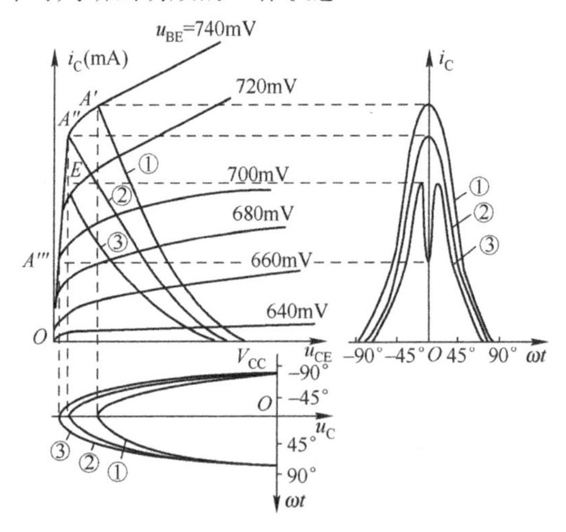

图 2.6　改变 U_{Cm} 对 i_C 脉冲电流波的影响

由图 2.6 还可以看出：

（1）欠压状态：见曲线波形①，R_P 较小，U_{Cm} 也较小的情况。在高频一个周期内各动态工作点都处在晶体管特性曲线的放大区，此时集电极电流波形为尖顶余弦脉冲，且脉冲幅度较高。

（2）临界状态：见曲线波形②，R_P 较大，U_{Cm} 也较大的情况。在高频一个周期内动态工作点恰好达到晶体管特性曲线的临界饱和线。此时集电极电流波形为尖顶余弦脉冲，但脉冲幅度比欠压时略低。

（3）过压状态：见曲线波形③，R_P 很大，U_{Cm} 也很大的情况。动态线的上端进入了晶体管特性曲线的饱和区，此时集电极电流波形为凹顶状，且脉冲幅度较低。

3．丙类谐振功率放大器的特性

（1）负载特性。所谓的负载特性就是当 V_{CC}、V_{BB}、U_{im} 一定时，放大器的电流、电压、功率和效率等随 R_P 变化的特性。当 R_P 由小逐渐增大时，U_{Cm} 逐渐增大，由图 2.6 可知，集电极电流脉冲由尖顶形状过渡到凹顶形状，放大器的工作状态由欠压状态经临界状态过渡到过压状态。当 R_P 由小增大时，由 i_C 波形可以分析得出，I_{C0}、I_{C1m} 在欠压状态时略微下降，进入过压状态后急剧下降。而 $U_{Cm}=I_{C1m}R_P$ 在欠压状态时急剧增大，过压状态时只略微增大，几乎不变。$P_{DC}=I_{C0}V_{CC}$，当 R_P 增大时，其变化趋势与 I_{C0} 相同。$P_o=\frac{1}{2}I_{C1m}^2R_P$ 在欠压状态时随 R_p 增大而增大，但在过压状态时由于 I_{c1m} 急剧下降，使 P_o 随 R_P 增大而逐渐下降，在临界状态为最大。$P_C=P_{DC}-P_o$，在欠压状态时，由于 P_{DC} 基本不变，P_C 将随 R_P 增大而急剧下降；但在过压状态，由于 P_{DC} 与 P_o 变化相同，所以 P_C 几乎不随 R_P 的变化而变化，并且只有较小的值，显然在欠压状态时 P_C 很大，应避免丙类谐振功放工作在欠压状态。由于 $\eta=P_o/P_{DC}$，在欠压状态时，η 随 R_P 变化的规律与 P_o 变化规律相似，逐渐增大。到达过压状态后，P_o、P_{DC} 都将下降，η 随 R_P 的增大还是增大，但增幅比较缓慢，可见，最大效率实际上是出现在略过压状态的时候。但由于工作在临界状态时的谐振功率放大器输出功率 P_o 最大，效率 η 也比较高，所以临界状态为谐振功放的最佳工作状态，与之相对应的负载 R_P 称为谐振功放的最佳负载。

图 2.7 所示为丙类谐振功放的负载特性曲线图，图 2.7（a）为电压和电流随 R_P 变化的曲线，图 2.7（b）为功率和效率随 R_P 变化的曲线。

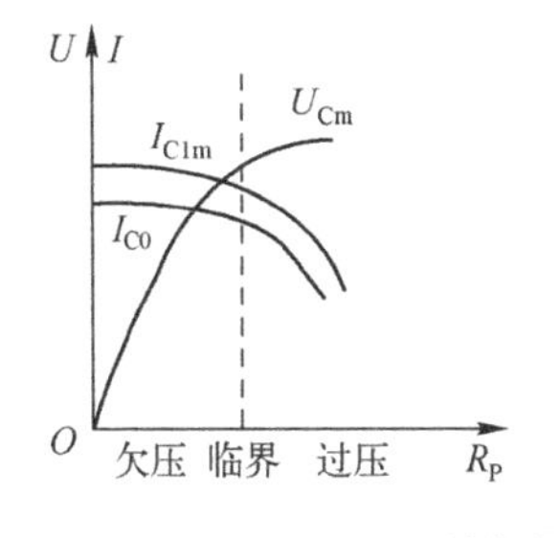

（a）R_P 对 I_{C0}、I_{C1m} 和 U_{Cm} 的影响

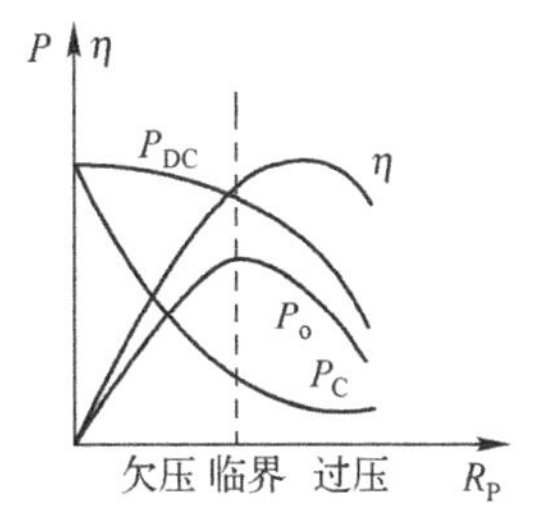

（b）R_P 对 P_o、P_{DC}、P_C 和 η 的影响

图 2.7 谐振功率放大器的负载特性

（2）调制特性。谐振功放的调制特性是指 U_{im} 和 R_P 一定时，放大器性能随 V_{CC} 或 V_{BB} 变化的特性，它分为集电极调制特性和基极调制特性两种。

集电极调制特性是指当 V_{BB}、U_{im} 和 R_P 一定时，放大器性能随 V_{CC} 变化的特性。由前面分析可知，V_{CC} 增大，动态工作点 A 将由饱和区向放大区移动，放大器工作状态将由过压状态向欠压状态变化，i_C 波形也将由中间凹顶状脉冲波变为接近余弦变化的脉冲波，但 i_C 波形的宽度（即 θ）不变，如图 2.8（a）所示。相应得到的 I_{C0}、I_{C1m} 和 U_{Cm} 随 V_{CC} 变化的特性如图 2.8（b）所示。由图可见，谐振功放只有工作在过压区，V_{CC} 才能有效地控制 I_{C1m}（或 U_{Cm}）的变化。也就是说，工作在过压区的谐振功率放大器，V_{CC} 的变化可以有效地控制集电极回路电压振幅 U_{Cm} 的变化，这就是后续章节介绍到的集电极调幅的原理。

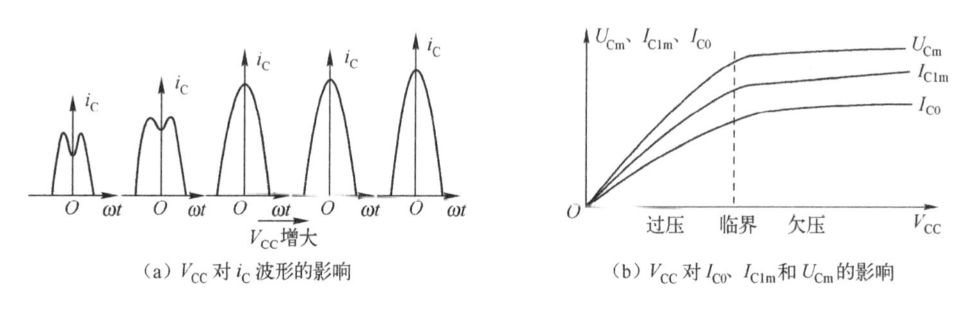

（a）V_{CC} 对 i_C 波形的影响　　（b）V_{CC} 对 I_{C0}、I_{C1m} 和 U_{Cm} 的影响

图 2.8　集电极调制特性

基极调制特性是指当 V_{CC}、U_{im} 和 R_P 一定时，放大器性能随 V_{BB} 变化的特性。可以分析得出，当 U_{im} 一定时，V_{BB} 增大，i_C 脉冲不仅宽度增大，其高度还因 u_{Bemax} 的增大而增大，如图 2.9（a）所示，此时放大器工作状态由欠压状态向过压状态变化。在欠压状态，I_{C0} 和 I_{C1m} 随 V_{BB} 的增大而增大；但在过压状态，由于 i_C 凹陷加深，I_{C0} 和 I_{C1m} 增大缓慢，可近似认为不变，如图 2.9（b）所示。由图可见，谐振功放只有工作在欠压区，V_{BB} 才能有效地控制 I_{C1m}（或 U_{Cm}）的变化。也就是说，工作在欠压区的谐振功率放大器，V_{BB} 的变化可以有效地控制集电极回路电压振幅 U_{Cm} 的变化，这也是后续章节介绍到的基极调幅的原理。

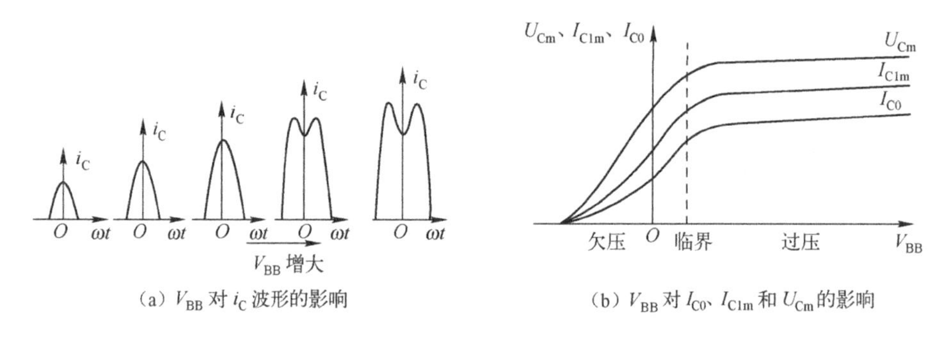

（a）V_{BB} 对 i_C 波形的影响　　（b）V_{BB} 对 I_{C0}、I_{C1m} 和 U_{Cm} 的影响

图 2.9　基极调制特性

（3）放大特性。当 V_{BB}、V_{CC} 和 R_P 不变时，放大器性能随 U_{im} 变化的特性称为放大特性。它和基极调制特性的情况基本类似，即增大 U_{im}，放大器的工作状态也是由欠压状态向过压状态变化。丙类谐振功放的放大特性如图 2.10 所示。

由图 2.10 可以看出，作为放大器时，必须使 U_{im} 变化时 U_{Cm} 有较大的变化，因此必须工作在欠压区；而在过压区，U_{im} 变化时 U_{Cm} 几乎不变，此时电路具有振幅限幅作用，可作为振幅限幅器。

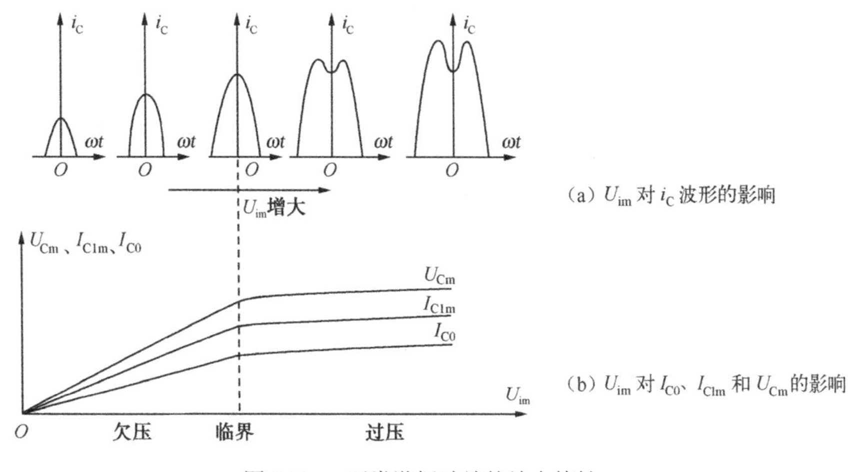

图 2.10　丙类谐振功放的放大特性

2.2.3　丙类谐振功率放大器电路

谐振功率放大器电路包括集电极馈电电路、基极馈电电路和匹配网络等。

1. 基极馈电电路

基极馈电电路可分为串联和并联两种，如图 2.11 所示。在图 2.11（a）中，输入信号 u_i、基极直流电源 V_{BB} 和晶体管的发射结相串联，故称串联馈电电路，常用于工作频率较低或工作频带较宽的功率放大器。在图 2.11（b）中，u_i、V_{BB} 和晶体管发射结相并联，故称并联馈电电路，常用于甚高频的功率放大器。图中 C_B 为高频旁路电容，L_B 为高频扼流圈。

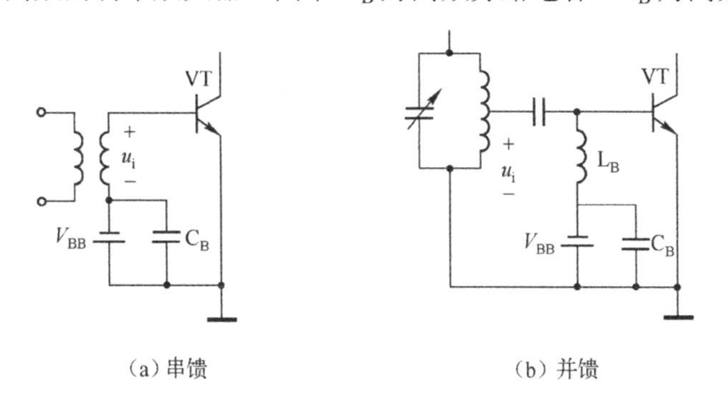

图 2.11　基极馈电电路

要使放大器工作在丙类状态，晶体管基极应加反向偏压或加小于截止电压 U_{th} 的正向偏压。反向偏压常采用自给偏置的方法获得。如图 2.12 所示为几种常见的自给偏置电路。

图 2.12（a）所示电路是利用基极脉冲电流 i_B 的直流成分 I_{b0} 流经 R_B 来产生反向直流偏压的，C_B 的容量要大，以便有效地短路基波及各次谐波电流。图 2.12（b）所示电路是利用发射极脉冲电流 i_E 的直流成分 I_{e0} 流经 R_E 来产生反向直流偏压的，同理，C_E 的容量也要大。图 2.12（c）所示电路是利用 I_{b0} 流经晶体管基区体电阻 $r_{bb'}$ 来产生反向直流偏压的。应当注意，直流偏置电压与静态偏置电压是不同的，这三个电路的静态偏置电压均为零，但直流偏

置电压却为不同的负电压。直流偏置电压是随输入信号幅度的大小变化而变化的，这有利于稳定输出电压。

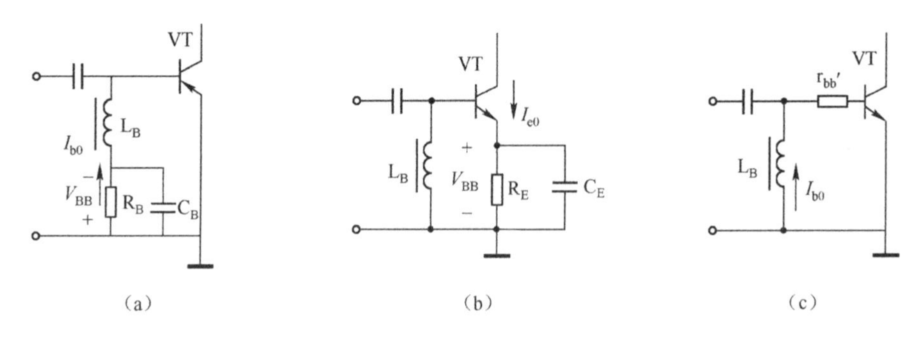

图 2.12　自给偏压电路

2. 集电极馈电电路

集电极馈电电路也分为串联和并联两种。如图 2.13 所示，其中图 2.13（a）所示为串联馈电电路，图 2.13（b）所示为并联馈电电路。图 2.13 中 L_C 为扼流圈，对高频信号起“扼制”作用。C_{C1} 为旁路电容，C_{C2} 为隔直电容，对高频信号起短路作用。其实并联和串联仅仅是指电路结构形式上的不同，就电压关系而言，无论是串联还是并联，交流电压和直流电压总是串联叠加在一起的，它们都满足 $u_{CE}=V_{CC}-U_{Cm}\cos\omega t$ 的关系。

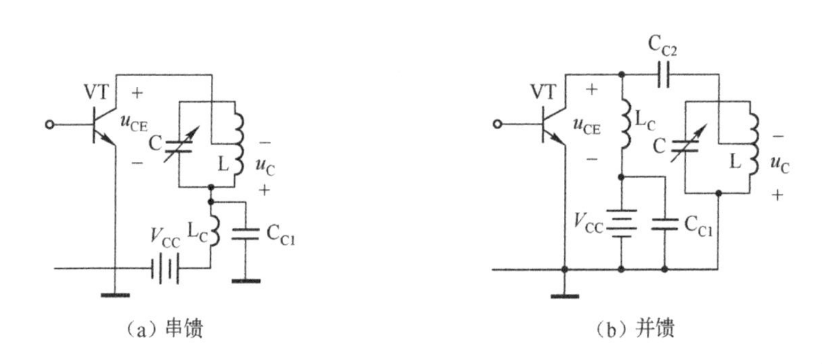

图 2.13　集电极馈电电路

3. 滤波匹配网络

滤波匹配网络是指为了与前级放大器和后级实际负载相匹配，而在谐振功率放大器输入和输出端所接入的耦合电路。介于末级放大器与实际负载之间的耦合电路，叫输出滤波匹配网络；接于放大器输入端的耦合电路，叫输入滤波匹配网络。输入和输出滤波匹配网络在谐振功率放大器中的连接如图 2.14 所示。

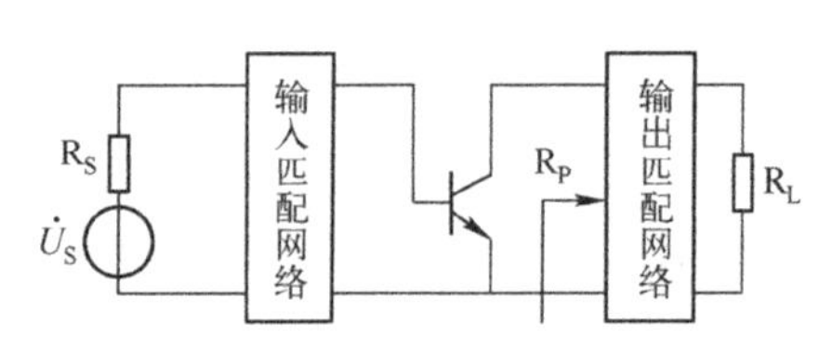

图 2.14　输出滤波匹配网络的连接

对于输入匹配网络，要求它把放大器的输入阻抗变换为前级信号源所需的负载阻抗，以使电路能从前级信号源获得最大的激励功率；对于输出匹配网络，要求它具有滤波和阻抗变换能力，可以滤除各次谐波，使负载上只有基波电压，并将外接负载 R_L 变换为谐振功放所要求的负载电阻 R_p，以保证放大器输出所需的功率。

滤波匹配网络根据它的电路结构可分为 L 形滤波匹配网络、Π形滤波匹配网络和 T 形滤波匹配网络。

（1）L 形匹配网络：图 2.15（a）所示为低阻抗变高阻抗的输出匹配网络。R_L 为外接电阻且很小，C 为高频损耗很小的电容，L 为 Q 值很高的电感线圈。将图 2.15（a）中的 X_2、R_L 串联电路用并联电路来等效，则可得如图 2.15（b）所示的电路。在工作频率上，等效并联回路发生谐振，此时，L 形匹配网络可把实际电阻 R_L 变换为放大器处于临界状态时所要求的较大的谐振阻抗 R_p，理论分析可以求得等效品质因数 Q、X_2、X_1 为：

$$Q=\sqrt{\frac{R_p}{R_L}-1} \tag{2-17}$$

$$|X_2|=\sqrt{R_L(R_p-R_L)} \tag{2-18}$$

$$|X_1|=R_p\sqrt{\frac{R_L}{R_p-R_L}} \tag{2-19}$$

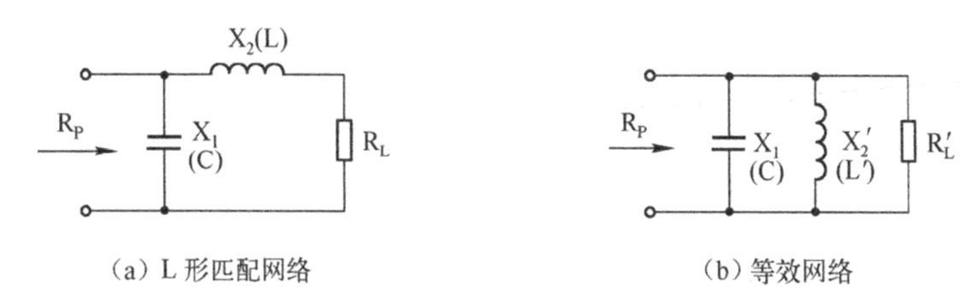

（a）L 形匹配网络　　（b）等效网络

图 2.15　低阻变高阻 L 形匹配网络

图 2.16（a）所示为高阻抗变低阻抗的输出匹配网络，此时 R_L 较大，R_p 较小。将图 2.16（a）中的 X_2、R_L 并联电路用串联电路来等效，可得图 2.16（b）所示的电路。在工作频率上，等效串联回路发生谐振，此时，L 形匹配网络可把实际电阻 R_L 变换为放大器处于临界状态时所要求的较小的谐振阻抗 R_p，而等效品质因数 Q 和 X_2、X_1 应为：

$$Q=\sqrt{\frac{R_L}{R_p}-1} \tag{2-20}$$

$$|X_2|=R_L\sqrt{\frac{R_p}{R_L-R_p}} \tag{2-21}$$

$$|X_1|=\sqrt{R_p(R_L-R_p)} \tag{2-22}$$

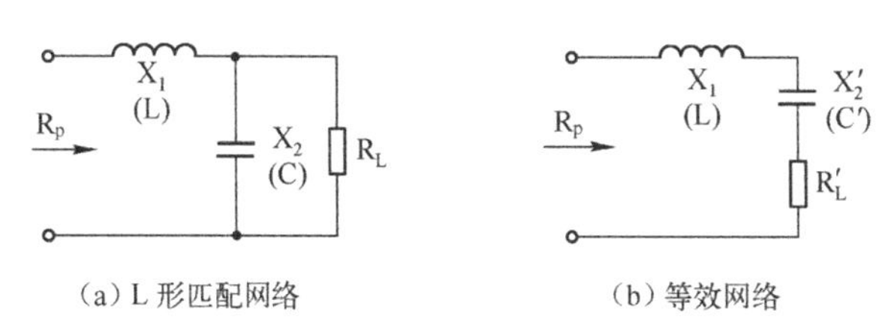

（a）L 形匹配网络　　（b）等效网络

图 2.16　高阻变低阻 L 形匹配网络

（2）Π形和 T 形匹配网络：图 2.17（a）所示为Π形匹配网络的结构图，它可以分成两个串接的L形网络，如图2.17（b）所示。图2.18（a）所示为T形匹配网络的结构图，它同样也可以分成两个串接的L形网络，如图2.18（b）所示。它们阻抗变换关系就不介绍了。

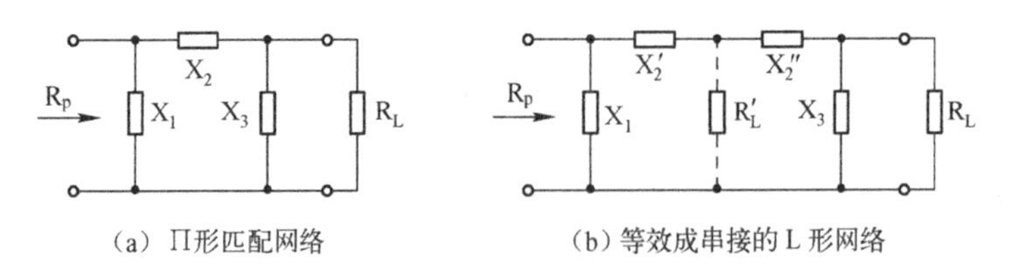

图2.17　Π形匹配网络

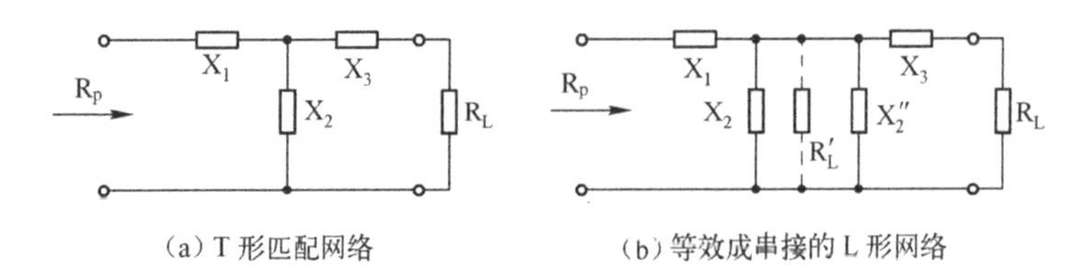

图2.18　T形匹配网络

4. 谐振功率放大器电路应用举例

图2.19所示是工作频率为160MHz的谐振功率放大器电路，它向50Ω的外接负载提供13W的功率，功率增益可达9dB。该电路基极采用自给偏压电路，由高频扼流圈L_B中的直流电阻及晶体管基区体电阻产生很小的负偏压。集电极采用并馈电路，L_C为高频扼流圈，C_C为旁路电容。L_2、C_3和C_4构成L形输出匹配网络，调节C_3和C_4使外接50Ω负载电阻在工作频率上变换为放大器所要求的匹配电阻。L_1、C_1和C_2构成T形输入匹配网络，可将功率管的输入阻抗，在工作频率上变换为前级放大器所要求的50Ω匹配电阻。L_1除了用以抵消功率管的输入电容作用外，还与C_1、C_2产生谐振，C_1用来调匹配，C_2用来调谐振。

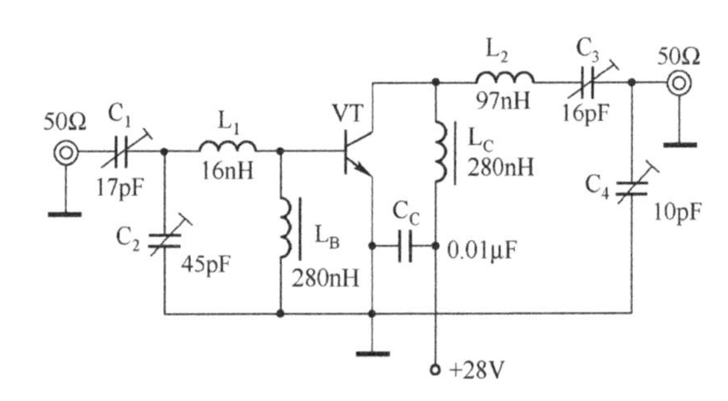

图2.19　160MHz谐振功率放大器电路

图2.20所示是工作频率为50MHz的谐振功率放大器电路，它向50 Ω的外接负载提供25W的功率，功率增益可达7dB。该电路基极馈电电路和输入匹配网络与图2.19所示电路相同，而集电极采用串馈电路，L_2、L_3、C_3和C_4构成Π形输出匹配网络，调节C_3和C_4可使输出回路谐振在工作频率上，并实现阻抗匹配。

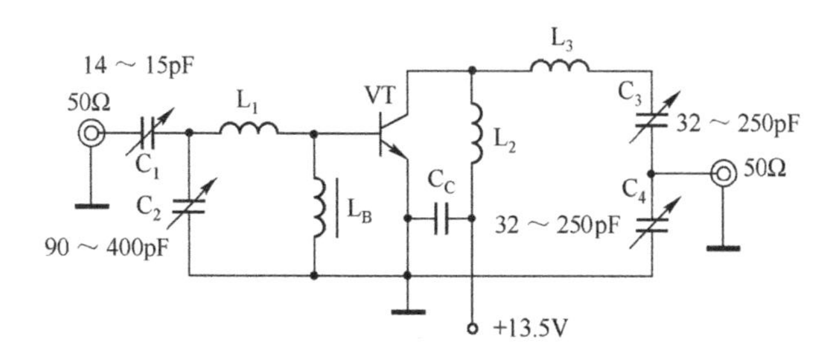

图 2.20　50MHz 谐振功率放大器电路

2.3　丙类倍频器

输出信号的频率比输入信号的频率高 n（n 为正整数）倍的电路叫倍频器。倍频器按其工作原理可分为两大类：一类是工作于丙类的谐振功率放大器，称为丙类倍频器；另一类是利用 PN 结电容的非线性变化来实现倍频作用的，称为参量倍频器。当工作频率为几十兆赫时，主要采用丙类倍频器，当工作频率高于 100MHz 时，主要采用参量倍频器。不论哪种倍频器，它们都是利用器件的非线性对输入信号进行非线性变换，再从谐振系统中取出 n 次谐波分量而实现倍频作用的。采用倍频器可降低主振器的频率，这有利于稳频；倍频器还应用于可以在不扩展主振器波段的情况下，扩展发射机的波段等作用。下面主要介绍一下丙类倍频器的工作原理。

由谐振功率放大器的分析可知，谐振功率放大器工作在丙类时，晶体管集电极电流脉冲中含有丰富的谐波分量，如果把集电极谐振回路调谐在二次或三次谐波频率上，这时放大器就只有二次谐波电压或三次谐波电压输出，谐振功率放大器就成了二倍频或三倍频器。在一般情况下，丙类倍频器都工作在欠压状态或临界状态。由前面分析可知，n 次倍频器的输出功率 P_{on} 和效率 η_n 为：

$$P_{on}=\frac{1}{2}U_{Cnm}I_{Cnm} \tag{2-23}$$

$$\eta_n=\frac{P_{on}}{P_{DC}}=\frac{U_{Cnm}I_{Cnm}}{2V_{CC}I_{C0}} \tag{2-24}$$

由于 I_{Cnm} 总是小于 I_{C1m}，所以 n 次倍频器的输出功率和效率总是低于基波放大器，并且 n 越大，相应的谐波分量幅度越小，P_{on} 和 η_n 降低就越多。即同一个晶体管在输出相同功率时，作为倍频器工作，其集电极损耗要比作为放大器工作时大。另外，考虑到输出回路需要滤除高于和低于 n 的各次谐波分量，其中低于 n 的各次谐波分量幅度要比有用分量大，要将它们滤除较为困难。显然，倍频次数过高，对输出回路的要求就会过于苛刻而难于实现，所以一般单级丙类倍频器取 $n=2\sim3$，若要提高倍频次数，可将倍频器级联起来使用。

当 $n>2$ 时，为了有效地抑制低于 n 的各次谐波分量，实际丙类倍频器输出回路常采用陷波电路，如图 2.21 所示为三倍频器，其输出回路 L_3C_3 并联回路调谐在三次谐波频率上，用以获得三倍频电压输出，而串联谐振回路 L_1C_1、L_2C_2 与并联回路 L_3C_3 相并联，它们分别调谐在基波和二次谐波频率上，从而可以有效地抑制它们的输出，故 L_1C_1 和 L_2C_2 回路称为串联陷波电路。

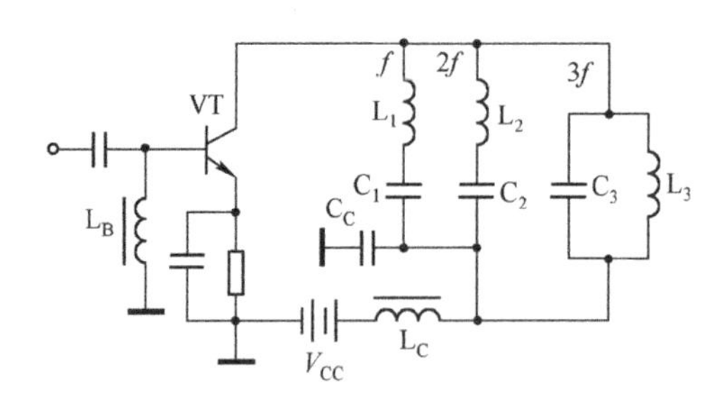

图 2.21　带有陷波电路的三倍频器

*2.4　丁类高频功率放大电路简介

高频功率放大器的主要任务是完成高频信号功率放大，在这个过程中应设法提高输出功率和转换效率，减小功率损耗。为此目的，便出现了丁类高频功率放大器。丁类放大电路中，三极管处于开关状态，当三极管处于饱和导通时，集电极与发射极之间电压为饱和压降 $u_{CE(sat)}$，近似为 0；当三极管截止时，流过三极管集电极的电流 $i_C=0$。而三极管集电极的瞬时损耗功率等于集电极瞬时电流 i_C 和集电极、发射极之间的瞬时电压 u_{CE} 的乘积，所以在理想情况下，丁类高频功率放大电路的效率可达 100%，实际情况下也可达 90%左右。一般丁类高频功率放大电路是由两个三极管组成的，它们轮流导通来完成功率放大任务。典型的丁类功率放大电路如图 2.22 所示。图中变压器 Tr 次级两个绕组相同，极性相反。功率管 VT_1 和 VT_2 特性配对，为同型管。由 L、C 组成串联谐振回路选频。若 u_i 足够大，则当 $u_i<0$ 时，VT_1 饱和导通，VT_2 截止，$u_{A1}=V_{CC}-u_{CE(sat)}$；当 $u_i>0$ 时，VT_2 饱和导通，VT_1 截止，$u_{A2}=u_{CE(sat)}$。A 点幅值 $u_A=u_{A1}-u_{A2}=V_{CC}-2u_{CE(sat)}$。

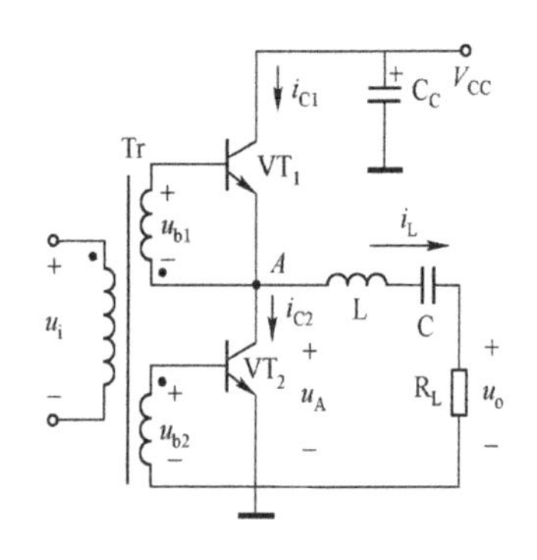

图 2.22　丁类功率放大电路原理图

该电压加到 L、C、R_L 串联谐振回路上，若 LC 谐振回路谐振在输入信号频率上，且其 Q 值足够高，则可近似认为通过回路的电流 i_L 是角频率为ω的余弦波，R_L 上获得不失真输出信号。

分析可知，VT_1、VT_2 各饱和导通半周，尽管导通电流很大，但相应的管压降 $u_{CE(sat)}$很小，这样每管的管耗就很小，放大器的效率也很高。若考虑管子结电容、分布电容等的影响，管子的过渡过程需经历一段时间，如图 2.23 中的 u_A 波形虚线所示，管子动态管耗增大，丁类放大器效率的提高也将受限。为了克服这个缺点，在开关工作的基础上采用一个特殊设计的集电极，保证 u_{CE} 为最小值的一段期间内，才有集电极电流通过，这是正在发展的戊类放大器，这里不再介绍。

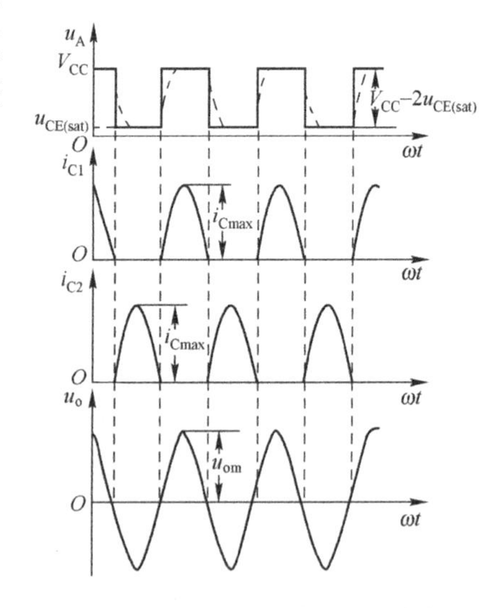

图 2.23　丁类高频功率放大器工作波形

2.5 宽带高频功率放大器

2.5.1 传输线变压器

1. 传输线变压器的工作原理

传输线变压器是将传输线绕在高磁导率（μ）、低损耗的磁环上构成的。传输线可采用扭绞线、平行线、同轴线等，而磁环一般由镍锌高频铁氧体制成，其直径小的只有几毫米，大的有几十毫米，视功率大小而定。传输线变压器与普通变压器相比，其主要特点是工作频带极宽，它的上限频率可达上千兆赫兹，频率覆盖系数可达 10 000。而普通变压器的上限频率只有几十兆赫兹，频率覆盖系数只有几百或几千。传输线变压器的工作方式是传输线原理和变压器原理相结合，即其能量根据激励信号频率的不同以传输线或以变压器方式传输。

图 2.24（a）所示为 1∶1 传输线变压器的结构示意图，它是由两根等长的导线紧靠在一起并绕在磁环上构成的。用虚线表示的导线 1 端接信号、2 端接地，用实线表示的另一根导线 3 端接地、4 端接负载。图 2.24（b）所示为以传输线方式工作的电路形式，图 2.24（c）所示为以普通变压器方式工作的电路形式。根据传输线理论，为了扩展它的上限频率，首先应使终端尽可能匹配；其次，应尽可能缩短传输线的长度，工程上要求传输线长度小于最小工作波长的 1/8。这时，可近似认为传输线输出与输入端的电压和电流大小相等、相位相同。

由图 2.24（b)、(c）可知，由于 2、3 端同时接地，则负载 R_L 上获得了与输入电压幅值相等、相位相反的电压，且 $Z_i = R_L$，所以，这种接法的传输线变压器相当于一个 1∶1 阻抗反相变压器。在高频范围内，由于激磁感抗很大、激磁电流可以忽略不计，传输线方式起主要作用，上限频率不再受漏感和分布电容的限制，也不受磁芯应用频率上限的限制；在频率较低的中间频段上，变压器近似为理想变压器，同时又由于传输线的长度很短，输入信号将直接加到负载上，能量的传输不会受到变压器的影响；在频率很低时，变压器传输方式起主要作用，由于采用了μ值很高的磁芯，传输线变压器仍具有较好的低频特性。所以，不难看出传输线变压器具有良好的宽频带传输特性。

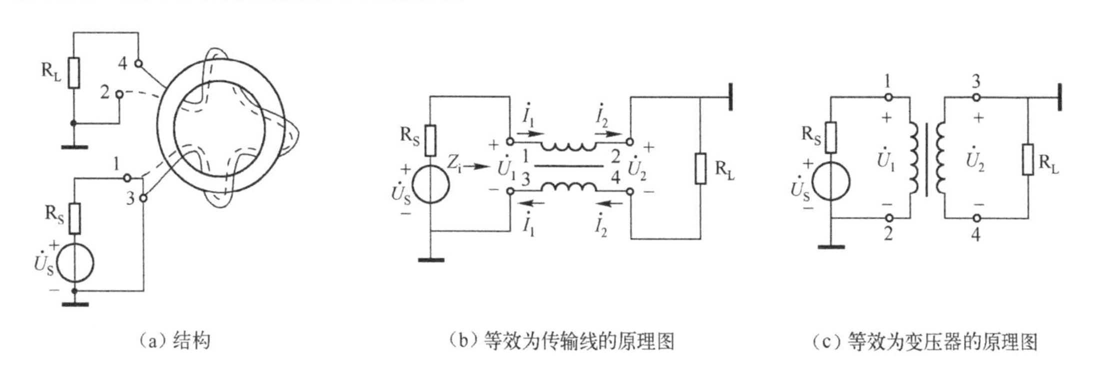

（a）结构　　（b）等效为传输线的原理图　　（c）等效为变压器的原理图

图 2.24　1∶1 传输线变压器结构和工作原理

2. 传输线变压器的应用

（1）平衡和不平衡电路的转换。传输线变压器可实现平衡和不平衡电路的转换，如图 2.25

所示。图 2.25（a）所示信号源为不平衡输入，通过传输线变压器 Tr 可以得到两个大小相等、对地完全反相的电压输出。如图 2.25（b）所示，两个信号源构成平衡输入，通过传输线变压器 Tr 可以得到一个对地不平衡的电压输出。

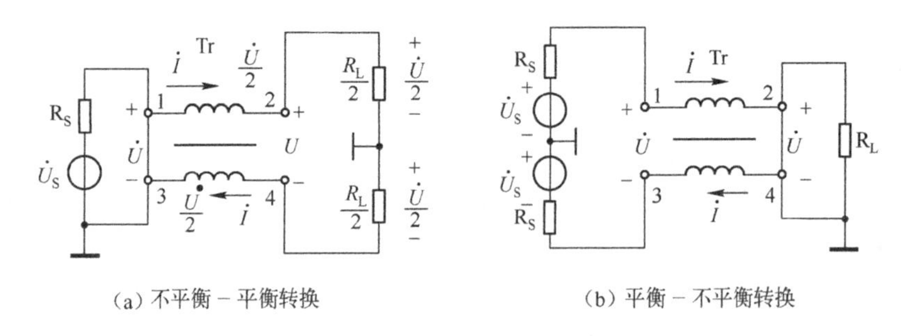

（a）不平衡－平衡转换　　（b）平衡－不平衡转换

图 2.25　平衡和不平衡电路的转换

（2）4∶1 和 1∶4 阻抗变换器。传输线变压器可以构成阻抗变换器，最常用的是 4∶1 和 1∶4 阻抗变换器。将传输线变压器按图 2.26（a）接线，就可以实现 4∶1 的阻抗变换，图 2.26（b）是它的电路图。若设负载 R_L 上的电压为 $\dot{U}$，由图可见，传输线终端 2－4 和始端 1－3 的电压也均为 $\dot{U}$，则 1 端对地输入电压等于 $2\dot{U}$。如果信号源提供的电流为 $\dot{I}$，则流过传输线变压器上、下两个线圈的电流也为 $\dot{I}$，由图 2.26（b）可知，通过负载 R_L 的电流为 $2\dot{I}$，因此可得：

$$R_L = \dot{U}/2\dot{I} \tag{2-25}$$

而信号源端呈现的输入阻抗为：

$$R_i = 2\dot{U}/\dot{I} = 4R_L \tag{2-26}$$

可见，输入阻抗是负载阻抗的 4 倍，从而实现了 4∶1 的阻抗变换。为了实现阻抗匹配，要求传输线的特性阻抗为：

$$Z_C = \dot{U}/\dot{I} = 2R_L \tag{2-27}$$

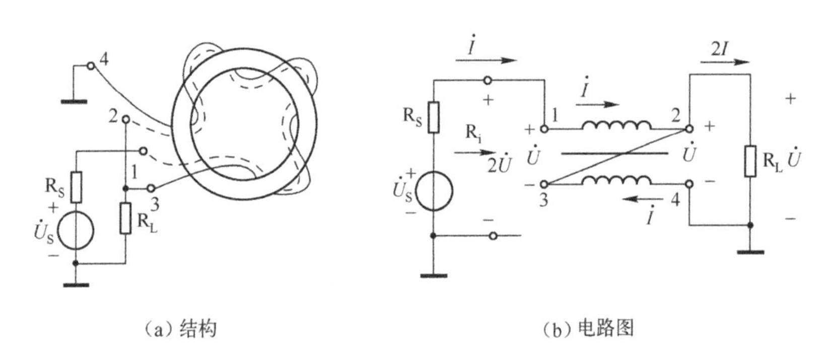

（a）结构　　（b）电路图

图 2.26　4∶1 传输线变压器

如将传输线变压器按图 2.27 接线，则可实现 1∶4 阻抗的变换。由图可知：

$$R_L = 2\dot{U}/\dot{I} \tag{2-28}$$

信号源端呈现的输入阻抗为：

$$R_i = \dot{U}/2\dot{I} = \frac{1}{2}R_L \tag{2-29}$$

可见，输入阻抗 R_i 为负载电阻 R_L 的 1/4，实现了 1∶4 的阻抗变换。为了实现阻抗匹配，要求传输线的特性阻抗为：

$$Z_C = \dot{U} / \dot{I} = \frac{1}{2} R_L \tag{2-30}$$

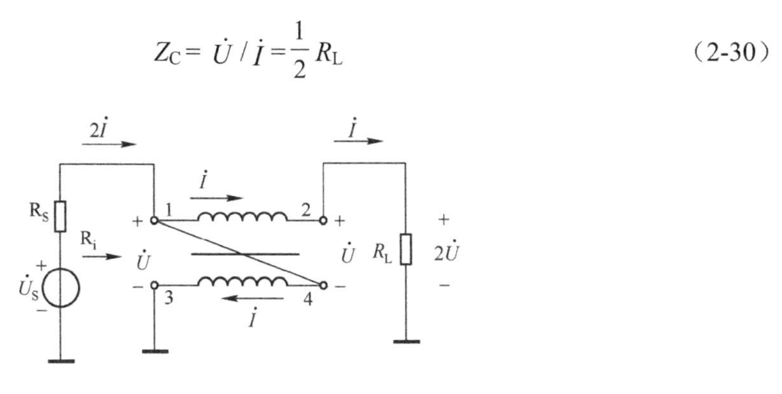

图 2.27　1∶4 传输线变压器

2.5.2　功率合成与分配电路

用多个三极管并联也可以实现功率合成，但一管损坏必将使其他管子状态发生变化，如果用传输线变压器构成混合网络来实现功率合成就不会有这个缺点，还可以实现宽频带工作。采用魔 T 网络作为功率合成电路中的级间耦合和输出匹配网络的技术称为宽带高频功率合成技术。

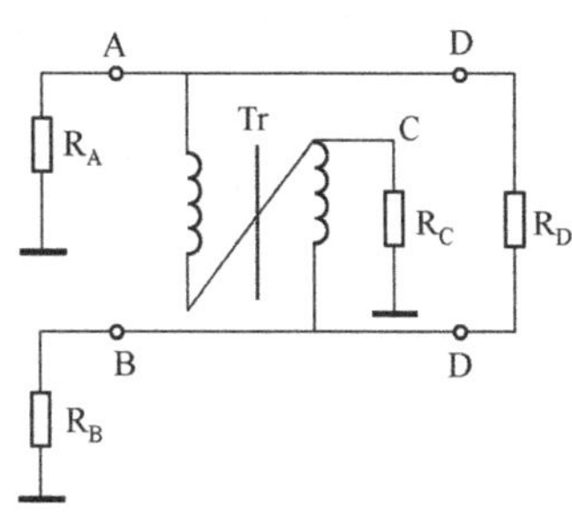

图 2.28　魔 T 网络电路结构

由 1∶4 或 4∶1 传输线变压器接成的混合网络称为魔 T 网络。理想的魔 T 网络有四个端口：A、B、C、D，如图 2.28 所示。若 Tr 的特性阻抗为 R，则有 $R_A = R_B = R$、$R_C = R/2$、$R_D = 2R$。其中，C 端称为“和”端，D 端称为平衡端或“差”端。

1．功率合成网络

图 2.29 是用魔 T 混合网络实现功率合成的原理电路。图中，Tr_1 为魔 T 混合网络，Tr_2 为 1∶1 平衡-不平衡变换器。

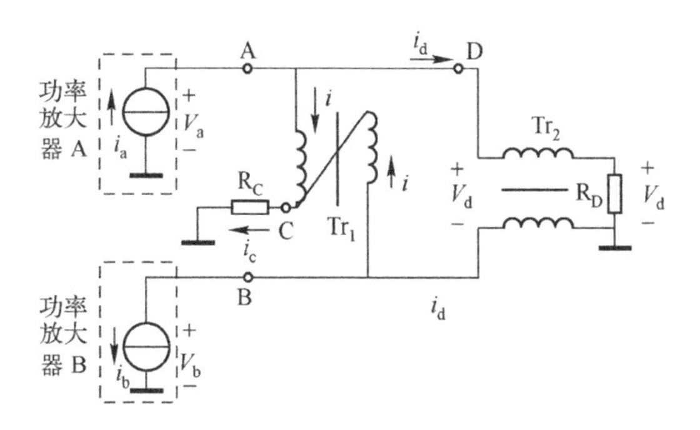

图 2.29　用魔 T 混合网络实现功率合成的原理电路

（1）反相功率合成：功率放大器 A 和 B 提供等值反相电流，在 D 端合成功率，C 端无输出。

（2）同相功率合成：若功率放大器 A 和 B 提供等值同相电流，在 C 端合成功率，D 端无输出。

魔 T 混合网络的隔离条件是 $R_C=(1/4)R_D$。

2．功率分配网络

（1）同相功率分配：功率放大器接到 C 端（如图 2.30 所示），在 A 端和 B 端获得等值同相功率，而 D 端没有获得功率。

（2）反相功率分配：功率放大器接到 D 端（如图 2.31 所示），在 A 端和 B 端获得等值反相功率，而 C 端没有获得功率。

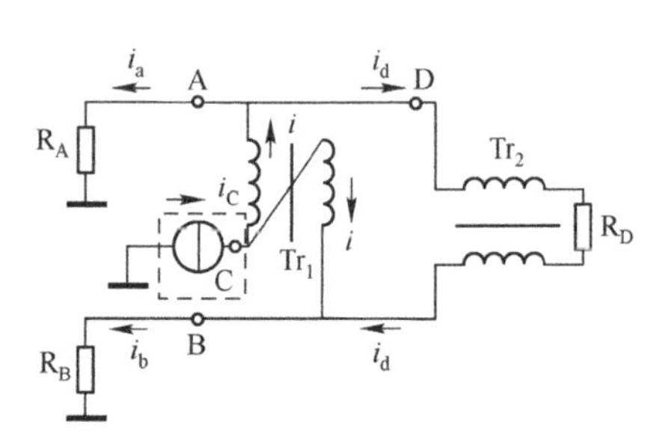

图 2.30　同相功率分配网络

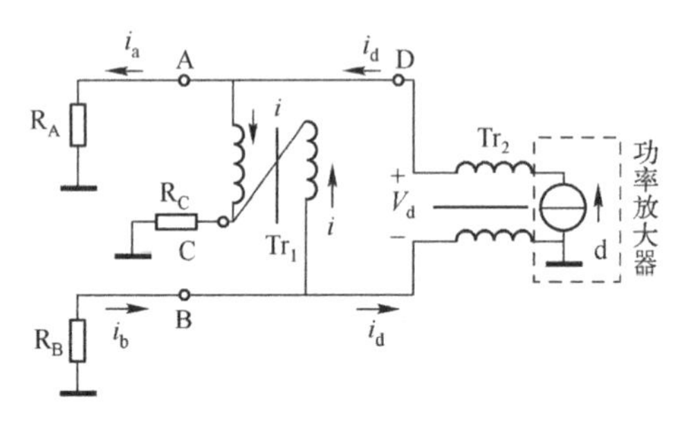

图 2.31　反相功率分配网络

3．功率合成电路应用举例

将上面讨论的混合网络与适当的放大电路相组合，就可以构成功率合成电路。图 2.32 所示为反相功率合成器应用电路。

图 2.32 中 Tr_3 和 Tr_4 为魔 T 混合网络。Tr_3 为功率分配网络，将输入信号源（D 端）提供的功率反相地均等分配给功率管 VT_1 和 VT_2，使这两个功率管输出反相等值电流。Tr_4 为功率合成网络，用来将两个功率管的输出功率相加，而后通过平衡-不平衡变换器 Tr_5 馈送到输出负载上。Tr_1 为 4∶1 阻抗变换器，Tr_2 为平衡-不平衡变换器，R_C 为假负载电阻，用于吸收不平衡功率。

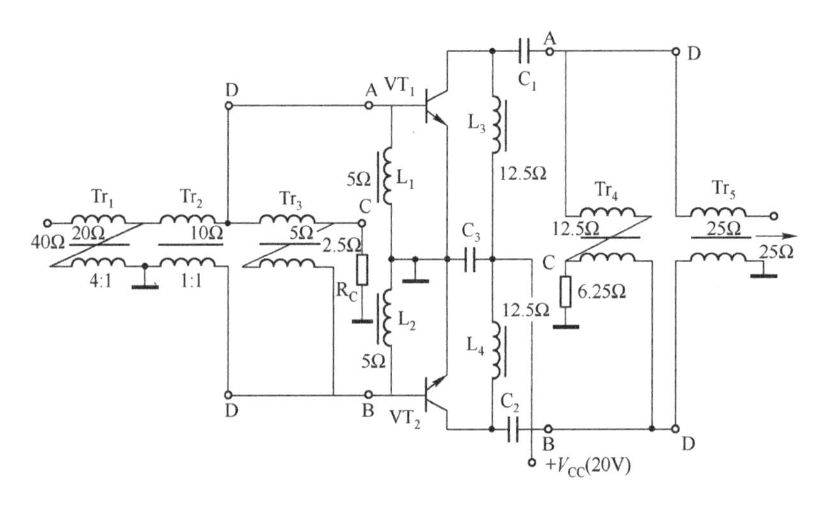

图 2.32　反相功率合成电路

图 2.32 中晶体管工作在乙类状态，每管基极到地所接特性阻抗为 5Ω的电感用来防止寄生振荡以稳定放大器的工作，并在晶体管截止时作为耦合网络的负载。由于功率放大器工作在乙类状态，采用反相功率合成器，可以抵消偶次谐波分量，使输出失真减小。

技能训练 2　谐振功率放大器的性能测试

1. 训练目的

（1）了解甲类谐振功率放大器及其特征。

（2）熟悉丙类谐振功率放大器及其特征。

（3）掌握测量输出功率的基本方法。

2. 训练仪器与器材

20MHz 双踪示波器，函数波形发生器，稳压电源，三极管（3DG12 或其他中功率管），高 Q 值电感线圈（220μH、1mH 普通电感），电阻（100Ω、510 Ω、20kΩ×2、1k Ω电位器），电容（0.01μF、100pF、100μF×2）。

3. 训练电路

实训电路如图 2.33 所示，其中电感线圈 L 必须是高 Q 值线圈，可以用中波收音机中的带磁棒的天线线圈或磁芯较大的中波段振荡线圈。电路接有上偏置电阻时为甲类谐振功放，未接上偏置电阻时为丙类谐振功放。

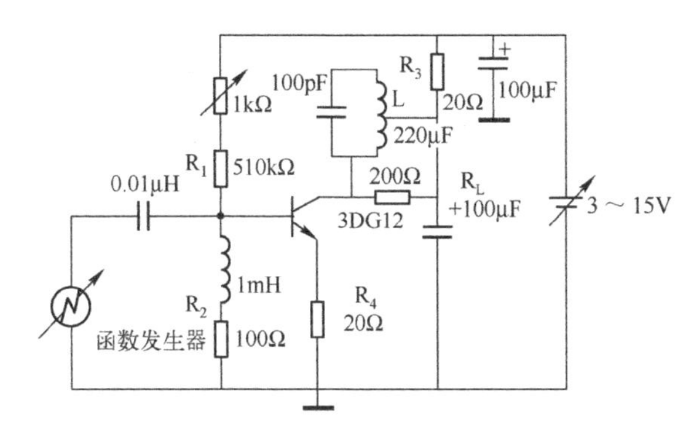

图 2.33　高频谐振功率放大器测试电路

4. 训练步骤

（1）甲类谐振功率放大器的测试。

① 按图 2.33 连接好电路。调集电极电压 V_{CC}= +12V，基极偏置由 V_{CC} 经 R_1 和 R_2 分压得到，调基极偏置电阻使 I_C=25mA（用万用表测 R_4 两端电压约为 0.5V 左右）。

② 确定谐振频率。输入幅度在 100～300mV 左右的正弦信号，用双踪示波器 Y_1 探头监视集电极电压波形，用 Y_2 探头监视发射极电流波形，在发射极波形不失真前提下调节输入信号频率，在 0.4～1MHz 范围内微调信号频率，直到示波器看到集电极波形为最大，这时的频

率即为谐振频率。若发射极波形失真，则应减小输入信号幅度。在示波器上可测出此谐振频率，记录下来。

③ 测量甲类工作状态时的输出功率及效率。微调信号源输出幅度，在发射极电流波形不失真前提下达到最大。用示波器测集电极波形的峰-峰值 V_{CPP}，按式 $P_o=\left(\dfrac{V_{CPP}}{2\sqrt{2}}\right)^2/R_L=\dfrac{V_{CPP}^{\ 2}}{8R_L}$ 计算出集电极输出给负载 R_L 的功率。再测 R_4 两端的直流电压 U_4，按式 $I_C=U_4/R_4$ 计算出直流功率 P_{DC}（$=V_{CC}I_C$），从而计算出甲类功率放大器的效率 η（$=P_o/P_{DC}$）。

（2）丙类谐振功率放大器的测试。

① 将基极的上偏置电阻去掉，使电路工作在丙类状态。

② 观测丙类谐振功放的波形。当直流电源 $V_{CC}=12V$ 时，将双踪示波器 Y_1 探头接集电极。观测集电极电压波形，它应为连续的正弦波形，双踪示波器 Y_2 探头接发射极，观测发射极电流波形，它应为一间断脉冲波形。当电源电压减小到 5V 时，发射极应看到凹陷波形，而集电极仍为不失真的波形。

③ 测量输出功率和效率。将输入信号幅度调至 5V，测量 V_{CPP}，按式 $P_o=\dfrac{V_{CPP}^{\ 2}}{8R_L}$ 计算出输出功率。再测出 R_4 两端的直流电压 U_4，按式 $I_C=U_4/R_4$ 算出直流功率 P_{DC}（$=V_{CC}I_C$），从而计算出丙类功率放大器的效率 η（$=P_o/P_{DC}$）。

（3）观测丙类谐振功放的欠压与过压状态。根据 V_{CC} 对工作状态的影响，测量出 3～12V 不同电源电压下的 V_{CPP}，测出 U_4 的电压幅度，计算出 I_C、P_o、P_C、P_{DC} 的值。

电源电压每变化 0.5V 测一次以上的物理量，画出不同电源电压之下的 P_o-V_{CC}、P_{DC}-V_{CC} 的关系曲线，并分析哪一段是欠压状态，哪一段是过压状态。

5. 训练总结

（1）根据实训结果，比较甲类谐振功放与丙类谐振功放的特点。

（2）计算出本实训中丙类谐振功放的最大输出功率和效率，画出工作波形。

（3）根据实训结果，总结丙类谐振功放在欠压、过压及临界状态下的特点。

本 章 小 结

（1）高频功率放大器，按工作频带宽窄可分为窄带高频功率放大器和宽带高频功率放大器。前者以 LC 谐振回路为负载，后者以传输线变压器为负载。

（2）为了提高效率，谐振功放一般工作在丙类状态，其集电极电流是严重失真的脉冲波形，而调谐在信号频率上的集电极谐振回路将滤除谐波，得到不失真的输出电压。

（3）丙类谐振功率放大器有欠压、临界、过压三种状态，其性能可用负载特性、调制特性和放大特性描述。工作在临界状态的谐振功率放大器输出功率 P_o 最大，效率 η 也比较高，所以谐振功率放大器一般都工作在临界状态。

（4）谐振功率放大器电路包括集电极馈电电路、基极馈电电路和匹配网络等。基极馈电电路中反向偏压常采用自给偏置的方法获得；集电极馈电电路无论是串馈还是并馈，都满足 $u_{CE}=V_{CC}-U_{cm}\cos\omega t$ 的关系；匹配网络可分为 L 形匹配网络、Π形匹配网络与 T 形匹配网络。

（5）倍频器按其工作原理可分为丙类倍频器和参量倍频器。单级丙类倍频器倍频次数一般不超过 3，若要提高倍频次数，可将倍频器级联起来使用。

（6）丁类高频功率放大电路能进一步提高效率和输出功率。在丁类功率放大电路中，三极管工作在开关状态，两管轮流工作，谐波输出小，效率高，但工作频率受开关器件的限制。

（7）传输线变压器是以传输线原理和变压器原理相结合的方式工作，因此具有良好的宽频带传输特性。用它可以构成宽带功率合成器和功率分配器。

习 题 2

2.1 已知谐振功率放大器的输出功率 $P_o=4W$、$\eta=60\%$、$V_{CC}=20V$，试求 P_C 和 I_{C0}。若保持 P_o 不变，将η提高到 80%，试问 P_C 和 I_{C0} 减小多少？

2.2 已知谐振功率放大器 $V_{CC}=20V$、$I_{C0}=250mA$、$P_o=4W$、$U_{Cm}=0.9V_{CC}$，试求该放大器的 P_{DC}、P_C、η和 I_{C1m} 为多少？

2.3 已知谐振功率放大器 $V_{CC}=30V$、$I_{C0}=100mA$、$U_{Cm}=28V$、$\theta=60°$ 、$g_1(\theta)=1.8$，试求 P_o、R_P 和η为多少？

2.4 谐振功率放大器原来工作在临界状态，若集电极回路稍有失谐，放大器的 I_{C0}、I_{C1m} 将如何变化？P_C 将如何变化？有何危险？

2.5 已知丙类二倍频器工作在临界状态，且 $V_{CC}=20V$、$I_{C0}=0.4A$、$I_{C2m}=0.6A$、$U_{C2m}=16V$，试求 P_{o2} 和η？

2.6 谐振功率放大器原来工作在过压状态，现欲将它调整到临界状态，应改变哪些参数？不同的调整方法所得到的输出功率是否相同？

2.7 谐振功率放大器工作频率 $f=2MHz$，实际负载 $R_L=8\ \Omega$，所要求的谐振阻抗 $R_P=80\Omega$，试求决定 L 形匹配网络的参数 L 和 C 的大小？

2.8 谐振功率放大器工作频率 $f=2MHz$，实际负载 $R_L=80\ \Omega$，所要求的谐振阻抗 $R_P=8\ \Omega$，试求决定 L 形匹配网络的参数 L 和 C 的大小？

2.9 图 2.34 所示是有多处错误的 400MHz 谐振功率放大器电路，试更正这些错误。

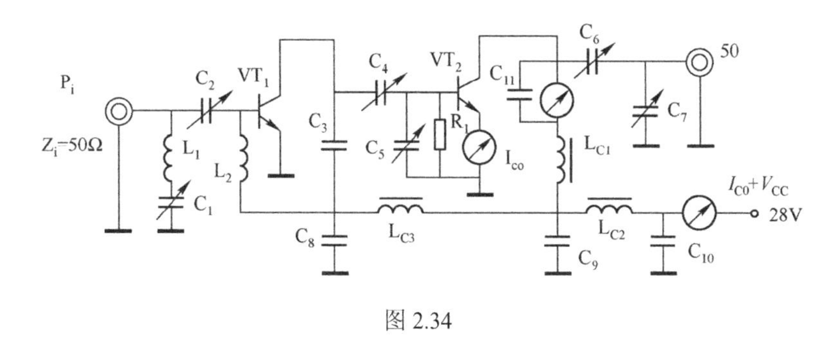

图 2.34

2.10 谐振功率放大器工作频率 $f=8MHz$，实际负载 $R_L=50\ \Omega$、$V_{CC}=20V$、$P_o=1W$，集电极电压利用系数为 0.9，用 L 形网络作为输出回路的匹配网络，试计算该网络的参数 L 和 C 的大小？

第3章　正弦波振荡器

内容提要

（1）正确理解反馈式振荡器的工作原理及其起振与平衡条件。

（2）掌握 LC 正弦波振荡器的基本组成与工作原理。

（3）掌握石英晶体振荡器特性与工作原理。

（4）熟练掌握 RC 正弦波振荡器的基本组成与工作原理。

（5）一般了解负阻正弦波振荡器的基本工作原理。

在前面的章节中，主要讨论了电信号的放大作用，本章将讨论电振荡信号的产生。不需要外加激励，自己就可以将直流能量转换为一定频率和一定幅度的交流信号输出的现象叫自激振荡。能产生自激振荡的电路称为振荡器，又叫自激振荡器。放大器和自激振荡器的区别在于前者需要外加激励信号控制电路中能量的转换；后者依靠电路本身产生的信号控制能量的转换。

振荡器在现代科学技术领域中有着广泛的应用。例如，在无线电通信、广播、电视设备中用来产生所需的载波信号和本地振荡信号；在电子测量和自动控制系统中用来产生各种频段的正弦波信号等。振荡器按输出波形的不同可分为正弦波振荡器和非正弦波振荡器；按构成振荡器有源器件的特性和产生振荡的原理不同可分为反馈式振荡器和负阻式振荡器。本章主要讨论反馈式正弦波振荡器的电路结构、基本工作原理和主要性能指标，并简单介绍负阻式振荡器的基本原理。

3.1　反馈式振荡器的工作原理

3.1.1　组成与分类

反馈式振荡器是振荡回路通过正反馈网络与有源器件连接构成的振荡电路。反馈式振荡器实质上是建立在放大和反馈基础上的振荡器，这是目前应用最多的一类振荡器。反馈式振荡器的原理方框图如图 3.1 所示。由图 3.1 可知，当开关 S 在位置 1 时，放大器的输入端外加一定频率和幅度的正弦波信号 $\dot{U}_i$，$\dot{U}_i$ 经放大器放大后，在输出端产生输出信号 $\dot{U}_o$，输出信号 $\dot{U}_o$ 经反馈网络后，在反馈网络输出端得到反馈信号 $\dot{U}_f$。若 $\dot{U}_f$ 与 $\dot{U}_i$ 相位相同，此时将开关 S 转接到位置 2，即用 $\dot{U}_f$ 取代 $\dot{U}_i$，使放大器和反馈网络构成一个闭合正反馈回路，这时，虽然没有外加输入信号，但输出端仍有一定幅度的电压 $\dot{U}_o$ 输出，即实现了自激振荡。

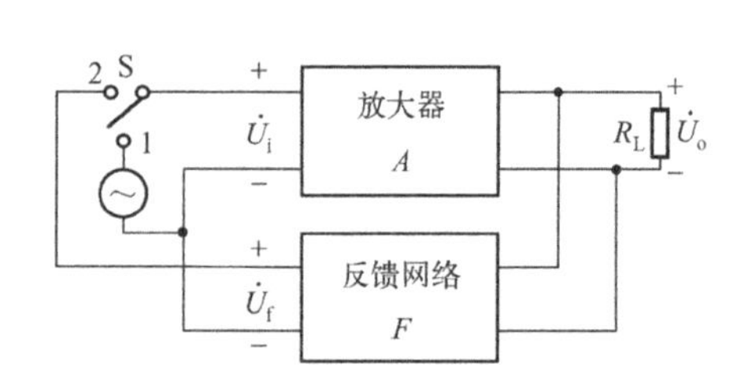

图 3.1　反馈式振荡器的原理方框图

为了使振荡器的输出电压$\dot{U}_o$是一个固定频率的正弦波，也就是说自激振荡只能在某一频率上产生，而在其他频率上不能产生。则图 3.1 所示的闭合回路内必定包含选频网络，使得只有选频网络中心频率的信号满足$\dot{U}_f$与$\dot{U}_i$同相的条件而产生自激振荡，其他频率的信号则不满足$\dot{U}_f$与$\dot{U}_i$同相的条件，不产生自激振荡。

由此可见，反馈式正弦波振荡器应包括放大器、反馈网络和选频网络。此外，为了使振荡器的幅度稳定，振荡器还应包含有稳幅环节。其中选频网络根据组成元件的不同，可分为 LC 选频网络、RC 选频网络和石英晶体选频网络。所以，根据选频网络的不同，反馈式正弦波振荡器可分为 LC 振荡器、RC 振荡器和石英晶体振荡器。

3.1.2　平衡条件和起振条件

1. 平衡条件

前面已经讨论过，在图 3.1 中，当开关 S 由 1 端转接到 2 端，且反馈电压$\dot{U}_f$等于放大器输入电压$\dot{U}_i$时，振荡器就能维持等幅振荡，并有一个稳定的电压输出。我们称电路此时的状态叫平衡状态，$\dot{U}_f=\dot{U}_i$称为电路振荡的平衡条件。

由图 3.1 可知:

$$\dot{U}_o=\dot{A}\dot{U}_i \tag{3-1}$$

$$\dot{U}_f=\dot{F}\dot{U}_o \tag{3-2}$$

则

$$\dot{U}_f=\dot{A}\dot{F}\dot{U}_i \tag{3-3}$$

所以，电路振荡的平衡条件又可写为:

$$\dot{A}\dot{F}=AF\ \angle\varphi_A+\varphi_F=1 \tag{3-4}$$

根据式（3-4）可以得到自激振荡的两个基本条件：

（1）相位平衡条件。

$$\varphi_A+\varphi_F=2n\pi\ （n=0、1、2、3、\cdots） \tag{3-5}$$

由式（3-5）可知，相位平衡条件实质上就是要求振荡器在振荡频率f_0处的反馈为正反馈。

（2）振幅平衡条件。

$$AF=1 \tag{3-6}$$

由式（3-6）可知，振幅平衡条件就是要求在f_0处的反馈电压与输入电压的振幅相等。

要使反馈式振荡器输出一个具有稳定幅值和固定频率的交流电压，式（3-5）和式（3-6）一定要同时得到满足，它们适应于任何类型的反馈式正弦波振荡器。平衡条件是研究振荡器的基础，利用振幅平衡条件可以确定振荡幅度，利用相位平衡条件可以确定振荡频率。

2. 起振条件

从上面讨论的结果来看，式（3-4）只是维持振荡的平衡条件，是相对于振荡器已进入稳态振荡而言的。那么振荡器是如何起振的呢？这是因为反馈式振荡器是一个闭合正反馈回路，当刚接通电源时，振荡器回路内总存在各种电扰动信号，这些电扰动信号的频率范围很宽，经过振荡器选频网络选频后，只将其中某一频率的信号反馈到放大器的输入端，成为最初的输入信号，而其他频率的信号将被抑制。被放大后的某一频率分量经反馈又加到放大器的输入端，幅度得到增大，再经“放大→反馈→放大→反馈”不断循环，某一频率信号的幅度将不断增大，即振荡由小到大建立起来。但是随着信号振幅的增大，放大器将进入非线性工作区，放大器的增益随之下降，最后当反馈电压正好等于原输入电压时，振荡幅度不再增大从而进入平衡状态。可见，为了使振荡器在接通电源后能够产生自激振荡，要求在起振时，反馈电压 U_f 与输入电压 U_i 在相位上应为同相；在幅值上应要求 $U_f > U_i$，即

$$\varphi_A + \varphi_F = 2n\pi \ (n=0、1、2、3、\cdots) \tag{3-7}$$

$$AF > 1 \tag{3-8}$$

式（3-7）和式（3-8）称为振荡器的起振条件。由于振荡器的建立过程是一个瞬态过程，而式（3-7）和式（3-8）是在稳态分析下得到的，原则上讲，不能用稳态分析来研究一个电路的瞬态，而必须通过列出振荡的微分方程来研究。但是，在起振的开始阶段，振荡的幅度还很小，电路还没有进入非线性区，振荡器还可以作为线性电路来处理，即可用小信号等效电路来分析，所以可以说，式（3-7）和式（3-8）是判定振荡器能否产生自激振荡的一个常用准则。

综上所述，为了使振荡器能产生自激振荡，开始振荡时，在满足正反馈条件的前提下，必须满足 $AF>1$ 的条件。起振后，振荡幅度迅速增大，使晶体管工作进入到非线性区，以致使放大器的增益 A 下降，直至 $AF=1$，振荡幅度不再增大，达到稳幅振荡。

3.1.3 主要性能指标

对正弦波振荡器的指标要求，是根据它的不同用途而提出来的。总的来说，正弦波振荡器的主要性能指标有振荡器的平衡稳定条件、振荡频率的准确度与稳定度、振荡幅度的大小、振荡波形的非线性失真、振荡器的输出功率和效率等指标。下面主要介绍一下振荡器的平衡稳定条件和振荡频率的准确度与稳定度。

1. 振荡器的平衡稳定条件

当振荡器受到外部因素的扰动，破坏了原来的平衡状态时，振荡器能自动恢复到原平衡状态，则称振荡器处于稳定的平衡状态。或者说振荡器满足平衡稳定条件。振荡器的平衡稳定条件包括振幅平衡稳定条件和相位平衡稳定条件。

（1）振幅平衡稳定条件。振幅平衡稳定条件可用图解法来进行分析。如图 3.2 所示，图中画出了振荡器的振荡特性和反馈特性。所谓振荡特性就是指放大器的输出电压 U_o 与输入电压 U_i 的关系曲线；反馈特性就是指反馈网络的输出电压 U_f（$U_f=U_i$）与放大器输出电压 U_o 的关系曲线。图 3.2 中振荡特性曲线各点上所对应的输出电压 U_o 与输入电压 U_i 之比值为放大器电压增益值 A。U_i 较小时，放大器工作在线性区，振荡特性基本上是线性的；U_i 较大时，放大器工作在非线性区，A 下降，振荡特性变为弯曲。而反馈网络一般由线性元件组成，反馈系数 F 为一常数，所以，反馈特性为一直线。

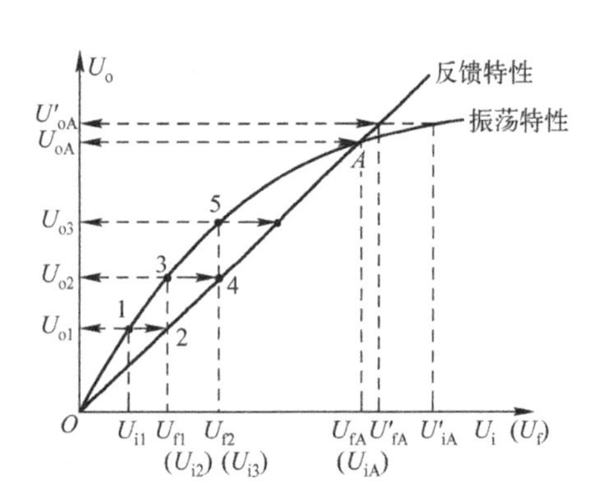

图 3.2　振荡器的振荡特性和反馈特性

由图 3.2 中可见，振荡特性和反馈特性相交于 A 点，它表示输出电压 U_{oA} 产生的反馈电压 U_{fA} 与维持 U_{oA} 所需要的输入电压 U_{iA} 大小相等，即在 A 点振荡器的闭环回路传输系数 $AF=1$，所以称 A 点为振荡器的平衡点。并由图 3.2 可得，当振荡器接通直流电源后，由于电路中电干扰，在放大器的输入端产生 U_{i1}，经放大后产生 U_{o1}，再经反馈产生 U_{f1}（也就是 U_{i2}）；一直循环下去，且每次循环，反馈电压 U_f 总是大于原输入电压 U_i，电路满足 $AF>1$ 的起振条件。随着放大、反馈的不断循环，U_o 不断增大，直到 A 点，电路输出电压为 U_{oA}，振荡器进入了平衡状态。在平衡点，假设当 U_i 减小，经放大、反馈产生的 $U_f > U_i$，也就是 $AF>1$，再放大，再反馈，逐步回到 A 点，再次平衡；同理，当 U_i 增大，经放大、反馈产生的 $U_f<U_i$，即 $AF<1$，再经放大、反馈也将回到 A 点。可见 A 这个平衡点就是稳定点。由此可得平衡点振幅稳定条件为：AF 对 U_i 的变化率为负值，即

$$\left.\frac{\partial AF}{\partial U_{\mathrm{i}}}\right|_{A}<0 \tag{3-9}$$

通常反馈系数 F 为常数，所以式（3-8）可化简为：

$$\left.\frac{\partial A}{\partial U_{\mathrm{i}}}\right|_{A}<0 \tag{3-10}$$

可见，振幅平衡的稳定条件是靠放大电路的非线性来实现的。当输入电压 U_i 减小时，晶体管进入非线性区减少，A 增大；反之输入电压增大，晶体管将更进入非线性区，A 减少。所以，放大器增益 A 随振荡幅度的变化率为负值，其绝对值越大，振幅稳定性越好。

（2）相位平衡稳定条件。相位平衡的稳定条件是指相位平衡遭到破坏后，电路本身能重新建立起相位平衡的条件。可以证明，要使振荡电路具有相位稳定条件，振荡电路必须能够在振荡频率发生变化时，产生一个新的、相反方向的相位变化，用以抵消由外因引起的相位变化。所以，振荡器相位平衡稳定的条件为：相位对频率的变化率为负值，即

$$\left.\frac{\partial \varphi}{\partial f}\right|_{f_{0\mathrm{A}}}<0 \tag{3-11}$$

对于反馈式正弦波振荡器，其相位平衡稳定条件一般都能满足。

2. 振荡频率的准确度和稳定度

（1）振荡频率的准确度。振荡频率的准确度又叫频率精度，是指振荡器在规定的条件下，实际振荡频率 f 与要求的标称频率 f_0 之间的偏差（或称频率误差），即

$$\Delta f=f-f_0 \tag{3-12}$$

式中，Δf 称为绝对频率准确度。

为了合理评价不同标称频率振荡器的频率偏差，振荡频率的准确度也常用其相对值来表示，即

$$\frac{\Delta f}{f_0}=\frac{f-f_0}{f_0} \tag{3-13}$$

式中，$\frac{\Delta f}{f_0}$ 称为相对频率准确度或相对频率偏差。

通常测量频率准确度时，要反复多次进行，因而 Δf 应该采用多次实测的绝对频率偏差的平均值。

（2）振荡频率的稳定度。振荡频率的稳定度是指振荡器实际振荡频率偏离其标称频率的变化的程度，它是指在一段时间内，振荡频率的相对变化量的最大值。可用以下公式表示：

$$振荡频率的稳定度=\frac{\Delta f_{max}}{f_0}\ /\ 时间间隔 \tag{3-14}$$

根据所规定的时间间隔的不同，振荡频率的稳定度可分为长期频率稳定度、短期频率稳定度和瞬时频率稳定度。长期频率稳定度一般指一天以上乃至几个月内振荡频率的相对变化量，它主要取决于有源器件、电路元件的老化特性。短期频率稳定度一般指一天以内振荡频率的相对变化量，它主要与温度、电源电压变化和电路参数的不稳定性等因素有关。瞬时频率稳定度是指秒或毫秒内振荡频率的相对变化量，这是一种随机的变化，这些变化均由设备内部噪声或各种突发性干扰所引起。以上三种频率稳定度的划分并没有严格的界限，但这种大致区分还是有其实际意义的。我们通常所讲的频率稳定度，一般是指短期频率稳定度。对振荡频率稳定度的要求则视振荡器的用途不同而有所不同。

3．振荡幅度的大小、振荡波形的非线性失真、振荡器的输出功率和效率等指标

前面已经提过，为了使振荡器起振，必须使 $AF>1$。AF 越大，振荡器越容易起振，并且振荡幅度也越大。但 AF 过大时，为了使振荡器输出一个稳定幅度和固定频率的交流电压，晶体管必然要工作在非线性区，从而引起振荡器输出信号波形的严重失真。所以，当要求输出信号波形非线性失真很小时，就必须尽量使 AF 的值接近于 1。至于振荡器的输出功率和效率，与前面功率放大器中的讲解类似，这里将不再叙述。

3.2 LC 正弦波振荡器

选频网络采用 LC 谐振回路的反馈式正弦波振荡器称为 LC 正弦波振荡器。按照反馈耦合网络的不同，LC 振荡器可分为变压器反馈式振荡器和三点式振荡器。

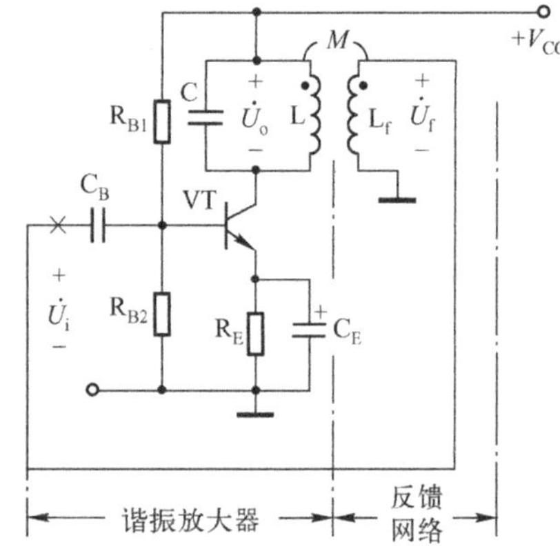

图 3.3　变压器反馈式振荡器电路图

3.2.1　变压器反馈式正弦波振荡器

1．振荡器的工作原理

变压器反馈式正弦波振荡器又称互感耦合振荡器，如图 3.3 所示为典型的变压器反馈式正弦波振荡器的电路图。由于 LC 谐振回路接于晶体管的集电极，所以称它为集电极调谐型变压器反馈式正弦波振荡器。由图可见，在 LC 回路的调谐频率上，$\dot{U}_o$ 与 $\dot{U}_i$ 反相，又根据反馈线圈 L_f 的同名端可知，反馈电压 $\dot{U}_f$ 又与输出电压 $\dot{U}_o$ 反相，因此，该振荡电路实际上是一个含有正反馈的谐振放大器，也就是说，此电路满足振荡的相位条件。

电路要能振荡，还必须满足起振的振幅条件，即

$$AF>1 \tag{3-15}$$

通过计算可以求得，该电路起振条件为：

$$\beta > \left(\frac{r_{\text{be}} rC}{M} + \frac{M}{L} \right) \tag{3-16}$$

式中，M 为变压器的互感系数；

r 为 LC 回路的等效串联损耗电阻。

由式（3-16）可知，选用β大、r_{be}小的管子，电路容易起振。当管子选定后，式（3-16）又可写成：

$$\left. \begin{aligned} M &> \frac{r_{\text{be}} rC}{\beta} \\ \text{M} &< \beta L \end{aligned} \right\} \tag{3-17}$$

式（3-17）说明，变压器初、次级的耦合既不能太强，又不能太弱。因为耦合太强会使放大器的增益 A 下降过多；耦合太弱，反馈到管子基极的电压太小。显然，这两种情况下振荡器都不易起振。

图 3.4 所示电路是变压器反馈式正弦波振荡器电路的另外几种形式。其中图（a）和图 3.3 一样，LC 谐振回路接于晶体管的集电极，属于集电极调谐型；图（b）的 LC 谐振回路接于晶体管的发射极，属于发射极调谐型；图（c）的 LC 谐振回路接于晶体管的基极，属于基极调谐型。由于基极和发射极之间的输入阻抗比较低，为了不至于过多地影响回路的 Q 值，所以图 3.4（b）、（c）所示电路中，晶体管与谐振回路都采用部分耦合。但不管是哪种类型的调谐电路，其工作原理都是相同的。

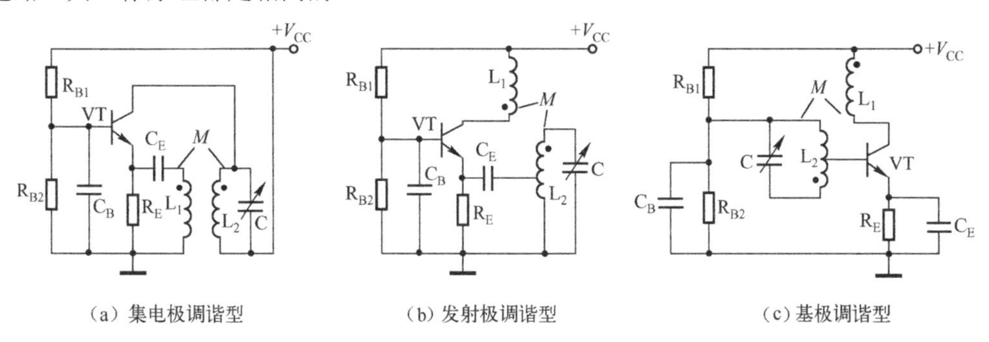

图 3.4　变压器反馈式振荡器电路的基本形式

2. 注意事项

（1）互感耦合振荡器能否满足相位条件，取决于线圈 L_1、L_2 之间的极性，也就是互感线圈的同名端必须保证电路构成正反馈。

（2）通过选择各线圈的匝数，合理调节互感量 M 的大小，就可使晶体管获得最佳负载电阻。因此，互感耦合振荡器不但起振容易，而且可获得较大的输出信号。

（3）互感耦合振荡器虽然应用比较广泛，但它的频率稳定度不太高，而且互感耦合元件的分布电容和漏感限制了振荡频率的提高，所以它只适合于工作频率不太高的波段，即中、短波段。

（4）利用相位平衡条件可求得振荡频率的大小。当谐振回路有载品质因数 Q 足够高时，振荡频率 f_0 近似等于谐振回路的谐振频率 f_{p}，也就是

$$f_0 = f_p \approx \frac{1}{2\pi\sqrt{LC}} \tag{3-18}$$

3. 互感耦合振荡器的应用举例

如图 3.5 所示为差分对管互感耦合振荡器的电路图，它具有比单管振荡器更加优良的特性，其中 VT_1、VT_2 为差分对管，VT_3、VT_4、R_B 组成恒流源电路，L_1C_1 构成主振荡回路，L_3 为反馈线圈，L_2C_2 为输出负载回路（调谐在振荡频率上）。由此图可知，互感耦合振荡器的输出回路不在闭合反馈环路内，故只要 VT_2 不饱和，环路与负载将处于隔离状态，从而提高了振荡频率和幅度的稳定度。其次，差分对管振荡器起振过程中稳幅作用是由差模传输特性的非线性，而不是晶体管工作于饱和状态所引起的，这就保证了振荡回路的 Q 值不会降低，进一步改善了频率和幅度的稳定性。再次，差分对管振荡器易于实现集成化，故在集成电路中得到广泛应用。

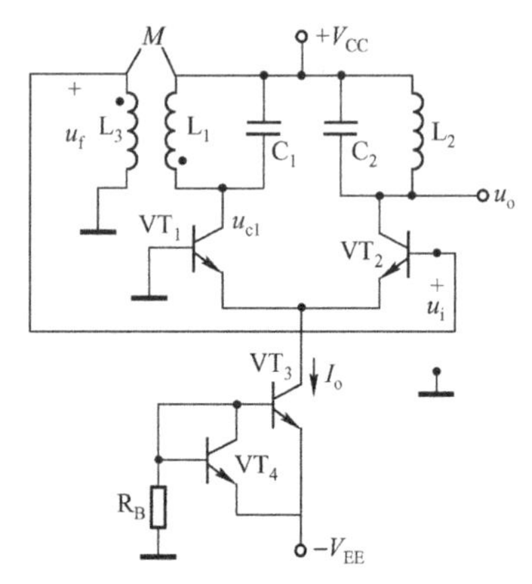

图 3.5　差分对管互感耦合振荡器的电路

3.2.2　三点式振荡器

1. 三点式振荡器的基本原理

三点式振荡器是另一种广泛应用的 LC 振荡器，它的基本结构如图 3.6 所示。除晶体管为有源器件外，它由 Z_1、Z_2、Z_3 三个电抗元件组成并联谐振回路，此谐振回路不但决定振荡频率，同时也构成了正反馈所需的反馈网络，而且有三个点与晶体管的三个电极相连接，故称三点式振荡器。

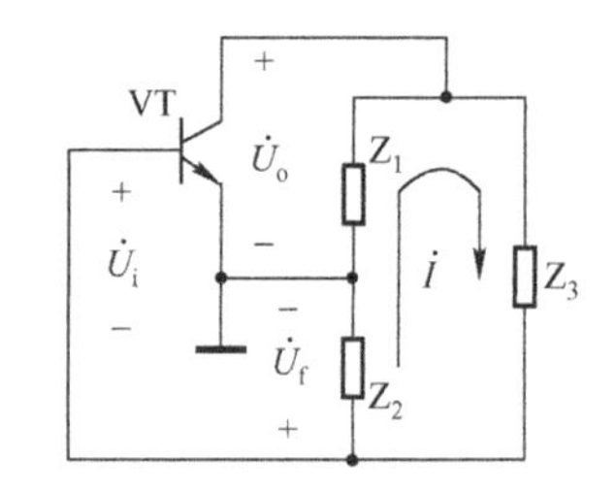

图 3.6　三点式振荡器的基本结构

前面已经讨论过，要使电路产生自激振荡，首先应满足相位平衡条件，即电路应构成正反馈。在图 3.6 中，令回路电流为 $\dot{I}$，忽略电抗元件损耗及管子参数的影响，则 $\dot{U}_f = \dot{I}Z_2$、$\dot{U}_o = -\dot{I}Z_1$。可见，为使 $\dot{U}_f$ 与 $\dot{U}_o$ 反相，必须要求 Z_1 和 Z_2 为性质相同的电抗元件（即同为感性或同为容性）。另外，振荡频率一般都近似等于回路的谐振频率，也就是在平衡状态下，回路应近似有谐振状态，即

$$Z_1 + Z_2 + Z_3 \approx 0 \tag{3-19}$$

由式（3-19）可知，Z_3 的性质必须与 Z_1（或 Z_2）的性质相反。因此，可以得出三点式振荡器的组成原则（或满足相位平衡条件的准则）是：Z_1 与 Z_2 的电抗性质相同，Z_3 与 Z_1（或 Z_2）的电抗性质相反。根据三点式振荡器的组成原则可知，三点式振荡器可分为电容三点式和电感三点式两种，其电路的基本形式如图 3.7 所示。

2. 电容三点式振荡器

（1）工作原理。电容三点式振荡器又称考毕兹（Colpitts）振荡器，其电路原理如图 3.8（a）

所示。图中 R_{B1}、R_{B2}、R_E 组成分压式偏置电路，C_E 为旁路电容，C_B 为隔直流电容，R_C 是集电极直流馈电电阻，L、C_1、C_2 组成振荡电路，图 3.8（b）是它的交流通路。由于电容 C_1、C_2 的 1、2、3 三个端点分别与晶体管的三个电极相接，反馈电压 $\dot{U}_f$ 取自 C_2 两端，故称电容三点式振荡器。

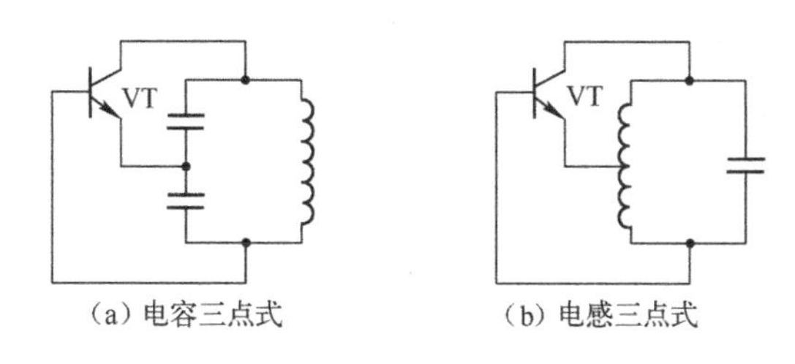

（a）电容三点式　　（b）电感三点式

图 3.7　三点式振荡电路的基本形式

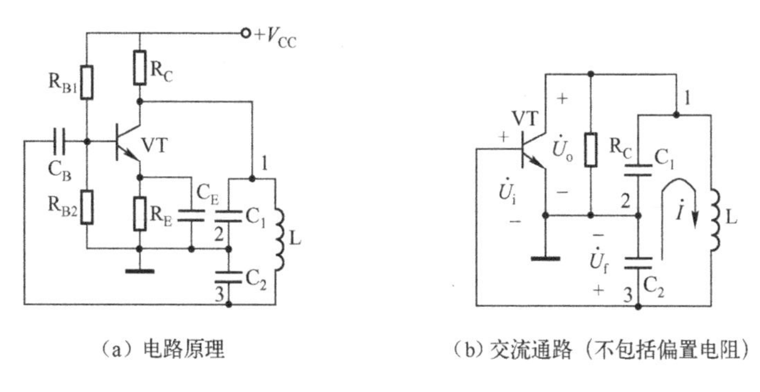

（a）电路原理　　（b）交流通路（不包括偏置电阻）

图 3.8　电容三点式振荡器及其交流通路

由图 3.8（b）所示的交流通路可知，该电路满足三点式振荡器的组成原则，即满足振荡的相位平衡条件。其振荡频率为：

$$f_0 \approx f_p = \frac{1}{2\pi\sqrt{LC}} \tag{3-20}$$

式中，C 为谐振回路串联总电容，且 $C = C_1C_2/(C_1 + C_2)$。

由于振荡电路反馈系数 $\dot{F}$ 为：

$$\dot{F} = \dot{U}_f / \dot{U}_o = -C_1/C_2 \tag{3-21}$$

由此可得，如果 C_1/C_2 增大，则 F 增大，有利于起振，但它会使管子输入端的接入系数增大，回路 Q 值下降，等效谐振电导增大，因此又不利于起振。所以 C_1/C_2 也不能太大，一般取 $C_1/C_2 = 0.1 \sim 0.5$ 或通过实际调试决定。

（2）优点和缺点。电容三点式振荡器由于反馈信号取自 C_2，它对高次谐波的阻抗很小，所以反馈信号中高次谐波分量小，振荡输出波形好。另外电容 C_1 和 C_2 的容量可选得较小，因而振荡频率可以较高，一般可以做到 100MHz 以上。但由于 C_1、C_2 的改变将直接影响反馈信号的大小，会改变电路的起振条件，容易停振，故频率的调节范围较小且不方便。若将晶体管接成共基极电路可产生更高频率的振荡，所以共基极电容三点式振荡电路在实际中得到广泛应用，其工作原理和分析方法与共 s 发射极相同，这里不再叙述。

例 3.1　电容三点式振荡器如图 3.8（a）所示。已知晶体管谐振回路的 $C_1 = 100\text{pF}$、

C_2=240pF、L=8.5μH。试求该振荡器的振荡频率。

解：由式（3-18）可求得振荡频率为：

$$f_0=\frac{1}{2\pi\sqrt{\frac{C_1C_2}{C_1+C_2}L}}=\frac{1}{2\pi\sqrt{\frac{100\times240\times8.5}{100+240}}}=6.5\text{（MHz）}$$

3. 电感三点式振荡器

（1）工作原理。电感三点式振荡器又称哈特莱（Hartley）振荡器，其电路原理如图 3.9（a）所示，图 3.9（b）是它的交流通路。由图（a）可得，由 C 和 L_1、L_2 构成谐振回路，谐振回路的三个端点分别与晶体管的三个极相连接，符合三点式振荡器的组成原则。由于反馈信号 $\dot{U}_f$ 由电感线圈 L_2 上取得，故称为电感三点式振荡器。和电容三点式振荡器的原理一样，电路的振荡频率可由振荡相位平衡条件求得：

$$f_0\approx f_p=\frac{1}{2\pi\sqrt{(L_1+L_2+2M)C}} \tag{3-22}$$

式中，L_1 为线圈上半部的电感；

L_2 为线圈下半部的电感；

M 为两部分之间的互感系数。

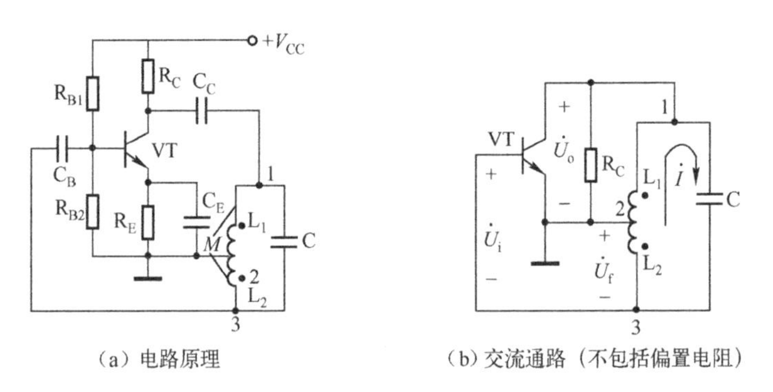

（a）电路原理　　（b）交流通路（不包括偏置电阻）

图 3.9　电感三点式振荡器及其交流通路

由于振荡电路的反馈系数 $\dot{F}$ 为：

$$\dot{F}=\dot{U}_f/\dot{U}_o=-(L_2+M)/(L_1+M) \tag{3-23}$$

可见，只要调节 L_1 和 L_2 的大小，就可使振荡器起振。

（2）优点和缺点。从图 3.9（a）中可看出，在电路的谐振回路中，电感 L_1 和 L_2 耦合很紧，所以电感三点式振荡器很容易起振。另外，改变振荡回路的电容 C，可方便地调节振荡频率。但由于反馈信号取自电感 L_2，它对高次谐波呈现高阻抗，故不能抑制高次谐波，因而输出波形较差。电感三点式振荡器的起振和波形的好坏，可通过调节电感线圈抽头来获得最佳效果，这时既要使电路具有足够的正反馈，以便于起振并获得较大的输出电压，但又不能使反馈过强，造成输出波形变坏。所以，要具体情况具体分析，通过实际调节，兼顾各方面的要求。

3.2.3 改进型电容三点式振荡器

前面所介绍的 LC 振荡器，其频率稳定度一般在 10^{-3} 数量级，这有时还达不到我们的要求，由于改进型电容三点式振荡器减弱了晶体管与谐振回路的耦合，所以其频率稳定度可达 10^{-5}～10^{-4} 数量级。有克拉泼（Clapp）振荡器和西勒（Seiler）振荡器两种类型。

1. 克拉泼振荡器

克拉泼振荡器如图 3.10（a）所示，图 3.10（b）是它的交流通路（不包括 R_C、R_E）。克拉泼振荡器是在考毕兹振荡器的谐振回路中加入一个与电感相串联的电容 C_3 而形成的。为了减小管子与回路间的耦合，C_3 取值比较小，而 C_1 和 C_2 取值比较大，且通常满足 C_3 远小于 C_1 和 C_2，图 3.10（b）中 C_o 和 C_i 分别表示晶体管的输出电容和输入电容。

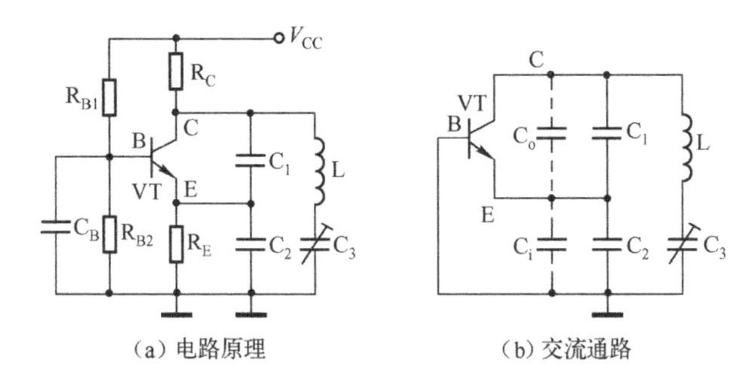

图 3.10 克拉泼振荡器及其交流通路

回路的总电容 C 为：

$$C=\frac{1}{\dfrac{1}{C_1+C_o}+\dfrac{1}{C_2+C_i}+\dfrac{1}{C_3}}\approx C_3 \tag{3-24}$$

该振荡器的振荡频率 f_0 为：

$$f_0\approx\frac{1}{2\pi\sqrt{LC_3}} \tag{3-25}$$

由此可见，振荡频率主要由 C_3 和 L 决定，即 C_1 和 C_2 对频率的影响大大减小。同理，与 C_1 和 C_2 并联的晶体管的极间电容对振荡频率的影响也将显著减小。这时 C_1 和 C_2 的大小主要用来决定反馈系数的数值。可以证明，此时，谐振回路对晶体管呈现的等效负载为：

$$R_p{}'\approx\left(\frac{C_2C_3/(C_2+C_3)}{C_1+C_2C_3/(C_2+C_3)}\right)^2R_p\approx\left(\frac{C_3}{C_1}\right)^2R_p \tag{3-26}$$

所以，C_3 越小，C_1 越大，$R_p{}'$ 越小，放大器的增益也越小，即环路增益越小。这样，利用 C_3 进行频率调节时，就会出现频率越高（即 C_3 越小），振荡幅度也越小的现象。若 C_3 进一步减小，就有可能使电路不满足振幅条件而出现停振现象。从以上分析可知，克拉泼振荡器的频率覆盖系数（即高端频率与低端频率之比）不可能做得很高，一般约为 1.2～1.3。因此，该振荡器主要适用于产生固定频率的场合。

2. 西勒振荡器

为了克服克拉泼振荡器的缺点，可采用西勒振荡器。如图 3.11 所示为西勒振荡器的原理图，它与克拉泼振荡器相比，仅在电感 L 上并接了一个可调电容 C_4，用来调整振荡频率，而 C_3 用固定的电容（一般与 C_4 同数量级）。在通常情况下，C_1 和 C_2 都远大于 C_3，所以其振荡频率近似为：

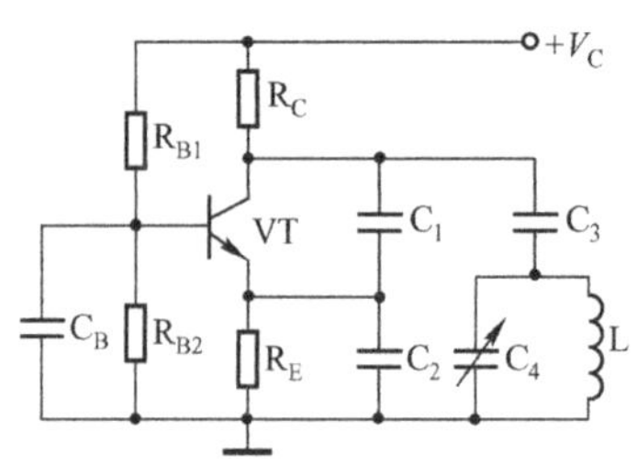

图 3.11　西勒振荡器原理图

$$f_0 \approx \frac{1}{2\pi\sqrt{L(C_3+C_4)}} \tag{3-27}$$

在西勒振荡器中，调节 C_4 可改变西勒振荡器的振荡频率，由于此时 C_3 不变，所以谐振回路反映到晶体管输出端的等效负载变化很缓慢，故调节 C_4 对放大器增益的影响不大，从而可以保证振荡幅度的稳定，所以，其频率覆盖系数较大，可达 1.6～1.8。

3.3　石英晶体振荡器

在 LC 振荡器中，尽管采用了各种稳频措施，但实践证明，它的频率稳定度一般很难突破 10^{-5} 数量级，为了进一步提高振荡频率的稳定度，常采用石英谐振器代替 LC 谐振回路，构成石英晶体振荡器，其频率稳定度一般可达 10^{-8}～10^{-6} 数量级，甚至更高。

3.3.1　石英谐振器及其特性

天然石英晶体的化学成分是二氧化硅（SiO_2），除天然石英晶体外，目前已大量采用人造石英晶体。从一块石英晶体上按一定的方位角切割成的薄片称为晶片，然后在晶片的两个相对表面涂上金属层作为极板，焊上引线作为电极，再加上金属壳、玻璃壳或胶壳封装，即制成了石英谐振器，如图 3.12 所示。

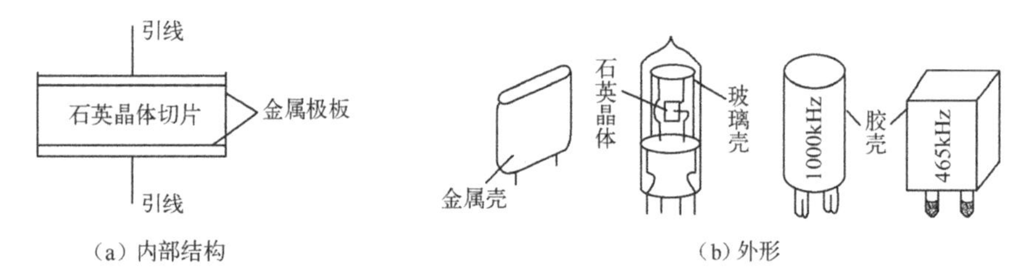

（a）内部结构　　（b）外形

图 3.12　石英晶体外形图

石英谐振器（即石英晶体滤波器）简称晶体，与陶瓷滤波器一样，它也是利用石英晶体的压电效应而制成的，具有谐振特性。由于晶片的固有机械振动频率，即谐振频率只与晶片的几何尺寸有关，所以晶片具有很高的频率稳定性，而且晶片尺寸做得越精确，谐振频率的精度就越高，因此，石英晶片可以作为一个十分理想的谐振系统。

1. 等效电路、基频晶体和泛音晶体

石英晶体在电路中的符号如图 3.13（a）所示，图 3.13（b）是它的等效电路。在外加交变电压作用下，晶片产生机械振动，其中除了基频的机械振动外，还有许多近似奇次（三次、五次……）频率的机械振动，这些机械振动（谐波）称为泛音，它与电气谐波不同，电气谐波与基波是整数倍的关系，而泛音与它的基频不是整数倍，而是近似成整数倍关系。晶片不同频率的机械振动可以分别用一个 LC 串联谐振回路来等效，实际使用时，在电路上总是设法保证只在晶片的一个频率上产生振荡，所以，石英晶体在振荡频率附近的等效电路如图 3.13（c）所示。

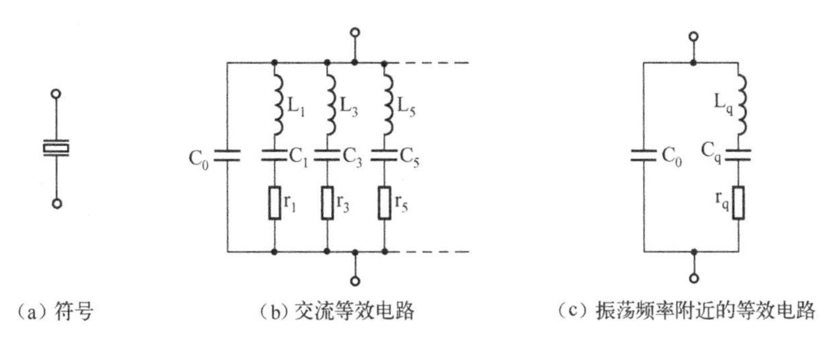

图 3.13　石英晶体的电路符号和等效电路

其中，C_0 是晶片工作时的静态电容，它的大小与晶片的几何尺寸和电极的面积有关，一般在几个皮法到几十个皮法之间。L_q 是晶片振动时的等效动态电感，它的值很大。C_q 是晶片振动时的等效动态电容，它的值很小。r_q 是晶片振动时的摩擦损耗，它的值较小。可见，石英晶片的品质因数 Q 值很高，一般可达 10^5 数量级以上，又由于石英晶片的机械性能十分稳定，所以，用石英晶体代替一般的 LC 回路构成谐振电路，具有很高的频率稳定度。

利用晶体的基频可以得到较强的振荡，这种利用基频振动的晶体称为基频晶体。由于晶片的厚度与振荡频率成反比，薄的晶片加工比较困难，使用中也容易损坏，因此，对高于 15MHz 的石英晶体，都使用在泛音频率上，以使晶体的厚度增加。这种利用泛音振动的晶体称为泛音晶体，泛音晶体广泛应用在三次和五次的泛音振动系统中。

2. 串联谐振和并联谐振

在图 3.13（c）所示的电路中，忽略等效电阻 r_q 的影响，当加在回路两端的信号频率很低时，两个支路的容抗都很大，因此电路总的等效阻抗呈容性。随着信号频率增加，容抗减小，当 C_q 的容抗与 L_q 的感抗相等时，C_q、L_q 支路发生串联谐振，此时的频率称为晶片的串联谐振频率，用 f_s 表示。可得：

$$f_s=\frac{1}{2\pi\sqrt{L_q C_q}} \tag{3-28}$$

随着频率的继续升高，L_q、C_q 串联支路呈感性，当串联总感抗刚好和 C_0 的容抗相等时，谐振回路产生并联谐振，此时的频率称为晶片的并联谐振频率，用 f_p 表示。可得：

$$f_p=\frac{1}{2\pi\sqrt{L_q\dfrac{C_0 C_q}{C_0+C_q}}}=f_s\sqrt{1+\frac{C_q}{C_0}} \tag{3-29}$$

当频率继续升高时，C_0支路的容抗减小，对回路的分流起主要作用，回路总的电抗又呈容性。根据以上分析，可得石英晶体的电抗频率特性曲线如图 3.14 所示。

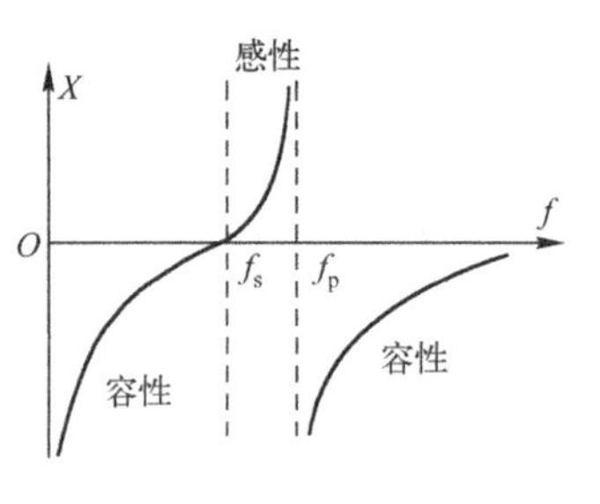

图 3.14　石英晶体的电抗频率特性曲线

由于 C_0远远大于 C_q，所以f_s和f_p相差很小，即f_s与f_p之间的等效电感的电抗曲线非常陡峭，此时曲线的斜率非常大，有很高的 Q 值，也就是具有很强的稳频作用，实际上，石英晶体就工作在这个频率范围狭窄的电感区内。因此，振荡频率稳定度很高。

3．注意问题

石英晶体只有在较窄的温度范围内工作时，才具有很高的频率稳定度，所以在要求较高时，要采取恒温措施。石英晶体都规定接有一定的负载电容 C_L，用来补偿生产中石英晶体的频率误差和石英晶体的老化，以达到标称频率，通常不同频率的石英晶体选用不同的 C_L，为了便于调整，C_L一般采用微调电容。石英晶体在工作时要损耗一定的功率，常用激励电平来表示功率损耗的程度，因此，振荡器要给石英晶体提供激励电平，激励电平不能超过晶体的额定激励电平，并保持它的稳定。

3.3.2　石英晶体振荡器

用石英晶体组成的振荡器称为石英晶体振荡器，按石英晶体在振荡器中应用的方式不同可分为两大类：一类是石英晶体工作在f_s和f_p之间，利用晶片在此频率范围内等效的电感和其他电抗元件组成的振荡器，叫做并联型石英晶体振荡器；另一类是石英晶片以低阻抗接入振荡器，叫做串联型石英晶体振荡器。

1．串联型石英晶体振荡器

如图 3.15 所示是由两级放大器组成的串联型石英晶体振荡器。VT_1、VT_2为两级阻容耦合共发射极放大器，输出电压$\dot{U}_o$与输入电压$\dot{U}_i$同相；由石英晶体构成了两级放大器之间的正反馈通路。当反馈信号的频率等于晶体的串联谐振频率时，晶体呈现的阻抗最小，且为纯电阻，此时正反馈最强，电路满足振荡的条件而产生自激振荡。而在其他频率上，晶体呈现很大的阻抗并产生较大的相移，不满足自激振荡的条件，因而不能振荡。因此，这种振荡器的振荡频率 f_0，取决于石英晶体的串联谐振频率f_s。

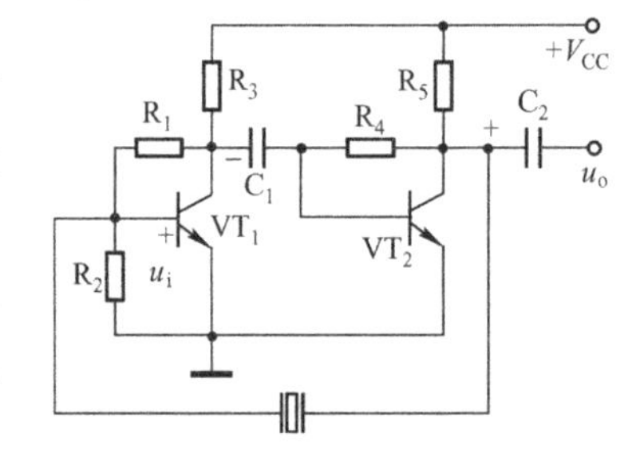

图 3.15　串联型石英晶体振荡器

图 3.16（a）所示的电路为串联型石英晶体振荡器的另一种典型电路，其交流通路如图 3.16（b）所示。由图可见，石英晶体串接在正反馈支路内，只有频率等于石英晶体的串联谐振频率 f_s时，才能满足自激振荡条件而产生振荡，所以，振荡频率以及频率稳定度取决于石英晶体。但此时 L 和 C_1、C_2组成的并联回路应调谐在石英晶体的串联谐振频率 f_s上。由上面分析可知，f_0取决于石英晶体的串联谐振频率 f_s，与静态电容 C_0的关系很小，且外部电容变化对石英晶体的影响很小，这就大大提高了振荡器的频率

稳定度。

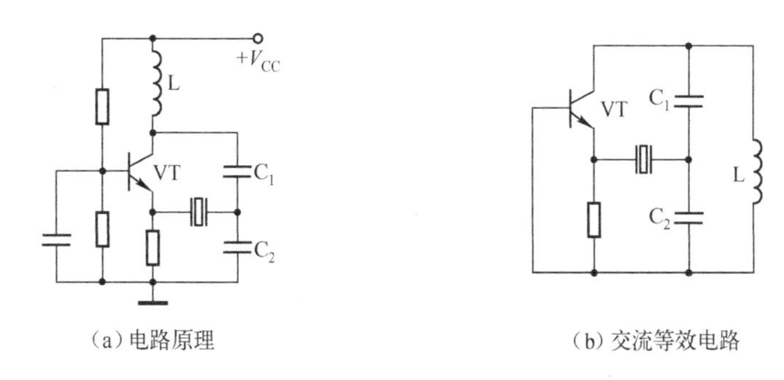

(a) 电路原理　　(b) 交流等效电路

图 3.16　高频串联型石英晶体振荡器及其等效电路

2. 并联型石英晶体振荡器

如图 3.17（a）所示为皮尔斯振荡器，是一种典型的并联型石英晶体振荡器。图中，石英晶体与外部电容一起构成并联谐振回路，它在回路中起电感的作用。图 3.17（b）为振荡器的交流通路，图 3.17（c）为晶体等效后的等效电路，可以看出，此电路实质上是一个西勒振荡器。电路中 C_3 用来微调振荡器的振荡频率，使振荡器振荡在石英晶体的标称频率上，并减小石英晶体与晶体管之间的耦合。由 C_1、C_2、C_3 串联组成石英晶体的负载电容 C_L。

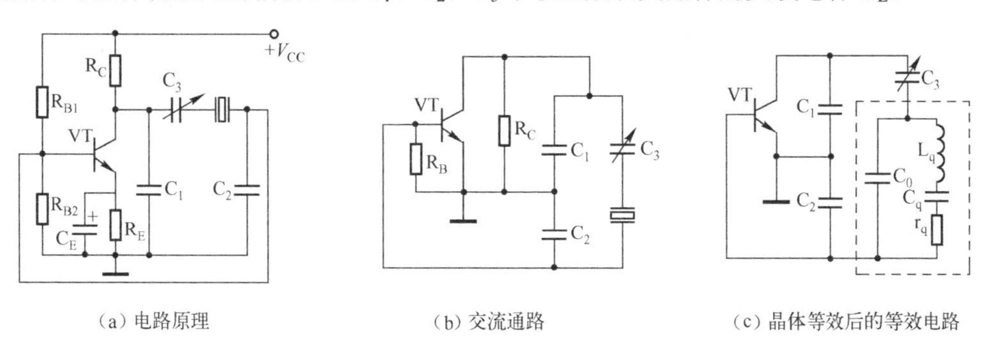

(a) 电路原理　　(b) 交流通路　　(c) 晶体等效后的等效电路

图 3.17　并联型晶体振荡器及其等效电路

由等效电路图可得：

$$C_L=\frac{1}{\frac{1}{C_1}+\frac{1}{C_2}+\frac{1}{C_3}} \tag{3-30}$$

由于 C_1 和 C_2 的值远远大于 C_3 的值，所以 $C_L \approx C_3$。由图 3.17（c）可以求得 f_0 为：

$$f_0=\frac{1}{2\pi\sqrt{L_q\frac{C_q(C_0+C_L)}{C_q+C_0+C_L}}} \tag{3-31}$$

又由于 $C_q \ll (C_0+C_L)$，故

$$f_0=\frac{1}{2\pi\sqrt{L_qC_q}}\sqrt{1+\frac{C_q}{C_0+C_L}} \approx f_s\left(1+\frac{1}{2}\frac{C_q}{C_0+C_L}\right) \tag{3-32}$$

根据上面分析可知，振荡器的振荡频率基本上取决于晶体的串联谐振频率 f_s，与外接电容的关系很小，因此，并联型晶体振荡器的频率稳定度很高。但它的稳定度要比串联型晶体振荡器的稳定度稍低。

3. 泛音晶体振荡器

前面讨论的是基频振荡电路，下面我们来讨论一下泛音晶体振荡电路。图 3.18 所示为一个典型的泛音晶体振荡电路。

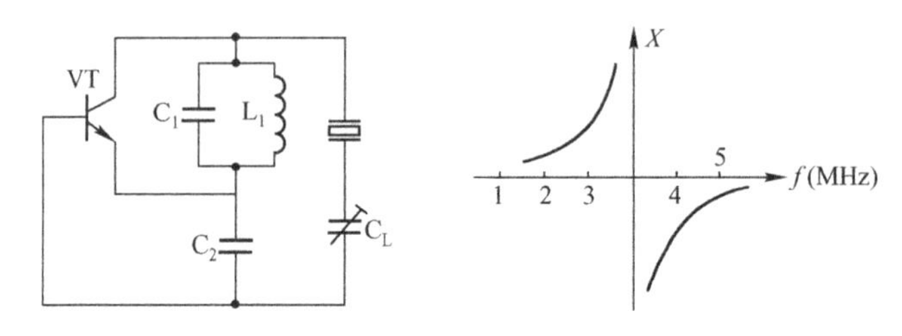

图 3.18 泛音晶体振荡器

从图中可以看出，它实际上是一种并联型晶体振荡器。根据三点式振荡器的组成原则，L_1C_1 并联谐振回路相当于一个电容，呈现出容抗。设电路中晶体的基频为 1MHz，为了获得五次泛音，即标称频率为 5MHz 的泛音振荡，可以把 L_1C_1 回路的谐振频率调在三次和五次泛音之间，即 3～5MHz。从图 3.18 所示 L_1C_1 谐振回路的电抗特性可知，对于在五次泛音频率 5MHz 上，L_1C_1 回路呈容性，相当于一个电容，电路满足振荡的相位平衡条件，可以产生振荡。而对于基频和三次泛音来说，L_1C_1 回路呈现感性，电路不符合三点式振荡器的组成原则，不能产生振荡。至于七次和七次以上的泛音，虽然 L_1C_1 回路也呈现容性，但此时等效电容过大，振幅条件无法满足而不能振荡。

3.4 RC 正弦波振荡器

一般来说，LC 振荡器适应于较高的频率，在频率较低时，由于 LC 振荡器所需的 L、C 值相当大，会造成振荡器的体积增大、造价高、安装调整不方便等。因此，在需要低频振荡时，常采用 RC 振荡器。RC 振荡器也是反馈式振荡器，它是用电阻、电容组成选频网络，而不用电感元件，因而既经济实用，又便于做成集成电路。由于 RC 选频网络的选频特性较差，因此 RC 振荡器的输出波形和频率稳定度都较差。根据所采用的 RC 选频网络的不同，RC 振荡器可分为 RC 移相网络振荡器、RC 串并联网络振荡器及双 T 选频网络振荡器。对于 RC 移相网络振荡器和双 T 选频网络振荡器，前者电路简单，经济方便，适用于波形要求不高的轻便测试设备中，后者选频特性较好，适应于产生单一频率的场合；而 RC 串并联网络振荡器可方便地连续改变振荡频率，便于加负反馈稳幅电路，容易得到良好的振荡波形。所以，我们这里只介绍常用的 RC 串并联网络振荡器，也就是文氏电桥振荡器。

3.4.1 RC 串并联选频网络

如图 3.19（a）所示为 RC 串并联选频网络，Z_1 为 RC 串联电路，Z_2 为 RC 并联电路，$\dot{U}_1$

为输入电压，$\dot{U}_2$为输出电压。当$\dot{U}_1$频率较低时，$R \ll 1/(\omega C)$，选频网络可用图 3.19（b）所示的 RC 高通电路来表示，频率越低，输出电压$\dot{U}_2$越小，$\dot{U}_2$超前于$\dot{U}_1$的相位角也越大；当$\dot{U}_1$频率较高时，$R \gg 1/(\omega C)$，选频网络可用图 3.19（c）所示的 RC 低通电路来表示，频率越高，输出电压$\dot{U}_2$越小，$\dot{U}_2$滞后于$\dot{U}_1$的相位角也越大。从上面分析可知，RC 串并联选频网络在某一频率上，其输出电压$\dot{U}_2$幅度有最大值，$\dot{U}_2$与$\dot{U}_1$的相位差等于 0°，也就是$\dot{U}_2$与$\dot{U}_1$同相。

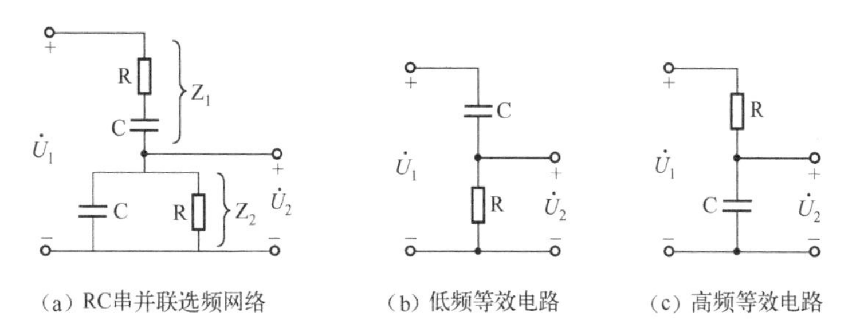

图 3.19　RC 串并联选频网络及其低、高频等效电路

由图 3.19（a）所示的 RC 串并联选频网络可得，RC 串并联选频网络的电压传输系数（或称反馈系数）为：

$$\dot{F} = \dot{U}_2/\dot{U}_1 = Z_2/(Z_1 + Z_2) \tag{3-33}$$

又因为

$$Z_1 = R + \frac{1}{\mathrm{j}\omega C}、Z_2 = \frac{R\frac{1}{\mathrm{j}\omega C}}{R + \frac{1}{\mathrm{j}\omega C}} \tag{3-34}$$

所以

$$\dot{F} = \frac{1}{3 + \mathrm{j}(\omega RC - \frac{1}{\omega RC})} \tag{3-35}$$

令$\omega_0 = 1/RC$，则上式可化简为：

$$\dot{F} = \frac{1}{3 + \mathrm{j}\left(\frac{\omega}{\omega_0} - \frac{\omega_0}{\omega}\right)} \tag{3-36}$$

由此可得 RC 串并联选频网络的幅频特性和相频特性的表达式为：

$$F = \frac{1}{\sqrt{3^2 + (\frac{\omega}{\omega_0} - \frac{\omega_0}{\omega})^2}} \tag{3-37}$$

$$\varphi_F = -\arctan\frac{\frac{\omega}{\omega_0} - \frac{\omega_0}{\omega}}{3} \tag{3-38}$$

由以上两式可作出幅频特性曲线和相频特性曲线，如图 3.20（a）、（b）所示。从图 3.20

(a)、(b) 中可以得出，RC 串并联选频网络具有选频特性。也就是说当$\omega=\omega_0$时，F可以达到最大值，并等于 1/3，且相位角$\varphi_F=0°$，即输出电压$\dot{U}_2$的振幅等于输入电压$\dot{U}_1$的振幅的 1/3，且它们的相位相同。

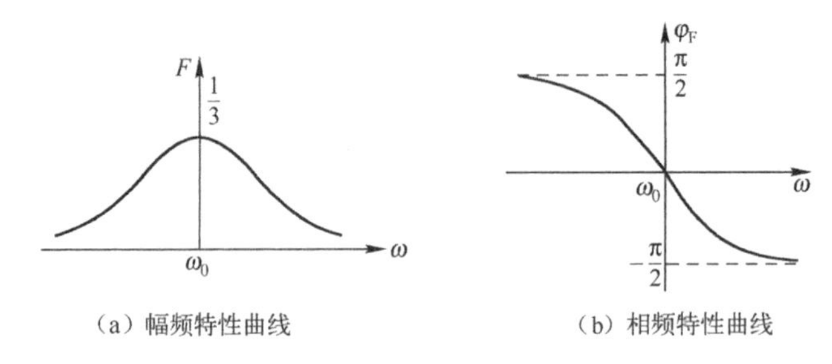

（a）幅频特性曲线　　（b）相频特性曲线

图 3.20　RC 串并联选频网络的频率特性

3.4.2　文氏电桥振荡器

如图 3.21（a）所示电路为 RC 桥式振荡电路，它由放大器、RC 串并联正反馈选频网络和负反馈电路等组成。若把 RC 串并联正反馈网络中的Z_1、Z_2和负反馈电路中的R_{f1}、R_{f2}改画成如图 3.21（b）所示电路，它们就构成了文氏电桥电路，放大器的输入端和输出端分别接到电桥的两对角线上，所以把这种 RC 振荡器称为文氏电桥振荡器。

由以上讨论可知，由于 RC 串并联选频网络在$\omega=\omega_0$时，$F=1/3$、$\varphi_F=0°$，因此，只要放大器$A\geqslant3$，$\varphi_A=2n\pi$（$n=0$、1、2、…），就能使电路满足自激振荡的条件，产生自激振荡。文氏电桥振荡器的振荡频率取决于 RC 串并联选频网络的参数，即

$$\omega_0=1/RC \tag{3-39}$$

或

$$f_0=\frac{1}{2\pi RC} \tag{3-40}$$

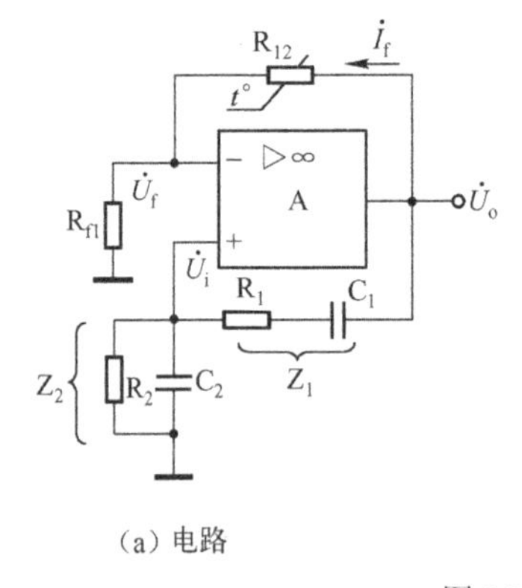

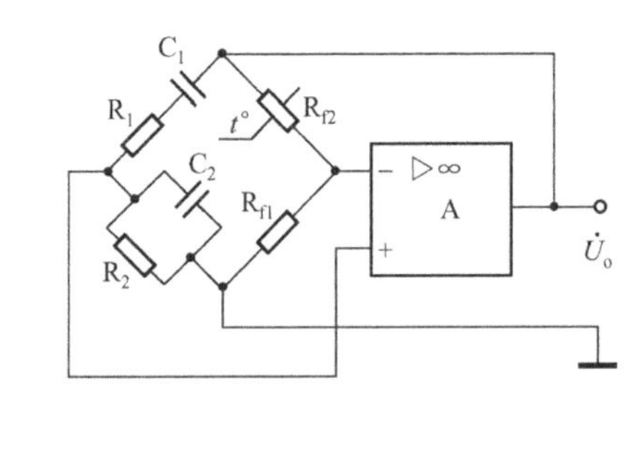

（a）电路　　（b）改画成文氏电桥形式的电路

图 3.21　RC 文氏电桥振荡器

由于运放构成同相放大，输出电压$\dot{U}_o$与输入电压$\dot{U}_i$同相，满足振荡的相位平衡条件。由运放基本理论可知，同相放大器的闭环增益为：

$$A=1+\frac{R_{f2}}{R_{f1}} \tag{3-41}$$

根据 $AF>1$ 和 $AF=1$，可得该振荡器的起振条件和振幅平衡条件分别为：

$$R_{f2}>2R_{f1} \tag{3-42}$$

$$R_{f2}=2R_{f1} \tag{3-43}$$

可见，只要 $R_{f2}=2R_{f1}$，振荡器就能满足振荡的幅度平衡条件。实际上，为了使振荡器容易起振，要求 $R_{f2}>>R_{f1}$，也就是要求放大器的电压增益 $A>>3$。这时电路会形成很强的正反馈，振荡幅度增长很快，以致使运放工作进入很深的非线性区域后，方能使电路满足振荡平衡条件 $AF=1$，建立起稳定的振荡。但由于 RC 串并联网络的选频特性较差，当放大器进入非线性区域后，振荡波形将会产生严重失真。因此，为了改善输出电压波形，应该限制振荡幅度的增长，这就要求放大器的电压增益 A 不要比 3 大得太多，应该稍大于 3。

为了解决上述矛盾，在实际运用中，R_{f2} 可采用负温度系数的热敏电阻（温度升高，电阻值减小）。起振时由于输出电压 U_o 比较小，流过热敏电阻 R_{f2} 的电流 I_f 很小，热敏电阻 R_{f2} 的温度还很低，其阻值还很大，使 R_{f1} 产生的负反馈作用很弱，放大器的增益比较高，振荡幅度增长很快，从而有利于振荡器的起振。随着振荡的增强，U_o 增大，流经 R_{f2} 的电流 I_f 增大，热敏电阻 R_{f2} 的温度升高，其阻值减小，R_{f1} 的负反馈作用增强，放大器的增益下降，振荡幅度的增长受到限制。适当选取 R_{f1}、R_{f2} 的大小和 R_{f2} 的温度特性，就可以使振荡幅度限制在放大器的线性区，使输出振荡波形为正弦波。而且，采用热敏电阻 R_{f2} 构成负反馈电路，还有另外一个作用就是能提高振荡输出幅度的稳定性。因为，当 U_o 增大时，I_f 增大，R_{f2} 减小，负反馈加强，增益减小，进一步使输出电压的增大受到限制。反之，结果相反。

3.4.3 RC 桥式振荡器的应用举例

如图 3.22 所示电路，采用了集成运算放大器 F007 构成的 RC 桥式振荡器的实用电路。图中 R_1、R_P、R_2 接在输出端与反相输入端之间，构成负反馈，与 R_2 并联的二极管 VD_1、VD_2 构成非线性元件，即 R_2、VD_1、VD_2 组成一个热敏电阻。当振荡幅度较小时，流过二极管的电流较小，二极管的等效电阻比较大，负反馈较弱，放大器增益较高，有利于起振。当振荡幅度增大时，流过二极管的电流增加，其等效电阻逐渐减小，负反馈加强，放大器增益自动减小，从而达到自动稳幅的目的。电位器 R_P 用来调节放大器的闭环增益，调节 R_P，使 (R_2+R_P'') 略大于 $2(R_1+R_P')$，则起振后振荡幅度较小，但输出波形比较好；调节 R_P 使 (R_2+R_P'') 远大于 $2(R_1+R_P')$ 时，振荡幅度增加，但输出波形失真也增大。

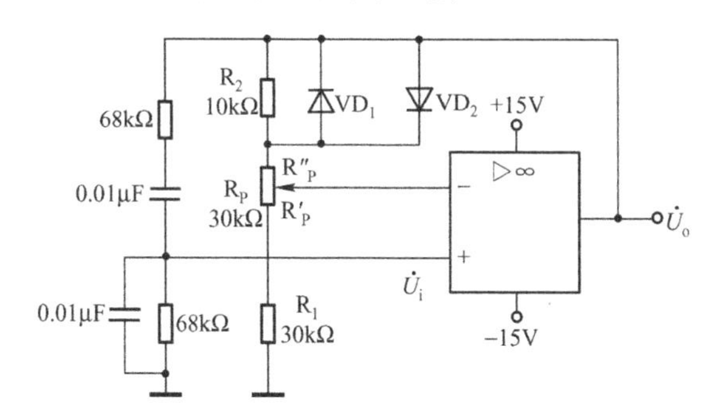

图 3.22 集成运放 RC 桥式振荡器实用电路

如图 3.23 所示电路是一个振荡频率范围较宽且连续可调的 RC 振荡器。从图 3.23 所示电路可看出，用双连开关S切换不同的电阻，可以实现粗调，直接旋动双连可变电容器C的旋钮，改变其容量可以实现细调。这种RC桥式振荡器的一个缺点是只能应用在频率比较低的范围中，振荡频率从几赫兹到几千赫兹。

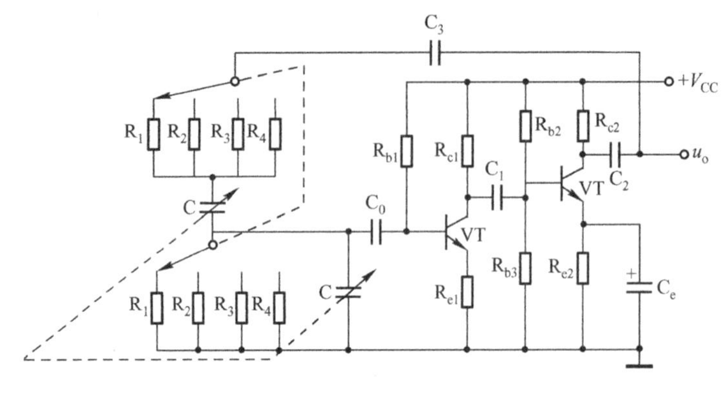

图3.23　振荡频率可调的RC振荡器

*3.5　负阻正弦波振荡器

负阻正弦波振荡器是利用负阻器件与LC谐振回路构成的另一类正弦波振荡器，主要工作在100MHz以上的超高频段，甚至可达几十吉赫（GHz）。

3.5.1　负阻器件

负阻器件就是交流电阻（或微变电阻）为负值的器件，其伏安特性曲线中有一负斜率的线段。负阻器件分为两大类：电压控制型（如隧道二极管）和电流控制型（如单结晶体管），它们的伏安特性如图3.24所示。

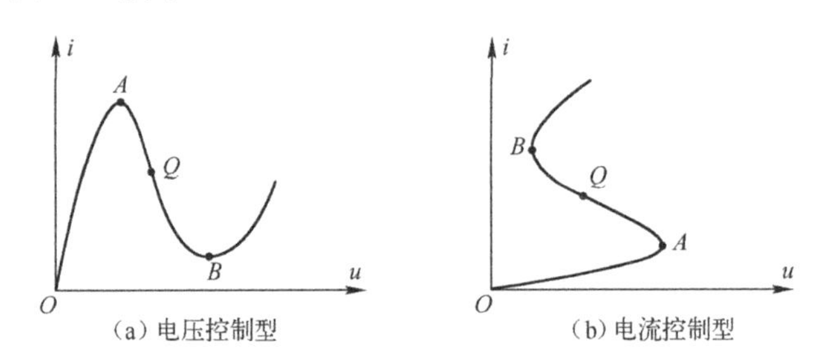

图3.24　负阻器件的伏安特性

由图可见，在负阻段AB上的一点Q，由于Δu和Δi的变化方向相反，所以其交流电阻为一负值，为了讨论方便，我们用r_n表示其绝对值。正因为具有负阻特性，负阻器件才具有能量变化的作用。由分析可知，在有信号作用下负阻器件消耗的平均功率小于直流电源提供的平均功率，二者之差就是负阻器件输出的交流功率。所以，负阻器件通过负阻特性，在交流信号作用下能够将从直流电源中获得的直流功率的一部分转换成交流功率输出。当然，负阻器件本身是消耗功率的。

由图3.24可以看出，负阻器件的负阻段AB的伏安特性呈非线性。对于电压控制型负阻器件，负阻段越靠近两端 A、B 处，伏安特性越平缓，其斜率越小，则 r_n 越大。因此，随着信号电压幅度的增大，电压控制型负阻器件的 r_n 也增大。同理，对于电流控制型负阻器件，由于负阻段越靠近两端 A、B 处，伏安特性越陡直，因此 r_n 随信号电流幅度的增大而减小。为了保证负阻器件工作在负阻段，加在电压控制型负阻器件两端的电压应是电压源（电压变化小），而通过电流控制型负阻器件的电流应是电流源（电流变化小）。

3.5.2 负阻振荡原理

前面我们已经讨论过，反馈式正弦波振荡器是依靠正反馈将直流电源能量转换为交流能量，再补充给回路的。负阻正弦波振荡器常用 LC 回路作为选频网络，它依靠器件负阻特性将直流电源能量转换为交流能量，再补充给 LC 回路。

负阻正弦波振荡器一般由负阻器件、LC 回路和直流供电电路等构成。除了建立适当的静态工作点以使负阻器件工作在伏安特性的负阻段外，负阻正弦波振荡器还必须考虑负阻器件与 LC 回路的连接形式，使交流信号能够作用于负阻器件，并且使振幅保持稳定的平衡。

1. 负阻正弦波振荡器的类型

按照负阻器件与 LC 回路的连接形式的不同，负阻正弦波振荡器有串联型和并联型两种，如图 3.25 所示。串联型负阻振荡器中负阻器件和 LC 回路串联，并联型负阻振荡器中负阻器件与 LC 回路并联，图 3.25（a）、3.25（b）中所示的 r 均为等效串联损耗电阻，两种电路中的 LC 回路均要求具有较高的 Q 值。

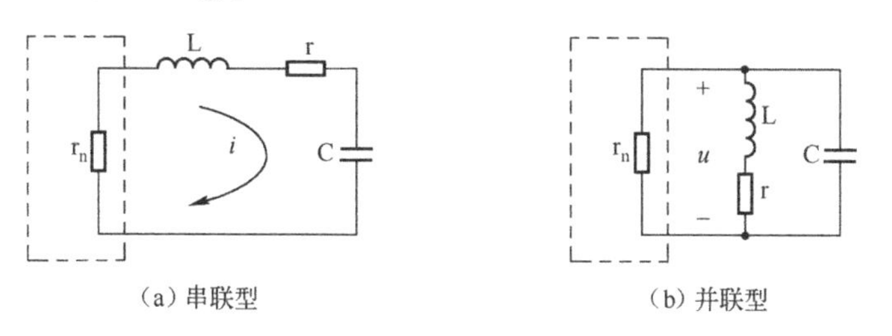

图 3.25 负阻正弦波振荡器的原理电路

2. 振荡条件

（1）串联型负阻振荡器。对于图 3.25（a）所示电路，可列出以下微分方程：

$$\frac{d^2i}{dt^2}+\frac{r-r_n}{L}\frac{di}{dt}+\frac{1}{LC}i=0 \tag{3-44}$$

由式（3-44）可以得到：若 $r_n>r$，其解为增幅振荡；若 $r_n=r$，其解为等幅振荡。因此，该电路的起振条件为 $r_n>r$，而振幅平衡条件为 $r_n=r$。也就是说，这种振荡器起振时 $r_n>r$，回路补充的能量大于损耗的能量，则振荡幅度不断增大；随着振幅的增大，要求 r_n 逐渐减小，直到 $r_n=r$ 时达到平衡状态，回路补充的能量等于损耗的能量，电路维持等幅振荡。不难理解，其振幅稳定条件为 $dr_n/dI_m<0$。

为了满足上述振荡条件，串联型负阻振荡器要求负阻器件的 r_n 具有随着振荡幅度 I_m 的增大而减小的非线性特性，因此它只能采用电流控制型的负阻器件。在平衡状态时，由于 $r_n=r$，可求得振荡频率为：

$$f_0 = \frac{1}{2\pi\sqrt{LC}} \tag{3-45}$$

该电路的相位稳定条件则依靠串联谐振回路具有负斜率变化的相频特性而得到满足。

（2）并联型负阻振荡器。对于图 3.25（b）所示电路，可列出以下微分方程：

$$\frac{d^2u}{dt^2} + \left(\frac{r}{L} - \frac{1}{Cr_n}\right)\frac{du}{dt} + \frac{1}{LC}\left(1 - \frac{r}{r_n}\right)u = 0 \tag{3-46}$$

由式（3-46）可以得到：若$\left(\frac{r}{L} - \frac{1}{Cr_n}\right) < 0$，其解为增幅振荡；若$\left(\frac{r}{L} - \frac{1}{Cr_n}\right) = 0$，其解为等幅振荡。因此，该电路的起振条件为$r_n < L/Cr$，而振幅平衡条件为$r_n = L/Cr$。由于 LC 并联回路的谐振电阻（并联等效电阻，有负载时还要考虑负载电阻）$R=L/Cr$，因此并联型负阻振荡器的起振条件又可写为$r_n<R$，振幅平衡条件又可写为$r_n=R$。不难理解，其振幅稳定条件为$dr_n/dU_m>0$。

为了满足上述振荡条件，并联型负阻振荡器要求负阻器件的r_n具有随着振荡幅度U_m的增大而增大的非线性特性，因此它只能采用电压控制型的负阻器件。在平衡状态时，由于$r_n=L/Cr$，可求得振荡频率为：

$$f_0 = \frac{1}{2\pi}\sqrt{\frac{1}{LC}\left(1 - \frac{r}{r_n}\right)} = \frac{1}{2\pi}\sqrt{\frac{1}{LC} - \left(\frac{r}{L}\right)^2} \tag{3-47}$$

如果回路的损耗很小，即 r 很小，则

$$f_0 \approx \frac{1}{2\pi\sqrt{LC}} \tag{3-48}$$

该电路的相位稳定条件则依靠并联谐振回路具有负斜率变化的相频特性而得到满足。

3.5.3 负阻正弦波振荡器电路

在组成负阻正弦波振荡器时，要注意直流电源的供电方式。对于电压控制型负阻器件，应该用低内阻的直流电源供电；对于电流控制型负阻器件，应该用高内阻的直流电源供电。

最常用的负阻器件是电压控制型的隧道二极管，由它组成的负阻振荡器如图 3.26（a）所示。图中V_{CC}和分压电阻R_1、R_2组成隧道二极管的直流供电电路，提供合适的静态工作点。由于R_2较小，故等效的直流电源内阻很小，C_1是高频旁路电容，则电压控制型的隧道二极管便获得低内阻的电源供电。

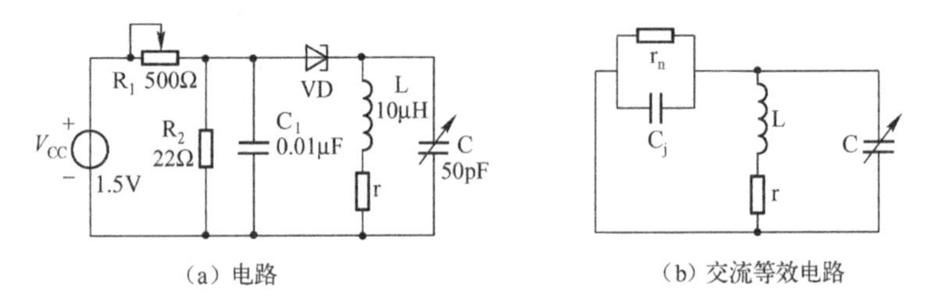

图 3.26　隧道二极管负阻振荡器

隧道二极管负阻振荡器的交流等效电路如图 3.26（b）所示。其中 r_n 为器件的负阻，C_j 为 PN 结的结电容。可以分析，这个电路的起振条件为：

$$r_n < \frac{L}{(C + C_j)r} \tag{3-49}$$

振幅平衡条件为：

$$r_n = \frac{L}{(C + C_j)r} \tag{3-50}$$

振荡频率为：

$$f_0 = \frac{1}{2\pi}\sqrt{\frac{1}{L(C + C_j)} - \left(\frac{r}{L}\right)^2} \tag{3-51}$$

隧道二极管负阻振荡器具有振荡频率高、噪声低、受温度影响小、电路简单和体积小等优点；但输出功率小，输出电压低，前后级不易隔离，阻抗不易匹配，而且负载和器件参数对振幅和频率的影响比较严重，其频率和幅度稳定度不如反馈式振荡器。

技能训练 3　RC 正弦波振荡器的设计与调试

1. 训练目的

（1）学习 RC 正弦波振荡器的设计方法。

（2）掌握 RC 正弦波振荡器的安装、调试与测量方法。

（3）设计一个满足指标要求的 RC 正弦波振荡器，计算出振荡器中各元件的参数，画出标有元件值的电路图。

2. 训练仪器与器材

示波器，±15V 稳压电源，数字频率计，集成运放μA741（或 HA1741），电阻（20kΩ×2，30kΩ×2、2kΩ、50kΩ电位器），电容（0.1μF×2、二极管 1N4148×2）。

3. 训练电路

电路如图 3.27 所示，这是一个比较简单的文氏电桥振荡器，其中 RC 组成串并联网络，集成运放 A 及外围器件组成同相放大器，VD_1、VD_2 及 R_5 组成外稳幅环节。

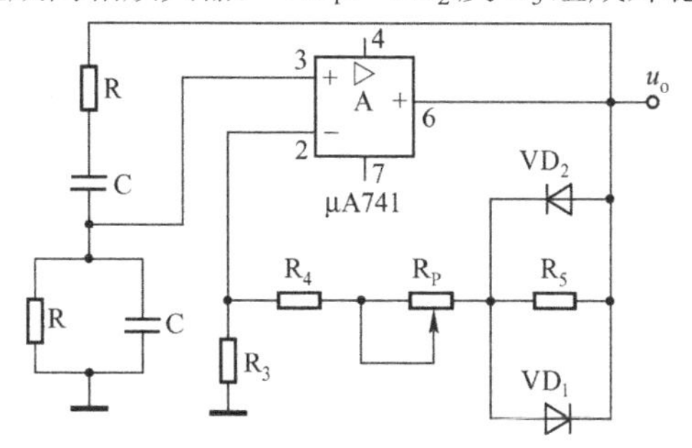

图 3.27　RC 正弦波振荡器实训电路

4．训练步骤

RC 振荡器的设计，就是根据所给出的指标要求，选择电路的结构形式，计算和确定电路中各元件的参数，使它们在所要求的频率范围内满足振荡的条件，使电路产生满足指标要求的正弦波形。

RC 振荡器的设计，可按以下几个步骤进行：

（1）根据已知的指标，选择电路形式，图 3.27 所示是参考电路。

（2）计算和确定电路中的元件参数。

（3）选择运算放大器。

（4）调试电路，使该电路满足指标要求。

这里我们以设计一个振荡频率为 800Hz 的 RC（文氏电桥）正弦波振荡器为例。设计步骤如下：

（1）根据设计要求，选择如图 3.27 所示电路。

（2）计算和确定电路中的元件参数并选择器件。

① 根据振荡器的频率，计算 R、C 乘积的值：

$$RC = \frac{1}{2\pi f_0} = \frac{1}{2\times 3.14\times 800} = 1.99\times 10^{-4}\ \text{(s)}$$

② 确定 R、C 的值。为了使选频网络的特性不受运算放大器输入电阻和输出电阻的影响，按 $R_i>>R>>R_o$ 的关系选择 R 的值。其中，R_i（几百千欧以上）为运算放大器同相端的输入电阻。R_o（几百欧姆以下）为运算放大器的输出电阻。

因此，初选 $R=20\text{k}\Omega$，则

$$C = \frac{1.99\times 10^{-4}}{20\times 10^{3}} = 0.995\times 10^{-7}\ \text{(F)} \approx 0.1\mu\text{F}$$

③ 确定 R_3 和 R_f（在图中 $R_f=R_4+R_P+r_d//R_5$）的值，其中 r_d 为二极管导通时的动态电阻。由振荡的振幅条件可知，要使电路起振，R_f 应略大于 $2R_3$，通常取 $R_f=2.1R_3$。以保证电路能起振和减小波形失真。另外，为了满足 $R=R_3//R_f$ 的直流平衡条件，减小运放输入失调电流的影响。由 $R_f=2.1R_3$ 和 $R=R_3//R_f$ 可求出：

$$R_3 = \frac{3.1}{2.1}R = \frac{3.1}{2.1}\times 20\times 10^{3} = 29.5\times 10^{3}(\Omega)$$

取标称值 $R_3=30\text{k}\Omega$，所以，$R_f=2.1R_3=2.1\times 30\times 10^3(\Omega)=63\text{k}\Omega$。

为了达到最好效果，R_f 与 R_3 的值还需通过实验调整后确定。

④ 确定外稳幅电路及其元件值。稳幅电路由 R_5 和两个接法相反的二极管 VD_1、VD_2 并联而成，如图 3.27 所示。

稳幅二极管 VD_1、VD_2 应选用温度稳定性较高的硅管，且它们特性必须一致，以保证输出波形的正、负半周对称。

⑤ R_4+R_P 串联阻值的确定。由于二极管的非线性会引起波形失真，因此，为了减小非线性失真，可在二极管的两端并上一个阻值与 r_d 相近的电阻 R_5（R_5 一般取几千欧，在本例中 $R_5=2\text{k}\Omega$）。然后再经过实验调整，以达到最好效果。R_5 确定后，可按下式求出 R_4+R_P 的值。

$$R_4 + R_P = R_f - (R_5 // r_d) \approx R_f - R_5 / 2 = 62(\text{k}\Omega)$$

为了达到最佳效果，R_4选用阻值为30kΩ的电阻，R_P选用阻值为50kΩ的电位器串联，调试时进行适当调节即可。

⑥ 选择运放的型号。选择的运放，要求输入电阻高，输出电阻小，而且增益带宽积要满足$A_{uo} \cdot BW > 3f_0$的条件。由于本例中的$f_0 = 800$Hz，故可选用μA741集成运算放大器。

（3）安装与调试。按照图3.27所示电路，将所选定的元件安装在插件板上，检查无误后，稳压电源输出的+15V电压接到集成运放μA741的7脚，−15V接到集成运放μA741的4脚，用示波器测量μA741的6脚是否有输出波形。然后调整R_P使输出波形为最大且失真最小的正弦波。若电路不起振，说明振荡的振幅条件不满足，应适当加大R_P的值；若输出波形严重失真，说明$R_4 + R_P$的值太大，应减小R_P的值。

当调出幅度最大且失真最小的正弦波后，可用示波器或频率计测出振荡器的频率。若所测频率不满足设计要求，可根据所测频率的大小，判断选频网络的元件值是偏大还是偏小，从而改变R或C的值，使振荡频率满足设计要求。

5. 训练总结

（1）主要技术指标的测量。

① 说明技术指标的测量方法，画出测量电路图。

② 记录并整理实测数据，根据测量数据进行必要的计算，将理论计算结果和测量结果进行比较。用理论计算值代替测量值，求出测量结果的相对误差，分析误差产生的原因。

（2）提出电路的改进意见并总结出训练中的收获体会。

① 若要使振荡器的频率连续可调，应如何设计电路？

② 若要改变电路的振荡频率，应改变哪一个元件的值？

③ 若要改变振荡波形的幅度，应改变哪一个元件的值？

本 章 小 结

（1）反馈式正弦波振荡器主要由放大器、反馈网络、选频网络和稳幅环节等组成。根据选频网络的不同，反馈式振荡器可分为LC振荡器、RC振荡器和石英晶体振荡器。

（2）要得到一个较稳定的正弦振荡信号，振荡器在直流偏置合理的前提下，还必须满足振荡的平衡条件和起振条件，也必须满足振荡器的平衡稳定条件。

（3）LC振荡器可分为变压器反馈式振荡器、电容三点式振荡器和电感三点式振荡器。LC振荡器的振荡频率f_0主要取决于LC谐振回路的谐振频率，即$f_0 \approx \dfrac{1}{2\pi\sqrt{LC}}$。由于改进型电容三点式振荡器减弱了晶体管与谐振回路的耦合，因此，其频率稳定度比一般的LC振荡器要高，常见的有克拉泼振荡器和西勒振荡器两种类型。

（4）当要求振荡器具有较高的频率稳定性时，常采用石英晶体振荡器。石英晶体振荡器具有频率稳定度高的原因是由于晶体的Q值极高、接入系数极小和它相当于一个特殊电感等。石英晶体振荡器有串联型和并联型两种。

（5）RC振荡器的振荡频率较低。常用的RC振荡器是文氏电桥振荡器，其振荡频率$f_0 = 1/(2\pi RC)$，只取决于 R、C 的数值。

（6）负阻正弦波振荡器是利用负阻器件与LC谐振回路构成的另一类正弦波振荡器，有串联型和并联型两种。

习　题　3

3.1　振荡器的振荡特性和反馈特性如图 3.28 所示，试分析该振荡器的建立过程，并判断 A、B 两平衡点是否稳定。

3.2　振荡电路如图 3.29 所示，试分析下列现象振荡器工作是否正常。

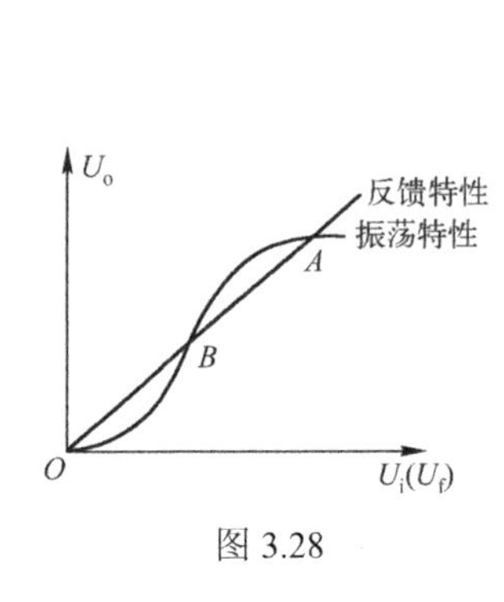

图 3.28

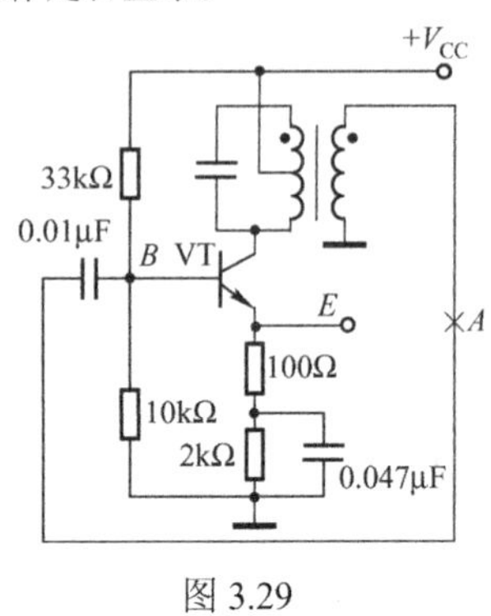

图 3.29

（1）图中 A 点断开，振荡停振，用直流电压表测得 $V_B=3V$、$V_E=2.3V$。接通 A 点，振荡器有输出，测得直流电压 $V_B=2.8V$、$V_E=2.5V$。

（2）振荡器振荡时，用示波器测得 B 点为正弦波，且 E 点波形为一余弦脉冲。

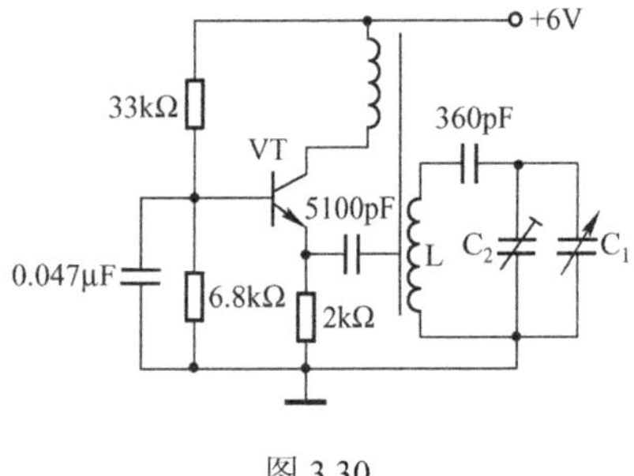

图 3.30

3.3　振荡电路如图 3.30 所示，试画出该电路的交流等效电路，标出电感线圈同名端位置；并说明该电路属于什么类型的振荡电路，有什么优点。若 $L=180\mu H$、$C_2=30pF$，C_1 的变化范围为 20～270pF，求振荡器的最高和最低振荡频率。

3.4　试从振荡的相位平衡条件出发，分析如图 3.31 所示的各振荡器的交流等效电路中的错误，并说明应如何改正。

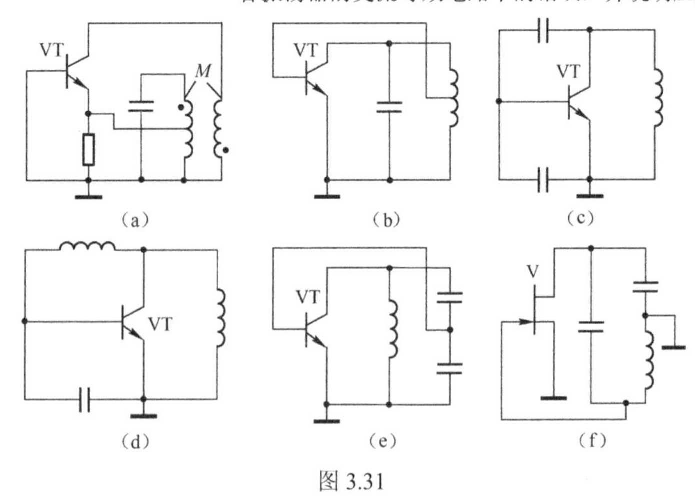

图 3.31

3.5　已知电容三点式振荡器如图 3.8（a）所示，并且 $R_C=2k\Omega$、$C_1=500pF$、$C_2=1\,000pF$。若振荡频率 $f_0=1MHz$，求：

（1）回路的电感 L 值。

（2）电路的反馈系数 F。

3.6　已知电感三点式振荡器如图 3.9（a）所示，并且 $L_1=40\mu H$、$L_2=15\mu H$、$M=10\mu H$、$C=470pF$、$R_C=5k\Omega$，试计算振荡器的振荡频率 f_0。

3.7　振荡电路如图 3.32 所示，已知 $L=25\mu H$、$Q=100$、$C_1=500pF$、$C_2=1\,000pF$，C_3 为可变电容，且调节范围为 10～30pF，试计算振荡频率 f_0 的变化范围。

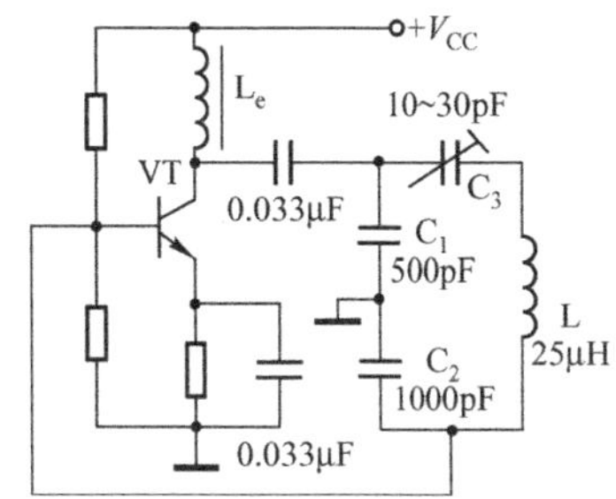

图 3.32

3.8　若石英晶片的参数为：$L_q=4H$、$C_q=9\times10^{-2}pF$、$C_0=3pF$、$r_q=100\Omega$，求：

（1）串联谐振频率 f_s。

（2）并联谐振频率 f_p 与 f_s 相差多少，并求它们的相对频差。

3.9　如图 3.33 所示电路为三次泛音晶体振荡器，输出频率为 5MHz，试画出振荡器的交流等效电路，并说明 LC 回路的作用，输出信号为什么要由 VT_2 输出？

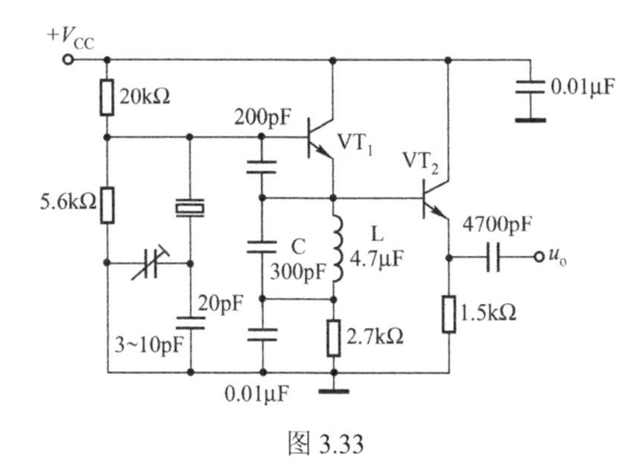

图 3.33

3.10　试用相位平衡条件说明如图 3.34 所示电路产生自激振荡的原理（该电路属于 RC 移相式振荡器）。

3.11　如图 3.35 所示电路为 RC 文氏电桥振荡器，试求：

（1）振荡频率 f_0。

（2）热敏电阻的冷态阻值。

（3）R_t 应具有怎样的温度特性。

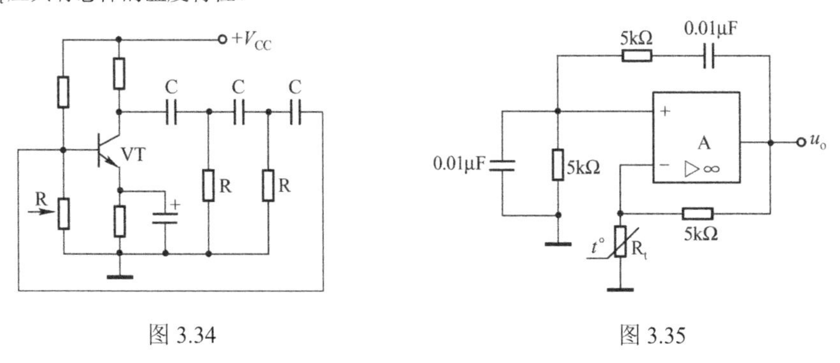

图 3.34　　图 3.35

3.12　如图 3.36 所示 RC 桥式振荡器的振荡频率分为三挡可调，在图中所给的参数条件下，求每挡的频率调节范围（设 R_{P1}、R_{P2} 阻值的变化范围为 0～27kΩ），并说明场效应管 V 的作用。

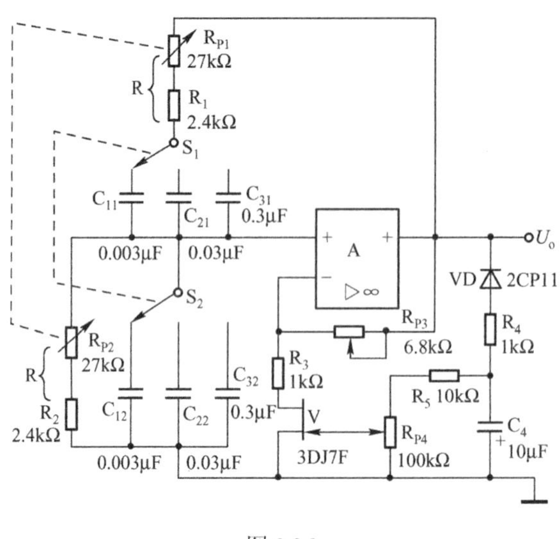

图 3.36

3.13　负阻器件的直流电阻为负吗？串联型负阻振荡器的起振条件为 $r_n > r$，而并联型负阻振荡器的起振条件为 $r_n < R$，试说明理由。

第4章　调幅、检波与混频

学习目标

（1）熟悉调幅波的基本性质。

（2）正确理解高电平与低电平调幅电路的基本工作原理。

（3）掌握大信号包络检波器及同步检波器的基本组成与工作原理。

（4）熟练掌握混频器的基本工作原理及混频干扰的原因与抑制措施。

调制与解调是通信系统中的重要组成部分。调制是在发送端将调制信号从低频段变换到高频段，便于天线发射，实现不同信号源、不同系统的频分复用，并改善系统性能。解调是在接收端将已调波从高频段变换到低频段，恢复原调制信号。应用最广泛的模拟调制方式，是以正弦波作为载波的幅度调制和角度调制。在幅度调制过程中，调制后的信号频谱和调制信号频谱之间保持线性平移关系，这种电路称为频谱的线性搬移电路。属于这类电路的有振幅调制电路、解调电路、混频电路等。而角度调制与解调电路则属于频谱的非线性变换电路。本章主要分析调幅、检波和混频中的频率变换关系，重点介绍几种常用的调幅电路、检波电路和混频电路的工作原理。

4.1　调幅波的基本性质

4.1.1　调幅波的数学表达式和波形

普通调幅是用低频调制信号去控制高频载波的振幅，使调制后已调波的振幅按调制信号的变化规律而线性变化。

为分析方便，假设低频调制信号和高频载波信号分别为：

$$u_{\Omega}(t)=U_{\Omega\mathrm{m}}\cos\Omega t=U_{\Omega\mathrm{m}}\cos 2\pi Ft$$

$$u_{\mathrm{c}}(t)=U_{\mathrm{cm}}\cos\omega_{\mathrm{c}}t=U_{\mathrm{cm}}\cos 2\pi f_{\mathrm{c}}t$$

式中，Ω和F分别为低频调制信号的角频率和频率；ω_{c}和f_{c}分别为高频载波的角频率和频率。根据调幅的定义，已调信号的振幅随调制信号u_{Ω}（t）线性变化，由此可得调幅信号u_{AM}（t）的表达式为：

$$\begin{aligned}u_{\mathrm{AM}}(t)&=(U_{\mathrm{cm}}+k_{\mathrm{a}}U_{\Omega\mathrm{m}}\cos\Omega t)\cos\omega_{\mathrm{c}}t\\&=U_{\mathrm{cm}}(1+m_{\mathrm{a}}\cos\Omega t)\cos\omega_{\mathrm{c}}t\end{aligned}\qquad(4\text{-}1)$$

式中，k_{a}为比例常数，一般由调制电路确定，称为调制灵敏度。

已调波的振幅为$U_{\mathrm{cm}}(1+m_{\mathrm{a}}\cos\Omega t)$，它反映了调制信号$u_{\Omega}(t)$的变化规律，称为调幅波的包

络；$m_a=\dfrac{k_a U_{\Omega m}}{U_{cm}}$称为调幅波的调制系数或调幅度，表示载波振幅受调制信号控制的强弱程度。图 4.1 所示为单频调制信号 $u_\Omega(t)$对载波 $u_c(t)$进行振幅调制的普通调幅波的波形。由图 4.1 可以看到，已调波 $u_{AM}(t)$的包络与调制信号 $u_\Omega(t)$的波形相似。通常可以用示波器测出调幅波包络的最大值 U_{max}和最小值 U_{min}。由式（4-1）可得到 $U_{max}=U_{cm}(1+m_a)$、$U_{min}=U_{cm}(1-m_a)$，则

$$m_a=\frac{U_{max}-U_{min}}{U_{max}+U_{min}} \tag{4-2}$$

式（4-2）表明 $m_a\leqslant 1$。m_a越大，则 U_{max}与 U_{min}相差越大，调制越深。若 $m_a>1$，则已调波的包络形状如图 4.1（d）所示。可见，已调波的包络变化已不能反映调制信号的变化规律，即产生了失真，称 $m_a>1$ 时的调幅为过调幅。因此，为了避免出现过调幅失真，应使调幅系数 $m_a\leqslant 1$。

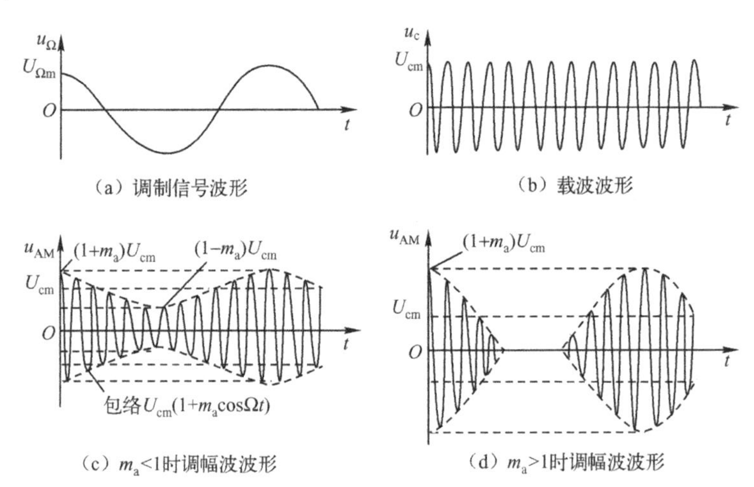

（a）调制信号波形　（b）载波波形

（c）$m_a<1$时调幅波波形　（d）$m_a>1$时调幅波波形

图 4.1　调幅波波形

4.1.2　调幅波的频谱与带宽

将式（4-1）展开可得：

$$u_{AM}(t)=U_{cm}\cos\omega_c t+\frac{1}{2}m_a U_{cm}\cos(\omega_c-\Omega)t+\frac{1}{2}m_a U_{cm}\cos(\omega_c+\Omega)t \tag{4-3}$$

上式表明，单频正弦信号调制的调幅波是由三个频率分量构成的：第一项为载波分量；第二项的频率为（f_c-F），称为下边频分量，其振幅为 $m_aU_{cm}/2$；第三项的频率为（f_c+F），称为上边频分量，其振幅也为 $m_aU_{cm}/2$。由此可画出相应的调幅波的频谱，如图 4.2（a）所示。由图可见，调幅过程实际上就是频谱的搬移过程。经调幅后，调制信号从低频端搬移到了一个频率较高的载频附近，并对称排列于载频两侧。显然，该调幅波有效频谱所占频带宽度为：

$$BW=(f_c+F)-(f_c-F)=2F \tag{4-4}$$

实际工程上，调制信号并不是单频信号，而是一个比较复杂的含有多个频率的信号，占据的频率范围为 F_{min}～F_{max}，例如彩色全电视信号的频率范围为 0～6MHz。因此，用它调制的调幅波中的上、下边频就有许多个，组成了上边带和下边带。多频调幅时的频谱图如图 4.2

（b）所示，可见，该调幅波所占频带宽度为：

$$BW = 2F_{max} \tag{4-5}$$

综上所述，调幅的作用反映在波形上就是将调制信号 $u_{\Omega}(t)$不失真地搬移到高频载波的振幅上，而在频谱上，则是将调制信号 $u_{\Omega}(t)$的频谱不失真地搬移到载频 f_c 的两边。

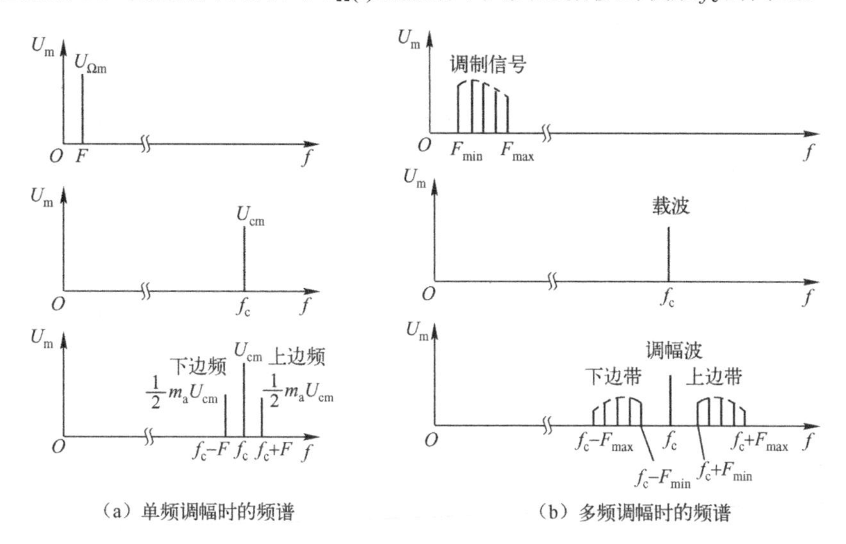

图 4.2 调幅波的频谱

4.1.3 调幅波的功率关系

设调制信号为单频正弦波，负载电阻为 R_L，由式（4-3）可得出载波功率为：

$$P_c = \frac{1}{2}\frac{U_{cm}^2}{R_L} \tag{4-6}$$

上边频（或下边频）功率为：

$$P_{SSB} = \left(\frac{1}{2}m_a U_{cm}\right)^2 \frac{1}{2R_L} = \frac{m_a^2}{4}P_c \tag{4-7}$$

上、下边频总功率为：

$$P_{DSB} = 2P_{SSB} = \frac{1}{2}m_a^2 P_c \tag{4-8}$$

调幅信号总平均功率为：

$$P_{av} = P_c + P_{DSB} = \left(1+\frac{1}{2}m_a^2\right)P_c \tag{4-9}$$

由式（4-9）可知，当 $m_a = 0$ 时，$P_{av} = P_c$；当 $m_a = 1$ 时，$P_{av} = 1.5P_c$。调幅广播在实际传送信息时，平均调幅系数 m_a 只有 0.3 左右，这样 $P_{av} \approx 1.05P_c$。因此，在调幅信号总功率中，不含信息的载波功率约占 95%，而携带信息的边频功率仅占 5%。从能量利用率来看，普通振幅调制是很不经济的，但因接收机较简单而且价廉，所以应用还是很广泛的。

如果调制信号为多频信号，则调幅波平均功率等于载波功率和各边频功率之和。

4.1.4　双边带调制与单边带调制

为了提高设备的功率利用率，可以不发送载波，而只发送边带信号，即抑制载波的双边带调制与单边带调制。

1. 双边带（Double Side Band）调制

由于载波分量不包含任何信息，又占整个调幅波平均功率的很大比例，因此，在传输前把它抑制掉，就可以在不影响传输信息的条件下，大大节省发射机的发射功率。这种仅传输两个边带的调制方式称为抑制载波的双边带调制，简称双边带调制，用 DSB 表示。

由式（4-1）可得单频调制时双边带调制信号的数学表达式为：

$$u_{\rm DSB}(t)=k_{\rm a}u_{\Omega}(t)\cos\omega_{\rm c}t=m_{\rm a}U_{\rm cm}\cos\Omega t\cos\omega_{\rm c}t$$
$$=\frac{1}{2}m_{\rm a}U_{\rm cm}\cos(\omega_{\rm c}-\Omega)t+\frac{1}{2}m_{\rm a}U_{\rm cm}\cos(\omega_{\rm c}+\Omega)t \tag{4-10}$$

由式（4-10）可画出双边带信号的波形与频谱，如图 4.3 所示。由图可见，双边带信号的包络已不再反映调制信号的变化规律，而是与调制信号的绝对值成正比；在调制信号的过零处，双边带信号的相位要突变 180°；双边带信号只有$(f_{\rm c}-F)$及$(f_{\rm c}+F)$两个频率分量，它的频谱相当于从普通调幅波频谱图中将载波分量去掉后的频谱。双边带多频调制时的频谱图如图 4.4 所示，可见，其带宽仍为调制信号带宽的两倍，即 $BW=2F_{\max}$。

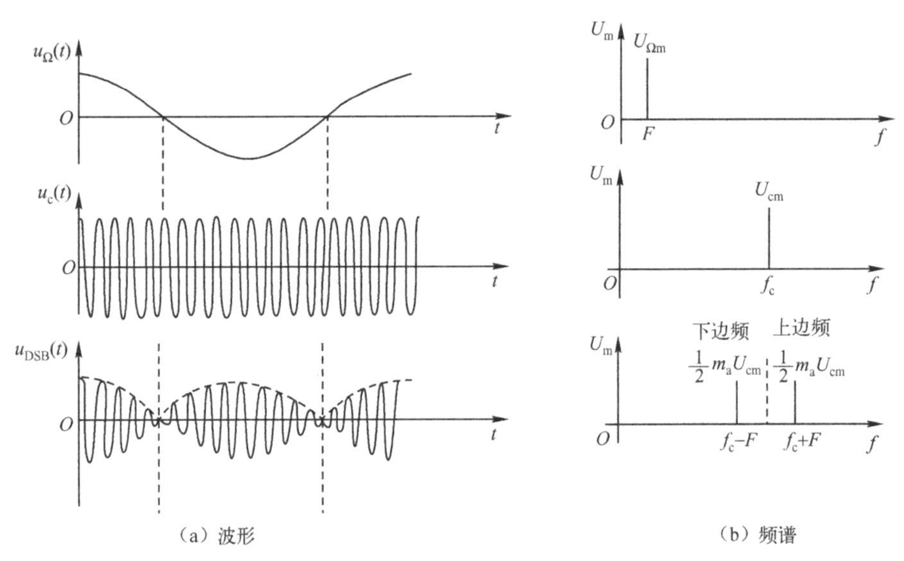

图 4.3　DSB 信号的波形与频谱图

2. 单边带（Single Side Band）调制

由于调幅波的上、下边带中的任意一个边带已包含了调制信号的全部信息，所以可以进一步将其中的一个边带抑制掉而只发送一个边带（上边带或下边带），这样的调制方式称为单边带调制，用 SSB 表示。其数学表达式为：

$$u_{\rm SSB}(t)=\frac{1}{2}m_{\rm a}U_{\rm cm}\cos(\omega_{\rm c}+\Omega)t\ （上边带） \tag{4-11}$$

或

$$u_{\mathrm{SSB}}(t)=\frac{1}{2}m_{\mathrm{a}}U_{\mathrm{cm}}\cos(\omega_{\mathrm{c}}-\Omega)t \quad （下边带） \tag{4-12}$$

显然，单频调制的单边带调制信号仍为等幅波，不过其频率高于或低于载频，当调制信号为多频时，单边带调制就不是等幅波了。图 4.5 为多频调制的上边带信号的频谱。可见，单边带调制的频带宽度仅为双边带信号频带宽度的一半，从而提高了频带的利用率，这对日益拥挤的短波波段是很有利的。由于只发射一个边带，大大节省了发射功率。与普通调幅相比，在发射功率相同的情况下，可使接收端的信噪比明显提高，从而使通信距离大大增加。但单边带信号的调制和解调技术实现难度大，设备复杂，这就限制了它在民用方面的应用和推广。

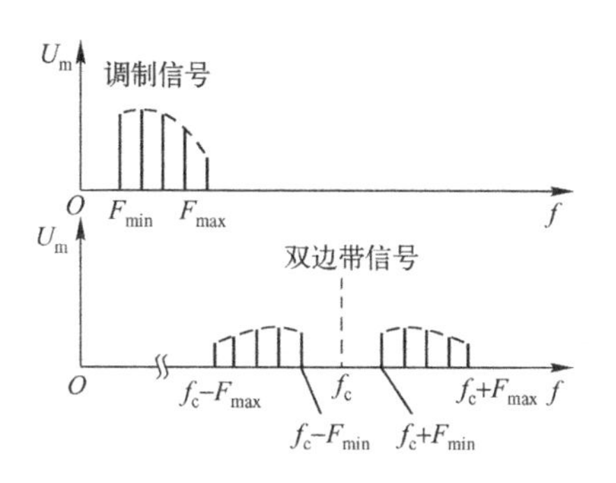

图 4.4　双边带多频调制频谱图

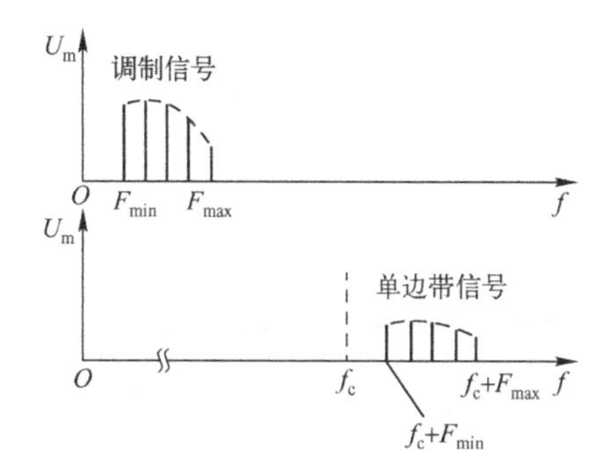

图 4.5　单边带（上边带）多频调制的频谱

综上所述，普通调幅方式所占的频带较宽，还要传输不含信息的较大载波功率，但它的发射机和接收机都较简单。因此，在拥有众多接收机的广播系统中，多采用普通调幅方式，以降低接收机的成本。双边带调制方式可以大大节省发射机的功率，但所占的频带较宽，且发射机和接收机都较复杂，因此应用得较少。单边带调制方式既可大大节省发射机的功率，又能节约频带，因此，虽然它的发射机和接收机较复杂，却在短波通信中得到了广泛应用。

4.2　调幅电路

按照产生调幅波方式的不同，调幅电路有普通调幅电路、双边带调制电路和单边带调制电路等。按照输出功率的高低，调幅电路分为低电平调幅电路和高电平调幅电路。

高电平调幅电路一般置于发射机的最后一级，是在功率电平较高的情况下进行调制的。电路除了实现幅度调制，还具有功率放大的功能，以提供一定功率要求的调幅波。高电平调幅只能产生普通调幅波，它的突出优点是整机效率高，因此，无线电广播电台一般采用这种电路。

低电平调幅电路是指在低电平状态下进行调幅，产生小功率的调幅波。一般在发射机的前级实现低电平调幅，再经过线性功率放大器的放大，达到所需的发射功率。低电平调幅电路的功率、效率不是主要考虑的问题，其主要性能是调制的线性度及载波抑制度等。这种调幅电路可用来实现 AM、DSB 和 SSB 等信号的调制。

4.2.1 高电平调幅

高电平调幅通常是用调制信号控制末级丙类谐振功率放大器来进行调幅的，属于这类调幅电路的有基极调幅电路和集电极调幅电路。

1. 基极调幅电路

基极调幅是利用三极管的非线性特性，用调制信号来改变丙类谐振功率放大器的基极偏压，从而实现调幅的，其电路如图 4.6 所示。图中载波 $u_c(t)$通过高频变压器 Tr_1 加到基极，调制信号 $u_\Omega(t)$通过低频变压器 Tr_2 加到基极回路，C_2 为高频旁路电容，C_1 和 C_e 对高、低频信号均起旁路作用，L、C 谐振在载频 f_c 上。显然，$u_c(t)$、$u_\Omega(t)$和基极直流偏置电压 V_{BB0} 相串联加到发射结上，即

$$u_{BE}=V_{BB0}+u_\Omega(t)+u_c(t)=V_{BB}(t)+u_c(t) \tag{4-13}$$

式中，$V_{BB0}=\dfrac{R_{b2}}{R_{b1}+R_{b2}}V_{CC}-I_E R_e$。

而等效基极偏置电压为：

$$V_{BB}(t)=V_{BB0}+u_\Omega(t) \tag{4-14}$$

当功率放大器工作于欠压状态时，集电极电流 i_c 的基波分量振幅 I_{cm1} 随基极偏压 $V_{BB}(t)$ 成线性地变化，即随调制信号的规律变化，经过 LC 回路的选频作用，输出电压 $u_o(t)$的振幅也就随调制信号的规律变化，因此，实现了基极调幅。基极调制特性和调幅波形如图 4.7 所示，由图可见，$u_o(t)$为普通的调幅波。

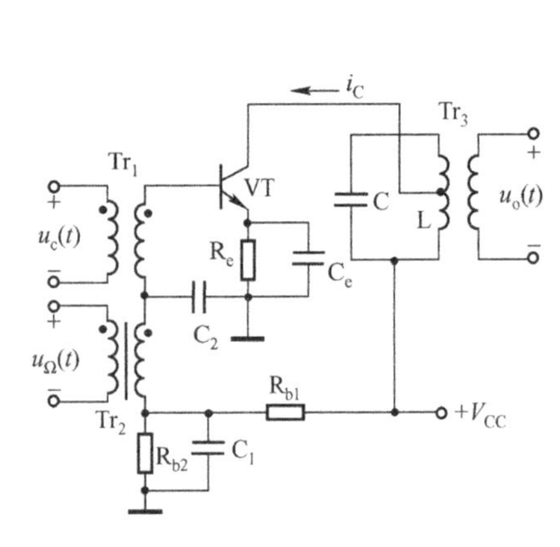

图 4.6 基极调幅电路

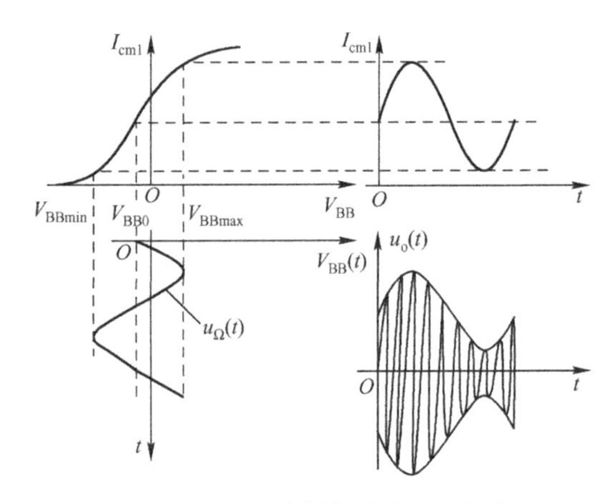

图 4.7 基极调制特性曲线及调幅波形

2. 集电极调幅电路

集电极调幅也是利用三极管的非线性特性，用调制信号来改变丙类谐振功率放大器的集电极电源电压，从而实现调幅的，其电路如图 4.8 所示。图中 $u_c(t)$通过高频变压器 Tr_1 加到基极，调制信号 $u_\Omega(t)$通过低频变压器 Tr_2 加到集电极回路，C_1、C_2 均为高频旁路电容，L、C 也谐振在载频 f_c 上。该电路工作时，基极电流的直流分量 I_{B0} 流过 R_b，使管子工作在丙类状态。显然，$u_\Omega(t)$与集电极电源电压 V_{CC0} 相串联，则等效集电极电源电压为：

$$V_{CC}(t)=V_{CC0}+u_\Omega(t) \tag{4-15}$$

当功率放大器工作于过压状态时，集电极电流的基波分量振幅与集电极偏置电压成线性关系。因此，要实现集电极调幅，应使放大器工作在过压状态。集电极调幅与谐振功率放大器的区别是集电极调幅电路的等效集电极电源 $V_{CC}(t)$随调制信号变化。集电极调幅效率较高，适用于较大功率的调幅发射机中。图 4.9 给出了集电极调制特性曲线及调幅波形。

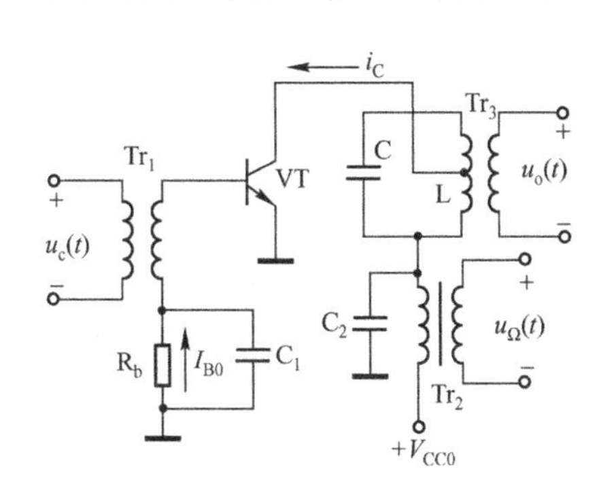

图 4.8　集电极调幅电路

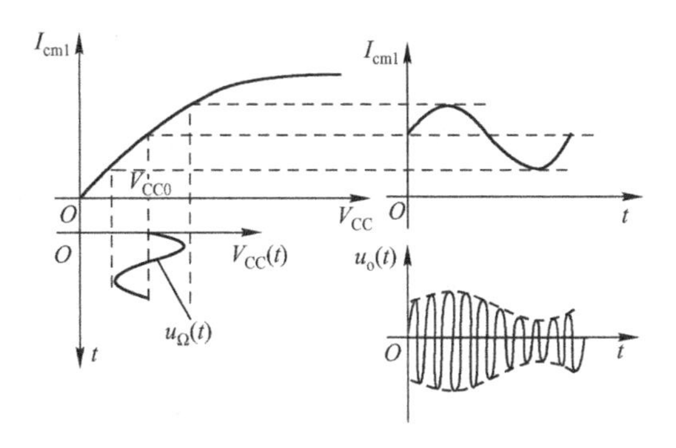

图 4.9　集电极调制特性曲线及调幅波形

4.2.2　低电平调幅

低电平调幅是先在低功率电平级产生已调波，再由线性高频功率放大器放大到所需的发射功率电平。常用的低电平调幅电路主要有模拟乘法器调幅电路（工作频率一般在几十兆赫以下）和二极管平衡调幅电路（工作频率可高达几吉赫）等。

1．模拟乘法器调幅电路

（1）模拟乘法器简介。模拟乘法器简称乘法器，是一种实现两个模拟信号相乘的电路，通常有两个输入端（X、Y 端）及一个输出端，其符号如图 4.10 所示。若输入信号分别用 u_X、u_Y 表示，输出信号用 u_O 表示，则 u_O 与 u_X、u_Y 的乘积成正比，即

$$u_O = K_M u_X u_Y \tag{4-16}$$

式中，K_M 为乘法器增益系数。当 u_X 和 u_Y 的满量程均为 10V，理想乘法器 u_O 的幅度等于 10V 时，这样的乘法器称为 10V 制通用乘法器，即 $K_M = 1/10V^{-1}$。

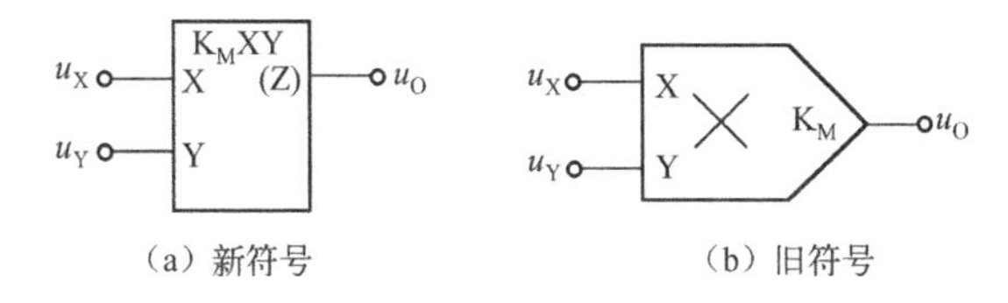

（a）新符号　　（b）旧符号

图 4.10　模拟乘法器的电路符号

乘法器的主要直流参数有：

① 输出失调电压 U_{oo}。理想乘法器在 $u_X = u_Y = 0$ 时，$u_O = 0$，但在实际乘法器中存在 $u_X = u_Y = 0$，而 $u_O \neq 0$ 的现象，称为输出失调电压。

② 满量程总误差 E_Σ。在$|u_X|_{max}$和$|u_Y|_{max}$条件下，乘法器实测输出电压$(u_O)_{max}$与理想输出电压$(u_O)_{ide}$的最大相对偏差被定义为 E_Σ。

③ 非线性误差 E_{NL}。在$|u_X|_{max}$（或$|u_Y|_{max}$）的条件下，u_O 随 u_Y（或 u_X）的变化特性呈非

线性特性而产生的最大相对偏差称为非线性误差 E_{NL}。

④ 馈通误差 E_F。当乘法器一端输入电压为零，另一端输入为规定幅度和频率的正弦电压时，输出端出现的与正弦输入电压有关的交变电压被定义为 E_F。

实际中的乘法器，当 $u_X=0$ 时，$u_Y\neq0$、$u_O\neq0$，说明 X 输入端存在输入失调电压 U_{XIO}，因而 $u_O=K_M U_{XIO} u_Y$，造成 u_Y 馈通到输出端，当 u_Y 为规定值时，相应的输出电压称为 Y 馈通误差(E_{YF})。同理，由于 Y 输入端存在着输入失调电压 U_{YIO}，因而造成 $u_Y=0$ 时、$u_X\neq0$、$u_O\neq0$，当 u_X 为规定值时，相应的输出电压称为 X 馈通误差(E_{XF})。

MC1596 集成电路是常用的价格低、性能好的乘法器，其内部电路如图 4.11 所示，虚线框外为外接元件。图中 VT_1、VT_2、VT_3、VT_4 和 VT_5、VT_6 共同组成双差分对管模拟乘法器，VT_7、VT_8 作为 VT_5、VT_6 的电流源。在②脚与③脚之间的外接反馈电阻 R_Y 用来扩展 u_Y 的动态范围，⑥脚和⑨脚之间的外接电阻 R_c 为两输出端的负载电阻；⑤脚外接电阻 R_s 用来确定 VT_7、VT_8 的偏置电压。作为双边带调制时载波信号从⑦脚、⑧脚输入，调制信号从①脚、④脚输入。

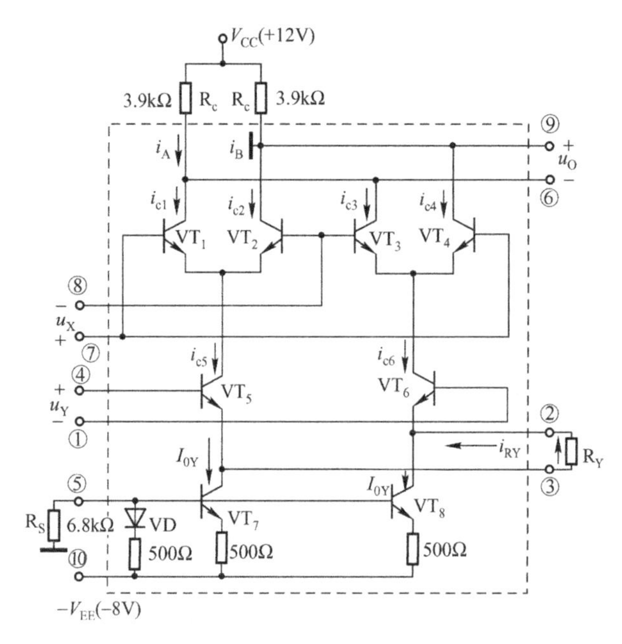

图 4.11 MC1596 的内部电路

（2）模拟乘法器的调幅原理。由模拟乘法器构成的调幅原理示意图如图 4.12 所示。图 4.12（a）为普通调幅电路示意图。若 $u_\Omega(t)=U_{\Omega m}\cos\Omega t$ 为调制信号，$u_c(t)=U_{cm}\cos\omega_c t$ 为载波信号，则输出电压为：

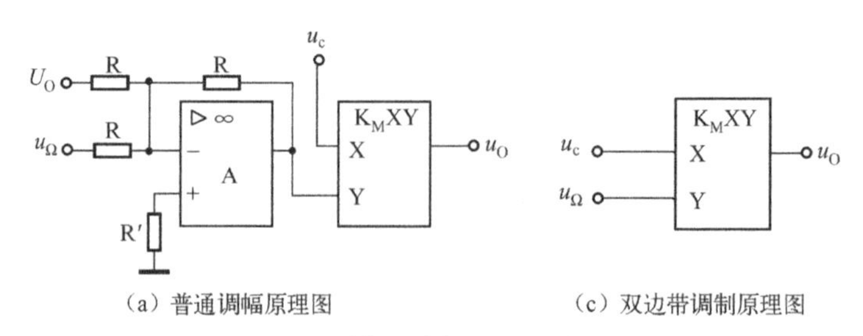

（a）普通调幅原理图　　（c）双边带调制原理图

图 4.12 模拟乘法器调幅原理图

$$
\begin{aligned}
u_{\mathrm{O}}(t) &= -K_{\mathrm{M}} U_{\mathrm{cm}} (U_{\mathrm{O}} + U_{\Omega\mathrm{m}} \cos \Omega t) \cos \omega_{\mathrm{c}} t \\
&= -K_{\mathrm{M}} U_{\mathrm{cm}} U_{\mathrm{O}} (1 + m_{\mathrm{a}} \cos \Omega t) \cos \omega_{\mathrm{c}} t
\end{aligned} \tag{4-17}
$$

式中，$m_{\mathrm{a}} = \dfrac{U_{\Omega\mathrm{m}}}{U_{\mathrm{O}}}$ 为调制系数。

为了避免出现过调幅现象，要求 $m_{\mathrm{a}} \leqslant 1$，即直流电压 U_{O} 不能小于调制信号的振幅 $U_{\Omega\mathrm{m}}$。

图 4.12（b）为双边带调幅电路示意图。当 $U_{\Omega\mathrm{m}}$ 和 U_{cm} 都不很大时，乘法器工作在线性动态范围内，其输出电压为：

$$
u_{\mathrm{O}}(t) = K_{\mathrm{M}} u_{\Omega}(t) u_{\mathrm{c}}(t) = K_{\mathrm{M}} U_{\Omega\mathrm{m}} U_{\mathrm{cm}} \cos \Omega t \cos \omega_{\mathrm{c}} t \tag{4-18}
$$

显然，$u_{\mathrm{O}}(t)$为双边带调制信号。

（3）模拟乘法器调幅电路。采用模拟乘法器 MC1596 构成的普通调幅电路如图 4.13 所示。由图可知，高频载波电压加到 X 输入端口，调制信号电压及直流电压加到 Y 输入端口，输出信号从 6 脚单端取出。X 输入端口两输入端（7 脚和 8 脚）直流电位相同，Y 输入端口两输入端（1 脚和 4 脚）之间接有调零电路，可通过调节电位器 R_{P}，使 1 脚电位比 4 脚高 U_{O} 伏，其目的在于给输出端提供一个合适的载波分量，使调制信号达到最大值时也不会出现过调幅现象，以避免失真。1 脚、4 脚外接的 R_7、R_8 用于与传输电缆特性阻抗匹配。为了滤除高次谐波，通常需在输出端加设带通滤波器。

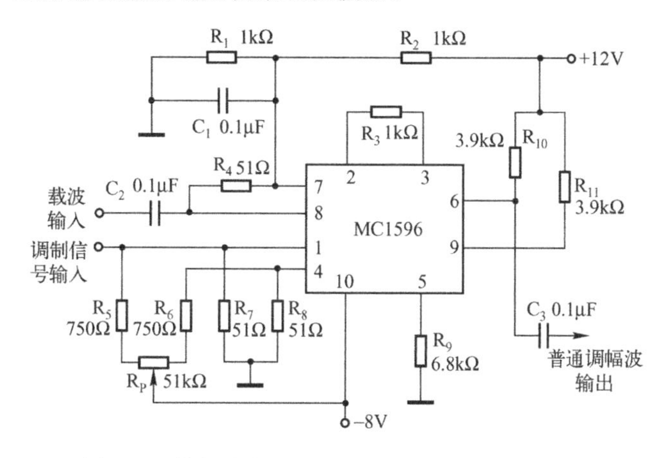

图 4.13　模拟乘法器 MC1596 构成的普通调幅电路

用图 4.13 所示电路也可以产生双边带调幅信号，但为了控制输出载波分量的泄漏量，要进行平衡调节。为了减小流经电位器 R_{P} 的电流，便于准确调零，可将 R_5、R_6（750Ω）换成两个 10kΩ的电阻。在调制信号为零时，调节 R_{P} 使输出载波电压为 0V，即可实现双边带调幅。

2．二极管平衡调幅电路

如图 4.14（a）所示为二极管平衡调幅电路。其中，VD_1、VD_2 两个二极管参数相同，在小信号工作时，它们的特性曲线可以用同一个幂级数表达式来表示，即

$$
i_1 = b_0 + b_1 u_1 + b_2 u_1^2 + \cdots \tag{4-19}
$$

$$i_2 = b_0 + b_1 u_2 + b_2 u_2^2 + \cdots \tag{4-20}$$

图 4.14（a）所示电路的高频等效电路如图 4.14（b）所示，其中

$$u_1 = u_c + u_\Omega = U_{cm} \cos \omega_c t + U_{\Omega m} \cos \Omega t$$

$$u_2 = u_c - u_\Omega = U_{cm} \cos \omega_c t - U_{\Omega m} \cos \Omega t$$

将 u_1、u_2 的表达式代入式（4-19）、式（4-20）中，忽略 3 次方以上各项，由图 4.14（b）可求得双边带调幅波的输出电压为：

$$\begin{aligned} u_o &= (i_1 - i_2)R \gg 2R(b_1 u_\Omega + 2b_2 u_c u_\Omega) \\ &= 2R\{b_1 U_{\Omega m} \cos \Omega t + b_2 U_{cm} U_{\Omega m}[\cos(\omega_c + \Omega)t + \cos(\omega_c - \Omega)t]\} \end{aligned} \tag{4-21}$$

由式（4-21）可知，输出信号中不含载频 f_c 分量，而只含有低频 F 分量及上、下边频 $f_c \pm F$ 分量。只要在输出端加接一个中心频率为 f_c、带宽为 $2F$ 的带通滤波器，就可取出其中 $f_c \pm F$ 分量，于是就获得双边带调幅信号。

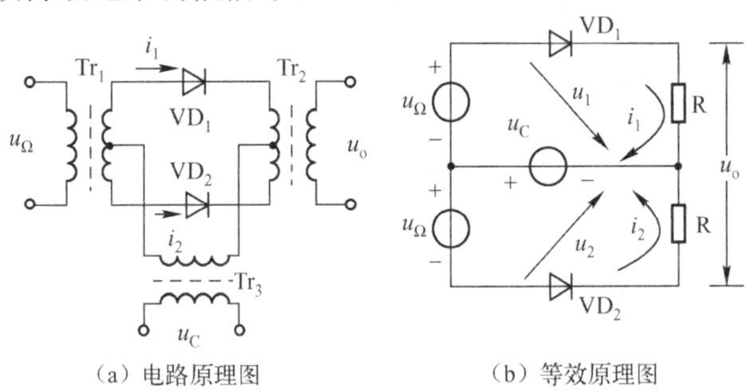

（a）电路原理图　　（b）等效原理图

图 4.14　二极管平衡调幅电路

在二极管平衡调幅电路中，为了减小载波泄漏（称为“载漏”），在图 4.14（a）所示电路中，要求变压器两边完全对称，否则不能有效地抑制载波分量的输出。当载波电压 u_c 足够大时，便组成斩波调幅电路，限于篇幅不再叙述。

4.3　检波器

从高频调幅波中取出原调制信号的过程称为检波，完成这个功能的电路称为检波器。显然，检波是调幅的逆过程。从频谱上看，检波就是将调幅信号中的边带信号不失真地从载波频率附近搬移到零频率附近，因此，检波器也属于频谱搬移电路。

检波器根据所用器件的不同，可分为二极管检波、三极管检波和乘法器检波等；根据输入信号大小的不同，可分为小信号检波和大信号检波；根据工作特点不同，可分为包络检波和乘法检波（又称为同步检波）等。

4.3.1　大信号包络检波器

包络检波是指解调器输出电压与输入已调波的包络成正比的检波方法。由于普通调幅信号的包络与调制信号成正比，所以包络检波只适用于普通调幅信号。目前应用最广的是二极管包络检波器，其电路如图 4.15 所示。可见，该电路是由二极管 VD 和 R_L、C_L 组成的低通滤波器串接而成的。R_L 为检波负载电阻，C_L 为检波负载电容，它一方面使输入已调波信号完

全加到二极管两端，提高检波效率；另一方面起着高频滤波的作用。图中，变压器 Tr 将前级的调幅波送到检波器的输入端，而虚线所示的 C_C 为低频耦合电容，起着隔直流耦合低频信号的作用，R_{i2} 为后级输入电阻。本节只讨论大信号输入时的情况。所谓大信号，是指输入高频电压 $u_i(t)$的振幅在 500mV 以上，这时可忽略二极管的导通电压，即认为二极管两端电压 $u_V(t)$为正时就导通，为负时就截止。

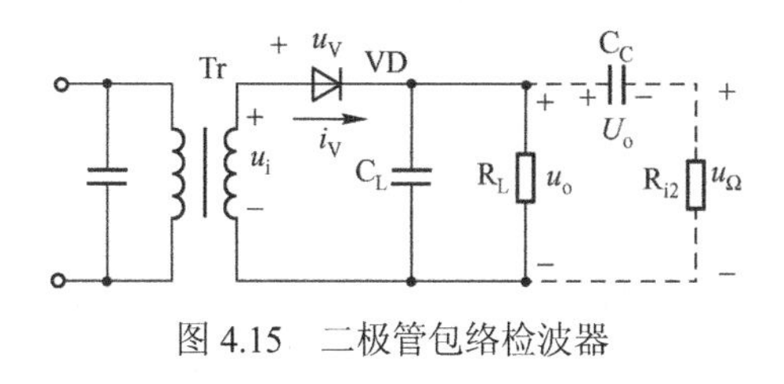

图 4.15　二极管包络检波器

1. 工作原理

在分析工作原理时，可暂不考虑 C_C 和 R_{i2}（其影响在后文中讨论）。假设检波器输入高频调幅波为 $u_i = U_{im}(1+m_a\cos\Omega t)\cos\omega_c t$，此时，由于负载电容 C_L 的高频阻抗很小，因此，高频输入电压 u_i 绝大部分加到二极管 VD 上。当高频已调波为正半周时，二极管导通，并对电容 C_L 充电。由于二极管导通时的内阻 R_V 很小，即充电时间常数 R_VC_L 很小，因而充电电流较大，电容 C_L 上的电压，即检波器输出电压 u_o 很快就接近高频输入电压的最大值。u_o 通过信号源电路，反向施加到二极管 VD 的两端，形成对二极管的反偏压。这时二极管的导通与否，由电容器上的电压 u_o 与输入电压 u_i 共同决定。当高频输入电压的幅度下降到小于 u_o 时，二极管处于截止状态，电容器则通过负载 R_L 放电，由于放电时间常数 $R_LC_L >> R_VC_L$，故放电速度很慢。当 u_o 下降得不多时，输入信号 u_i 的下一个正峰值又到来，且当 $u_i > u_o$ 时，二极管又导通，重复上述充、放电过程。检波电路中各波形如图 4.16 所示。从图中可以看到，虽然电容两端的电压 u_o 有些起伏，但由于充电快，放电慢，u_o 实际上的起伏很小，可近似认为 u_o 与高频已调波的包络基本一致，故称为包络检波。

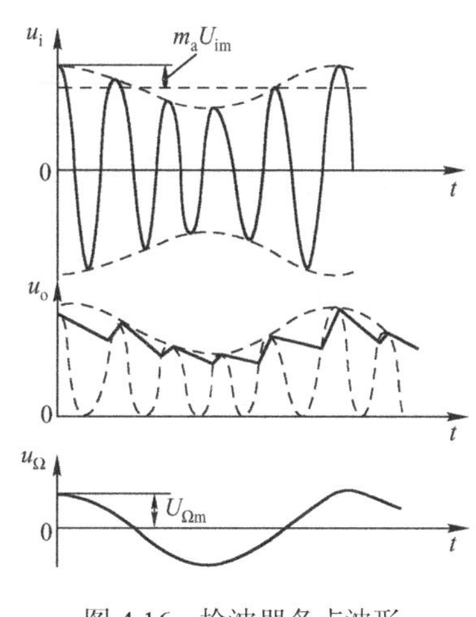

图 4.16　检波器各点波形

2. 性能指标

检波器的主要性能指标有电压传输系数、输入电阻及其失真等。

（1）电压传输系数 η_d。电压传输系数用来说明检波器对高频信号的解调能力，又称为检波效率，用 η_d 表示。

当输入信号为高频调幅波时，其包络振幅为 m_aU_{im}，而输出低频电压振幅为 $U_{\Omega m}$，如图 4.16 所示。检波器的电压传输系数定义为：

$$\eta_d = \frac{U_{\Omega m}}{m_a U_{im}} \tag{4-22}$$

由于二极管大信号包络检波器的输出电压与高频已调波的包络基本一致，因此$\eta_d \approx 1$。

（2）输入电阻 R_i。检波器的输入电阻 R_i 是指从检波器输入端看进去的等效电阻，用来说明检波器对前级电路的影响程度。定义 R_i 为输入高频等幅波的电压振幅 U_{im} 与输入高频脉冲电流中的基波振幅 I_{im} 之比，即

$$R_i = \frac{U_{im}}{I_{im}} \tag{4-23}$$

由理论分析可以得出，二极管大信号包络检波器的输入电阻 $R_i \approx R_L/2$。可见，为了减小二极管检波器对前级电路的影响，必须增大 R_i，相应地就必须增大 R_L。但是，增大 R_L 将受到检波器中非线性失真的限制。解决这个矛盾的一个有效方法是采用如图 4.17 所示的三极管包格检波电路。由图可见，就其检波的物理过程而言，它利用发射结产生与二极管包格检波器相似的工作过程，不同的仅是输入电阻比二极管检波器增大了（$1+\beta$）倍，这种检波电路适宜于集成化，在集成电路中得到了广泛的应用。

（3）失真。理想情况下，大信号包络检波器的输出波形应与输入调幅波的包络形状完全相同。但是实际上，二者总会有一些差别，即检波器产生了失真。如果电路参数选择不当，二极管包络检波器将会产生它所特有的惰性失真和负峰切割失真。

① 惰性失真。惰性失真是由于 R_LC_L 取值过大而造成的。在实际电路中，为了提高检波效率，R_LC_L 取值应足够大，但是，当输入为高频调幅波时，R_LC_L 取值过大将使二极管截止期间 C_L 的放电速度太慢，以致跟不上调幅波包络的下降速度，会出现如图 4.18 所示的情况。由图可以看到，在 t_1 时刻 C_L 上电压的下降速度低于调幅波包络的下降速度，使下一个高频正半周的最高电压仍低于此时 C_L 两端电压 u_o，二极管不导通，于是 u_o 不再按调幅波的包络变化，而是按 C_L 对 R_L 放电的规律变化，直至 t_2 时刻，u_i 的振幅开始大于此时的 u_o，检波器才恢复正常工作。这样，输出电压 u_o 在 $t_1 \sim t_2$ 期间产生了失真，这种非线性失真是由于 C_L 上电荷来不及放掉的惰性而引起的，故称为惰性失真，又称为对角切割失真。

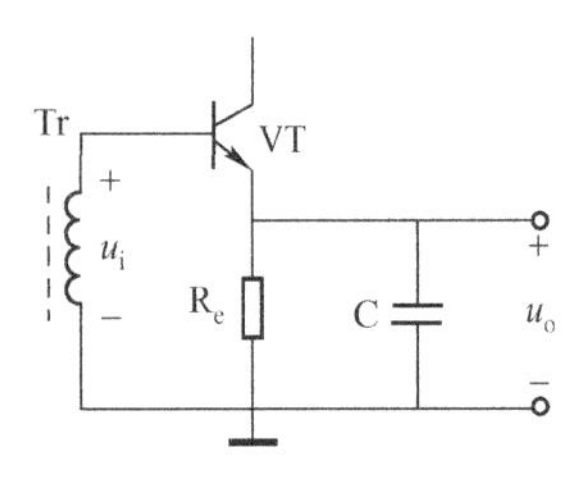

图 4.17　三极管包络检波器

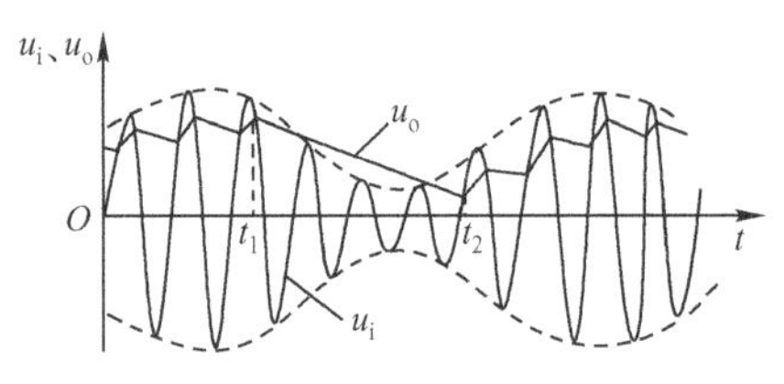

图 4.18　惰性失真

显然，调制信号的频率 F 越高，调制系数 m_a 越大，调幅波包络下降的速度就越快，越容易产生惰性失真。可以证明，为了避免产生惰性失真，R_L、C_L 应满足下列条件：

$$R_LC_L \leqslant \frac{\sqrt{1-m_a^2}}{2\pi F_{max} m_a} \tag{4-24}$$

② 负峰切割失真。为了把检波器输出的低频信号耦合到下一级电路，都要经 C_C 耦合并隔除直流分量（见图 4.15），为了传送低频信号，C_C 的容量应很大。根据前面分析可知，在检波过程中，C_C 两端存在的直流电压 U_o 将近似等于输入高频等幅波的振幅 U_{im}，其极性为左正右负。由于 C_C 的容量很大，所以在低频一周内 C_C 上的电压 $U_o \approx U_{im}$ 基本不变，则可以把

它看做一直流电源。U_o被 R_L、R_{i2}分压，它在 R_L上所分得的电压 U_{RL}为：

$$U_{RL} = U_{im}\frac{R_L}{R_L + R_{i2}} \tag{4-25}$$

该电压的极性为上正下负，它对二极管来说相当于加入一个额外的反向偏压，当 R_L 比 R_{i2} 大得多的情况下，U_{RL}就很大，这就可能使输入调幅波包络在负半周的某段时间内小于 U_{RL}而导致二极管截止。这时 R_L上的电压 $u_o = U_{RL}$不随包络变化，从而产生失真，如图 4.19 所示。由于上述失真出现在输出低频信号的负半周，其底部（即负峰）被切割，故称为负峰切割失真。

为了避免出现负峰切割失真，必须使输入调幅波包络的最小值 $U_{im}(1-m_a) > U_{RL}$。于是由该式和式（4-25）可得：

$$m_a < \frac{R_{i2}}{R_L + R_{i2}} \tag{4-26}$$

由于检波器直流负载为 R_L，而低频交流负载 $R_\Omega = R_L // R_{i2}$，故由上式得：

$$m_a < \frac{R_\Omega}{R_L} \tag{4-27}$$

式（4-27）表明，负峰切割失真是由于检波器交、直流负载不等和调幅系数较大引起的。R_{i2}越大，R_Ω越接近 R_L，越不容易出现负峰切割失真。为此，在实际电路中可采取措施来减小交直流负载的差别。例如，图 4.20 所示电路中把 R_L分为 R_{L1}和 R_{L2}，并通过 C_c将 R_{i2}并联在 R_{L2}两端。显然，检波器的直流负载 $R_L = R_{L1} + R_{L2}$，交流负载 $R_\Omega = R_{L1} + R_{L2} // R_{i2}$。当 R_L一定时，R_{L1}越大，交直流负载的差别就越小，但输出低频电压也就越小，一般取 $R_{L1}/R_{L2} = 0.1$～0.2。图中电容 C_1是用来进一步滤除高频分量的。

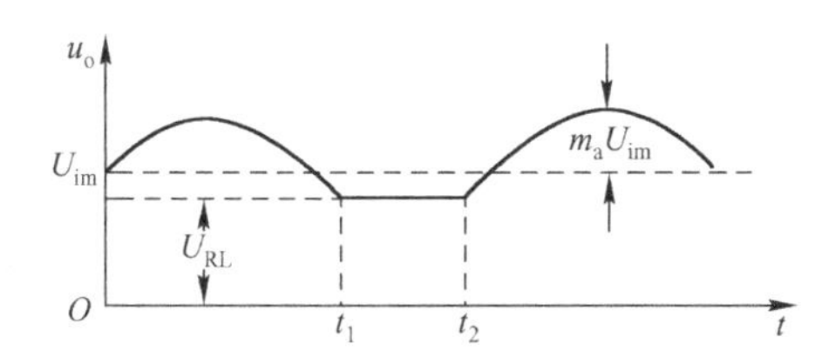

图 4.19 负峰切割失真

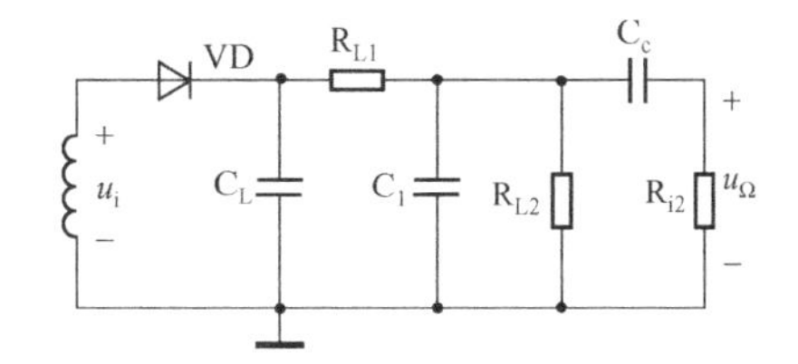

图 4.20 避免负峰切割失真的检波器改进电路

4.3.2 同步检波器

对于 DSB 和 SSB 信号的包络不同于调制信号，不能用包络检波器检波，必须使用同步检波器。同步检波器又称相干检波器，常由模拟乘法器和低通滤波器 LPF 组成，因此这种检波器也称模拟相乘检波器，其原理电路如图 4.21 所示。模拟乘法器除输入调幅信号 $u_i(t)$外，还需输入一个与调制端载波信号同频同相的本地参考信号——同步信号 $u_r(t)$。这就是同步检波名称的由来。同步检波器对 AM、DSB 和 SSB 等调幅信号的解调均适用。

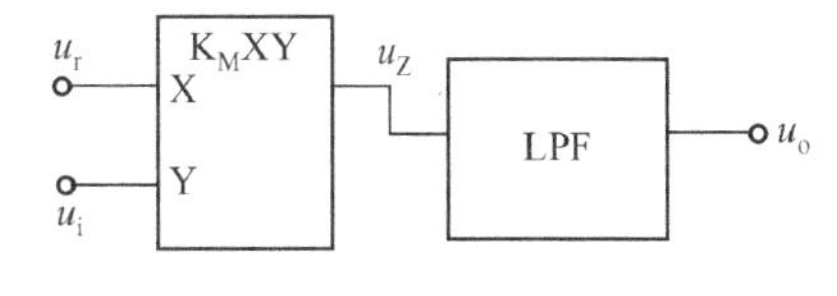

图 4.21 同步检波器原理电路

1. 同步检波原理

设输入调幅信号 $u_i(t)$为普通调幅波，即

$$u_i(t)=U_{im}(1+m_a\cos\Omega t)\cos\omega_c t$$

参考信号为：

$$u_r(t)=U_{rm}\cos\omega_c t$$

则乘法器输出电压 $u_Z(t)$为：

$$u_Z(t)=K_M u_i(t)u_r(t)=K_M U_{im}U_{rm}(1+m_a\cos\Omega t)\cos^2\omega_c t$$

$$=\frac{1}{2}K_M U_{im}U_{rm}+\frac{1}{2}K_M U_{im}U_{rm}m_a\cos\Omega t+\frac{1}{2}K_M U_{im}U_{rm}\cos 2\omega_c t$$

$$+\frac{1}{4}K_M U_{im}U_{rm}m_a\cos(2\omega_c+\Omega)t+\frac{1}{4}K_M U_{im}U_{rm}m_a\cos(2\omega_c-\Omega)t$$

可见，$u_Z(t)$中含有 0、F、$2f_c$、（$2f_c\pm F$）频率分量，经过低通滤波器 LPF 滤除 $2f_c$、（$2f_c\pm F$）分量，再阻隔直流后，就得到：

$$u_o(t)=\frac{1}{2}K_M U_{im}U_{rm}m_a\cos\Omega t=U_{\Omega m}\cos\Omega t \tag{4-28}$$

$u_o(t)$已恢复了原调制信号。检波器的电压传输系数η_d为：

$$\eta_d=\frac{U_{\Omega m}}{m_a U_{im}}=\frac{1}{2}K_M U_{rm} \tag{4-29}$$

当输入调幅信号 $u_i(t)$为抑制载波的双边带信号时，即$u_i(t)=m_a U_{im}\cos\Omega t\cos\omega_c t$，同样分析可以得到，此时 $u_o(t)$与η_d的表达式仍分别如式（4-28）、式（4-29）所示。当输入调幅信号为单边带调制信号时，同步检波器依然可以解调，请读者自己分析。

上面分析的前提条件是本地参考信号 $u_r(t)$与输入载波同频同相，即保持严格的同步。如果 $u_r(t)$与输入载波同频但存在相位差φ，即$u_r(t)=U_{rm}\cos(\omega_c t+\varphi)$，以双边带调制信号解调为例，则同步检波器的输出电压 $u_o(t)$为：

$$u_o(t)=\frac{1}{2}K_M U_{im}U_{rm}m_a\cos\varphi\cos\Omega t=U_{\Omega m}\cos\Omega t \tag{4-30}$$

由式（4-30）可见，同步检波器输出的低频信号的幅度与 cosφ成正比，当$\varphi=0°$ 时，即参考信号与输入载波同频同相，$u_o(t)$的幅度最大，随着相位差φ的增大，$u_o(t)$的幅度减小。如果$\varphi=90°$，则 $u_o(t)=0$。因此，一般情况下，希望φ值越小越好。

综上所述，实现同步检波的关键是产生一个与输入载波同频同相的同步信号。那么，同步信号是如何产生的呢？对于普通调幅信号来说，因普通调幅波中包含有载波分量，因此，可将调幅波经放大、限幅后，便可得到一个与原输入载波同频同相的方波，再用窄带滤波器选出其中的基波分量，即可获得所需的同步信号。对于双边带调制来说，一种方法是采用在发送端发射导频信号，接收端用提取的导频信号去控制本地振荡器而获得同步信号。一般情况下，可采用频率合成器（见 6.3.6 节）来产生同步信号。另一种是直接提取法，先将双边带调制信号取平方，从中取出 $2f_c$ 分量，经二分频将它变为频率为 f_c 的同步信号。对于发射导频信号的单边带调制来说，一般情况下，也是采用频率合成器来获得同步信号的。

2. 同步检波电路

如图 4.22 所示为用 MC1596 组成的同步检波电路。图中，电源采用 12V 单电源供电，

调幅信号 $u_i(t)$通过 0.1μF 耦合电容加到 1 脚，其有效值在几毫伏至 100mV 范围内都能不失真解调，同步信号 $u_r(t)$通过 0.1μF 耦合电容加到 8 脚，电平大小只要能使双差分对管工作于开关状态即可（50～500mV）。检波输出信号从 9 脚输出，经过π型低通滤波器（由两个 0.005μF 电容和一个 1kΩ电阻组成），滤除高频分量，最后由 1μF 的隔直电容去除直流后，即可获得所需的低频输出信号 $u_o(t)$。

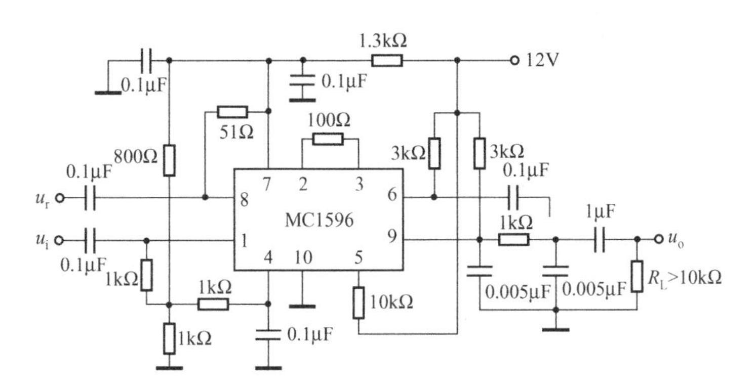

图 4.22　MC1596 组成的同步检波器

4.4　混频器

在无线电技术中，混频器广泛应用于无线电广播、电视、通信接收机及各种仪器设备中，利用混频器可改变振荡源输出信号的频率。在频率合成器中，也常用混频器完成频率的加减运算，从而得到各种不同频率的信号。

所谓混频就是将两个不同频率的信号（其中一个称为本机振荡信号，另一个是高频已调波信号）加到非线性器件进行频率变换，然后由选频回路取出中频（差频或和频）分量。在混频过程中，信号的频谱内部结构（即各频率分量的相对振幅和相互间隔）和调制类型（调幅、调频和调相）保持不变，改变的只是信号的载频。具有这种功能的电路称为混频器。图 4.23 是以调幅信号为例来说明混频器进行频率变换时的波形和频谱变

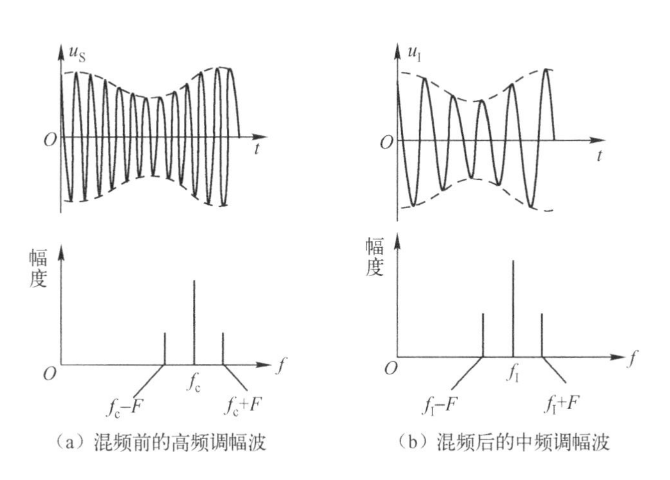

图 4.23　调幅波混频时的波形和频谱变化

化，其中 $u_s(t)$为混频前的输入信号，$u_I(t)$为混频后的中频信号。由图 4.23 可以看出，经过混频后，输出的中频调幅波与输入的高频调幅波的包络形状完全相同，唯一不同的是载波频率由高频 f_c 变为中频 f_I。从频谱来看，混频仅把已调波的频谱不失真地从高频位置移到中频位置，而频谱的内部结构并没有发生变化，因此，混频器也是一种频谱线性搬移电路。

4.4.1 混频的基本原理

图 4.24 为混频器的组成框图，它由非线性器件和带通滤波器组成。当输入信号为某一高频信号 $u_s(t)$时，它与等幅的本振信号 $u_L(t)$进行混频，输出则为两者的差频或和频信号，从而实现频率变换。如果混频器和本地振荡器共用一个器件，即非线性器件既产生本振信号又实现频率变换，则称之为变频器。

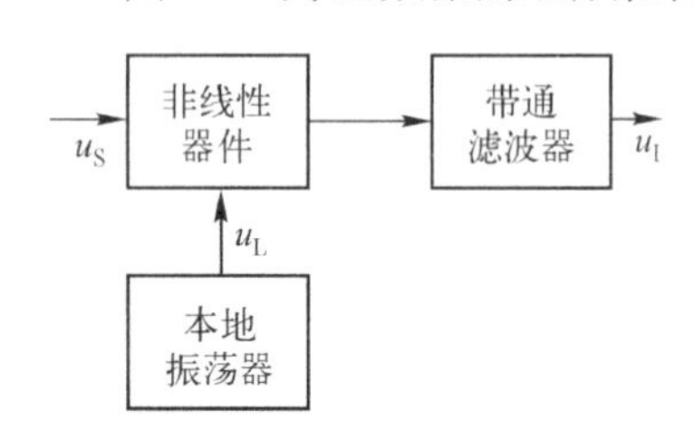

图 4.24　混频电路的组成框图

设混频器的高频输入信号为等幅波，即 $u_s(t)=U_{sm}\cos\omega_c t$，本振信号 $u_L(t)=U_{Lm}\cos\omega_L t$，两信号叠加后，同时作用于非线性器件上。非线性器件的伏安特性曲线可以用幂级数来表示，即

$$i=b_0+b_1u+b_2u^2+b_3u^3+\cdots \tag{4-31}$$

作用于非线性器件的信号 $u(t)$为两信号之和，即

$$u(t)=u_s(t)+u_L(t)=U_{sm}\cos\omega_c t+U_{Lm}\cos\omega_L t \tag{4-32}$$

将式（4-32）代入式（4-31），可得：

$$\begin{aligned} i(t)=&b_0+b_1U_{sm}\cos\omega_c t+b_1U_{Lm}\cos\omega_L t+\frac{1}{2}b_2U_{sm}^2+\frac{1}{2}U_{sm}^2\cos 2\omega_c t\\ &+b_2U_{sm}U_{Lm}[\cos(\omega_L+\omega_c)t+\cos(\omega_L-\omega_c)t]\\ &+\frac{1}{2}b_2U_{Lm}^2+\frac{1}{2}b_2U_{Lm}^2\cos 2\omega_L t+\cdots \end{aligned} \tag{4-33}$$

分析上式可见，输出电流 i 中包含有无限多个频率分量，其一般表达式为：

$$f_k=|\pm pf_L\pm qf_c| \qquad (p、q=0、1、2\cdots) \tag{4-34}$$

上式即为组合频率。其中 p、$q=1$ 所对应的$(f_L\pm f_c)$两个频率分量正是我们所需的中频信号。(f_L-f_c)称为低中频，(f_L+f_c)称为高中频。由式（4-33）还可以看到上述两个中频分量主要是由两个电压的相乘项 $2b_2\,u_s(t)u_L(t)$所产生的。由此可见，凡能实现两个电压相乘或具有相乘因素的非线性器件，都可用做混频器件。换言之，混频器也可以是乘法器后加接一个滤波器，该滤波器应是一个 LC 选频网络（或相应频率的带通滤波器），用此滤波器选择出所需的中频信号。如果上述输入信号 $u_s(t)$是调幅信号，即 $u_s(t)=U_{sm}(1+m_a\cos\Omega t)\cos\omega_c t$，则所选择出来的中频电流为：

$$i_I(t)=b_2U_{sm}U_{Lm}(1+m_a\cos\Omega t)\cos(\omega_L-\omega_c)t=b_2U_{sm}U_{Lm}(1+m_a\cos\Omega t)\cos\omega_I t \tag{4-35}$$

式中，$\omega_I=\omega_L-\omega_c$ 称为中频角频率。

混频器的主要性能指标有以下几种。

1. 混频增益

混频器输出的中频电压振幅 U_{Im} 与输入高频信号电压振幅 U_{sm} 之比即为混频增益。常用

分贝表示，即

$$A_{uc}=20\lg\frac{U_{Im}}{U_{sm}}\ \text{(dB)} \tag{4-36}$$

为使接收设备的中频信号比无用信号大得多，以提高其接收灵敏度，希望混频增益越大越好。

2．选择性

由于非线性器件的作用，混频器的输出电流中包含许多频率分量，但其中只有一个频率分量是需要的，因此，要求选频网络的选择性要好，即回路应具有较理想的谐振曲线（矩形系数接近于 1）。

3．失真与干扰

如果混频器输出中频信号的频谱结构与输入信号的频谱结构不同，则表示产生了失真。此外，混频器还会产生大量不需要的组合频率分量，这些频率分量将带来一系列的干扰，从而影响接收机的正常工作。因此，希望失真与干扰越小越好。

4.4.2　混频电路

混频电路种类很多，根据所用器件的不同，混频器可分为模拟乘法器混频、二极管混频、三极管混频、场效应管混频、差分对管混频等；根据工作特点的不同，可分为单管混频器、平衡混频器、环形混频器等；根据所加信号大小不同，可分为大信号混频器和小信号混频器。这里只介绍常用的集成模拟乘法器混频器、二极管混频器和三极管混频器。

1．模拟乘法器混频器

如图 4.25 所示为模拟乘法器混频器的原理框图。图中 $u_s(t)$为输入的已调波，$u_L(t)$为等幅的本地振荡信号。当图中带通滤波器仅能通过中频信号时，混频输出为中频信号。

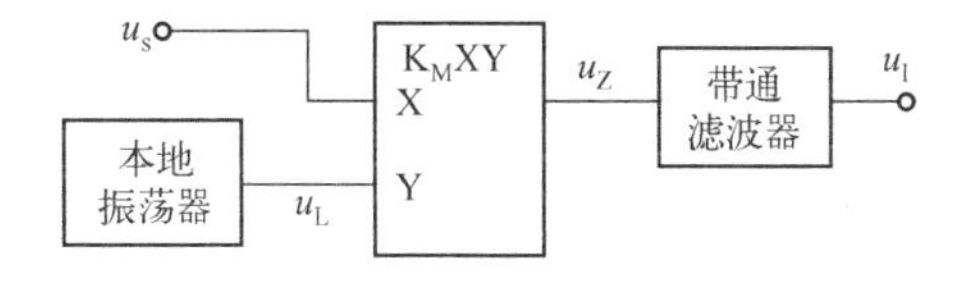

图 4.25　模拟乘法器混频器的原理框图

设 $u_s(t)=U_{sm}(1+m_a\cos\Omega t)\cos\omega_c t$，本振信号 $u_L(t)=U_{Lm}\cos\omega_L t$，则乘法器输出电压为：

$$u_Z(t)=K_M u_s(t)u_L(t)=\frac{1}{2}K_M U_{sm}U_{Lm}(1+m_a\cos\Omega t)\cos(\omega_L+\omega_c)t$$

$$+\frac{1}{2}K_M U_{sm}U_{Lm}(1+m_a\cos\Omega t)\cos(\omega_L-\omega_c)t \tag{4-37}$$

若带通滤波器的中心频率为 $f_I=f_L-f_c$，通带宽度为 $2F$，则滤波器输出电压为：

$$u_I(t)=\frac{1}{2}K_M U_{sm}U_{Lm}(1+m_a\cos\Omega t)\cos(\omega_L-\omega_c)t$$

$$=U_{Im}(1+m_a\cos\Omega t)\cos\omega_I t \tag{4-38}$$

式中，$U_{\mathrm{Im}}=K_{\mathrm{M}}U_{\mathrm{sm}}U_{\mathrm{Lm}}/2$。

则混频电压增益为：

$$A_{\mathrm{uc}}=\frac{U_{\mathrm{Im}}}{U_{\mathrm{sm}}}=\frac{1}{2}K_{\mathrm{M}}U_{\mathrm{Lm}} \tag{4-39}$$

由上式可见，适当增加本振信号的幅度可以提高混频器的增益。图 4.26 所示为采用模拟乘法器 MC1596 构成的混频电路原理图。本振信号从第 8 脚注入，幅度为 100～200mV；高频输入信号从第 1 脚输入，其幅度小于 15mV；混频信号由第 6 脚单端输出，经输出端外接的 LC-π型带通滤波器（中心频率为 9MHz，回路带宽为 450kHz）滤波后，取出所需的中频信号。该电路输入高频信号为 200MHz，本振信号为 209MHz，输出差频即中频信号为 9MHz。

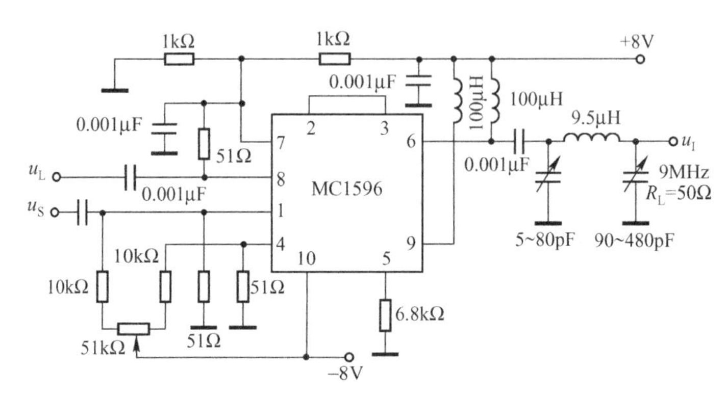

图 4.26　MC1596 组成的混频电路原理图

2．二极管平衡混频器

图 4.27（a）所示为二极管平衡混频器原理电路，图（b）为其简化的等效电路。可以看出，它和图 4.14 所示的二极管平衡调幅电路基本相同，只不过用 u_{s}、u_{L} 分别代替了 u_{Ω}、u_{c} 而已。因此，在分析平衡混频器工作原理时，可直接引用平衡调幅电路的分析结果。即混频器输出 u_{o} 为：

$$\begin{aligned}u_{\mathrm{o}}&=(i_1-i_2)R=2R(b_1u_{\mathrm{s}}+2b_2u_{\mathrm{s}}u_{\mathrm{L}}+\cdots)\\&=2R\{b_1U_{\mathrm{sm}}\cos\omega_{\mathrm{c}}t+b_2U_{\mathrm{sm}}U_{\mathrm{Lm}}[\cos(\omega_{\mathrm{L}}+\omega_{\mathrm{c}})t+\cos(\omega_{\mathrm{L}}-\omega_{\mathrm{c}})t]+\cdots\}\end{aligned} \tag{4-40}$$

当输出端接上带通滤波器（中心频率 $f_{\mathrm{I}}=f_{\mathrm{L}}-f_{\mathrm{c}}$）时，可输出中频电压 u_{I} 为：

$$u_{\mathrm{I}}=2Rb_2U_{\mathrm{sm}}U_{\mathrm{Lm}}\cos(\omega_{\mathrm{L}}-\omega_{\mathrm{c}})t \tag{4-41}$$

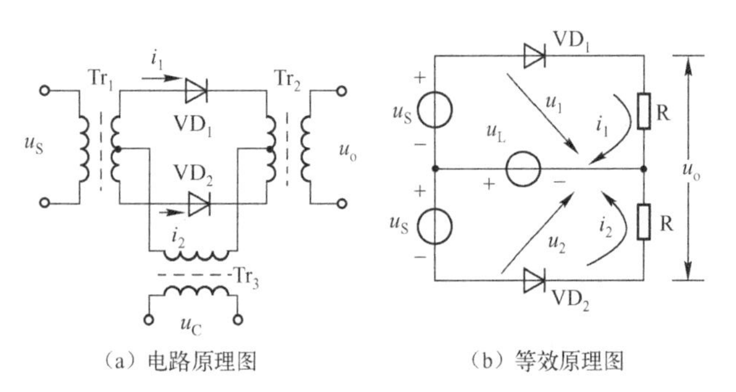

（a）电路原理图　　（b）等效原理图

图 4.27　二极管平衡混频电路

实践证明，当注入到二极管平衡混频器的本振电压幅度调整到0.6～1V时，使平衡混频器工作于开关工作状态，其混频效果更好。这是因为工作于开关状态的平衡混频器，其输出电压中组合频率将大大减少，因此，干扰也就大大减小了。

3．三极管混频器

三极管混频器是利用 i_C 和 u_{BE} 的非线性特性来进行频率变换的。由于三极管混频器具有电路简单、变频增益高的特点，因此在中、短波接收机及一些测量仪器中广泛应用。

根据管子组态和本振注入方式的不同，三极管混频器有如图 4.28 所示的四种基本形式。其中图（a）和图（b）所示都是共发射极混频电路，即信号电压 u_s 都是从基极输入的。区别之处是图（a）中所示本振电压 u_I 从基极注入，图（b）中所示本振电压 u_I 从发射极注入。图（c）所示和图（d）所示为共基极混频电路。信号电压都是由发射极输入，区别是图（c）中所示本振电压 u_L 由发射极注入，而图（d）中所示本振电压由基极注入。图（a）、图（b）所示电路应用较广，而图（c）、图（d）所示电路一般只在工作频率较高的混频电路中采用。

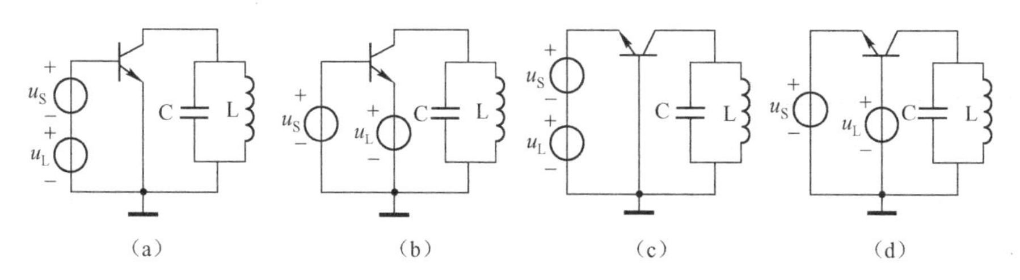

图 4.28　三极管混频器的四种基本形式

尽管上述四种形式的混频电路各具有不同的特点，但是它们的混频原理都是相同的。因为不管 u_L 的注入点和 u_s 的输入点如何不同，实际上 u_L 和 u_s 都是串接后加至管子的发射结，利用 i_C 和 u_{BE} 的非线性关系实现频率变换的。

若输入信号 $u_s(t)=U_{sm}\cos\omega_c t$，本振信号 $u_L(t)=U_{Lm}\cos\omega_L t$，由 4.4.1 节混频基本原理可知，三极管的集电极电流 i_C 中，将包含无限多的组合频率，这其中也包含差频（f_L-f_c）及和频（f_L+f_c）成分。利用集电极 LC 选频回路（调谐在中频 f_I 上）的选频作用，即可从无限多的组合频率中选出所需的中频信号。

图 4.29（a）所示为收音机的变频器电路图。图中，天线线圈 L_1 和 C_{1a}、C_2 组成的输入回路，调谐在信号频率 f_c 上，从而选出所需的电台信号 u_s，经变压器 Tr_1 输入到三极管 VT 的基极；振荡线圈 L_3 和 C_{1b}、C_5、C_6 组成的振荡回路，调谐在本振频率 f_L 上。本振信号 u_L 从 L_3 的抽头和地之间经 C_4 注入到三极管 VT 的发射极；u_s 和 u_L 在三极管 VT 中混频。Tr_3 为中频变压器，L_5 和 C_7 调谐在中频频率 f_I 上，它作为三极管 VT 的负载选出中频信号，并经 Tr_3 输出。

对于本振频率 f_L 而言，L_1 所在的回路和 L_5 所在回路均可看成短路，则 L_2 两端也可看成短路，于是可画出变频器中的本振交流通路，如图 4.29（b）所示。由图可见，这是一个共基调射型变压器反馈式振荡器，振荡回路接在三极管 VT 的发射极，振荡回路的频率可调。这种电路采用了部分接入的方式，可以减弱三极管对回路的影响。

图 4.29 中所示 C_{1a}、C_{1b} 为双联同轴可变电容器，它作为输入回路和本振回路的统调电容，

使得在整个波段内，接收各个电台时本振频率 f_L 均与输入信号载频 f_c 同步变化，且 f_L 比 f_c 高一个中频 f_I（f_I＝465kHz）。

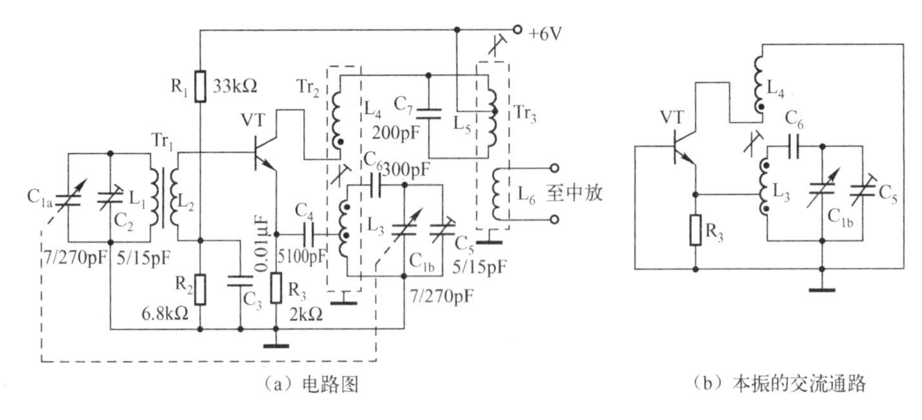

图 4.29　收音机的变频器电路

4.4.3　混频干扰

混频器件的非线性是混频电路产生各种干扰的主要根源。一般情况下，混频器的输入端除了有用信号和本振信号以外，还有从天线进来的各种干扰信号，它们两两之间都有可能进行混频，产生无数的组合频率，这些组合频率如果等于或接近中频，将与有用的中频信号一起通过中频放大器放大，经解调后在输出端形成干扰，影响有用信号的正常接收。下面对几种常见的干扰进行讨论。为了叙述方便，文中的混频器均采用下混频，即 $f_I=f_L-f_c$。

1．组合频率干扰

组合频率干扰是指有用信号 f_c 与本振信号 f_L 的不同组合产生的干扰。当混频器输入端作用着有用信号 f_c，并与本振信号 f_L 产生混频后，在输出端除产生有用的中频信号 f_I 以外，还产生了许多无用的组合频率分量 f_k，即

$$f_k=|\pm pf_L\pm qf_c| \qquad (p、q=0、1、2\cdots)$$

如果这些无用的组合频率分量 f_k 接近中频 f_I，它就能与有用的中频信号一起被中频放大器放大后加到检波器上。通过检波器的非线性作用，这些接近中频的组合频率与有用的中频发生差拍检波，产生音频，在扬声器中将以哨叫的形式出现，故这种干扰称为组合频率干扰或干扰哨声。

例如，某收音机的中频 $f_I=f_L-f_c=465\text{kHz}$，若接收 $f_c=931\text{kHz}$ 的电台，此时的本振频率 $f_L=f_c+f_I=1\,396\text{kHz}$。$p=1$、$q=2$ 的组合频率为：

$$f_I'=-f_L+2f_c=-1\,396+2\times931=466\ (\text{kHz})$$

f_I' 和有用的中频 f_I 一起被中频放大器放大后送到检波器，在检波器中进行差拍检波，产生新的频率 $\Delta f=f_I'-f_I=1\text{kHz}$。$\Delta f$ 被放大后，在扬声器中就听到干扰哨声。

显然，组合频率只要满足下式，都会产生干扰哨声，即

$$f_k=|\pm pf_L\pm qf_c|\approx f_I \tag{4-42}$$

上式可分解为四个关系式，但只有两个式子成立，即 $pf_L-qf_c\approx f_I$、$-pf_L+qf_c\approx f_I$。将两式合并，

且用$f_L=f_c+f_I$代入后，便可得到产生干扰哨声的有用信号频率为：

$$f_c \gg \frac{p \pm 1}{q - p} f_I \tag{4-43}$$

上式表明，当中频选定后，凡某一信号频率满足上式，且落在接收频段内，都会产生干扰哨声。应当指出的是，由于组合频率分量的振幅总是随着（$p+q$）的增加而迅速减小，因此能够产生明显干扰哨声的是p和q较小值的组合，而p和q较大值组合产生的干扰哨声一般可以忽略。

2. 副波道干扰

所谓副波道干扰，是对频率为f_c的主波道而言的。若混频器之前的电路选择性不好，除接收所需的有用信号外，其他干扰信号也会进入混频器。这些干扰信号与本振信号同样也会形成接近中频的组合频率干扰，这种干扰称为副波道干扰。设干扰信号频率为f_N，则产生副波道干扰应满足下列关系式：

$$|\pm pf_L \pm qf_N| \approx f_I$$

同样，由于$f_I=f_L-f_c$，则上式只有$pf_L-qf_N \approx f_I$和$-pf_L+qf_N \approx f_I$两式成立，这两个关系式合并，且用$f_L=f_c+f_I$代入后可得：

$$f_N \approx \frac{1}{q}(pf_L \pm f_I) = \frac{1}{q}[pf_c + (p \pm 1)f_I] \tag{4-44}$$

上式为f_c或f_L确定的情况下（即接收机调谐于f_c）形成副波道干扰的外来干扰信号频率。该式表明，理论上能形成副波道干扰的f_N很多。实际上，也只有对应于p值和q值较小的干扰信号才会形成明显的副波道干扰。根据式（4-44）可知，产生副道波干扰最强的信号有两个：一个是$p=0$、$q=1$的干扰，此时$f_N \approx f_I$，即干扰信号频率接近中频，故称为中频干扰；另一个是对应$p=1$、$q=1$的干扰，此时$f_N \approx f_I+f_L=f_c+2f_I$，对于$f_L$而言，$f_N$和$f_c$恰恰是镜像关系，故称为镜像频率干扰，简称镜像干扰。

对于中频干扰，混频电路实际上起到中频放大器的作用，因而比有用信号具有更强的传输能力。为了抑制中频干扰，应提高混频级以前各级选频回路的选择性或在混频级前增加一个中频滤波器。对镜像干扰，混频电路具有与有用信号相同的变换能力。可见，一旦进入混频器，就无法抑制掉，因此，为了抑制镜像干扰，一是提高混频级前的选频回路的选择性；二是采用二次混频，可以将镜像干扰有效地消除。

3. 交叉调制干扰

交叉调制干扰是由器件非线性特性幂级数展开式中三次或更高次项产生的。其现象是：当接收机对有用信号调谐时，在听到有用信号的同时，还可听到干扰电台的声音；若接收机对有用信号失调时，干扰台也随之消失，好像干扰信号调制在有用信号载波的振幅上，故称为交叉调制干扰。

交叉调制干扰的程度随干扰信号振幅增大而急剧增大，而与有用信号振幅及干扰信号频率无关。减小交叉调制的方法是提高混频前端电路的选择性、适当选择混频器件（如集成模拟乘法器、场效应管和平衡混频器等）。

4. 互调干扰

当两个（或多个）干扰信号同时加到混频器输入端时，由于混频器的非线性作用，两个干扰信号与本振信号相互混频，当产生的组合频率分量$|\pm pf_L \pm qf_{N1} \pm rf_{N2}| \approx f_I$时，使得混频器的输出存在寄生中频分量，经中放和检波后产生啃叫声。这种由两个干扰信号与本振信号彼此混频而产生的干扰，称为互相调制干扰。减小互调干扰的方法与抑制交叉调制干扰措施相同。

例 4.1 有一中波（535～1 605kHz）超外差调幅收音机，试分析以下干扰的性质。

（1）当接收频率f_c=550kHz 的电台时，听到频率为 1 480kHz 电台的干扰声。

（2）当接收频率f_c=1 400kHz 的电台时，听到频率为 700kHz 电台的干扰声。

（3）在收听频率f_c=1 396kHz 的电台时，听到啃叫声。

解：（1）由于 550kHz+2×465kHz=1 480Hz，所以 1 480kHz 是 550kHz 的镜像频率，此时的干扰为镜像干扰。

（2）当p=1、q=2 时，由式（4-44）得：

$$f_N = \frac{1}{2} \times [(1400 + 465) - 465] = 700 \text{（kHz）}$$

因此这是p=1、q=2 的副波道干扰。

（3）由于 465×3=1 395kHz，即$f_c \approx 3f_I$，由式（4-43）可知，当p=2、q=3 时，$f_c \approx 3f_I$，因此是组合频率干扰，且产生 1 396kHz－1 395kHz=1kHz 的啃叫声。

技能训练 4 小功率调幅发射机的设计与制作

1. 训练目的

（1）了解无线电通信原理。

（2）熟悉调幅广播和超外差接收机的方框图。

（3）学会小功率发射机的安装与调试技术。

2. 仪器与器材

仪器设备：示波器 1 台，直流稳压电源 1 台，超外差收音机 1 部，录音机 1 部，万用表 1 块。

元器件：瓷片电容：0.01μF×7、120pF、300pF、68pF；电解电容：10μF×2、100μF；电阻：6.2kΩ×3、33kΩ×2、56Ω、1kΩ×2、8.2kΩ、10kΩ、2kΩ、150Ω、680kΩ、47kΩ、220Ω；电位器：1kΩ；三极管：3DG6B×2、3DG12B；变压器：TTL-3 型×3；耳机插孔；自制天线。

3. 制作电路

图 4.30 所示是一个小功率调幅发射机的电路。其特点是电路简单，取材方便，调试容易，实验效果良好。可用来做调幅广播与接收、无线电话等多项实验。该电路由低频振荡（低频放大）、高频振荡及调制发射三部分电路组成。

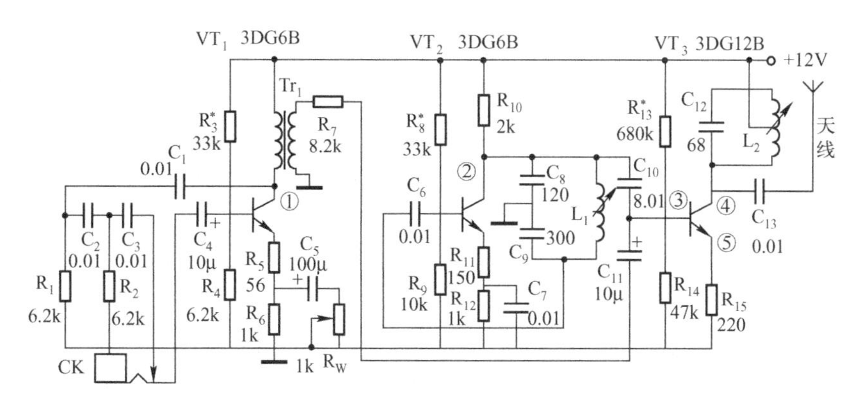

图 4.30 小功率调幅发射机电路

其中三极管 VT_1 及其外围元件构成 RC 移相振荡器。$F=1/(2\pi RC)=1\text{kHz}$，输出的信号作为低频调制信号。当插头插入插口 CK 后，RC 振荡器变为低频放大器,可由外部输入音频信号经放大后作为低频调制信号。R_W、C_5 构成交流负反馈网络，调节 R_W 可连续地改变交流负反馈的强度，从而改变了放大器的增益，因此改变了输出的低频振荡信号或音频信号的幅度，所以 R_W 可作为调幅度调节电位器。变压器 Tr_1 可采用收音机中低放电路的输入变压器。三极管 VT_2 及其外围元件构成电容三点式振荡器，该电路输出的高频等幅正弦信号作为高频载波 f_c。电感 L_1 采用 TTL-3 中周的初级线圈。三极管 VT_3 及其外围元件构成调制发射电路。由于硅管发射结的门限电压高，为提高调制灵敏度和减小调制失真，给 VT_3 的发射结加上了适当的正向偏压（0.4～0.5V），使其工作状态接近于乙类。

当低频调制信号 F 和高频载波 f_c 同时加到 VT_3 的基极时，由于发射结的非线性，使输出电流中除了基波分量 F 和 f_c 外，还产生了一系列谐波分量，包括差频分量(f_c-F)及和频分量(f_c+F)。将 VT_3 的集电极负载 LC 回路调谐在载波频率 f_c 上，因 LC 回路的选频作用，该回路便产了由 f_c、(f_c-F)、(f_c+F)所组成的调幅信号。调幅信号由天线发射出去。电感 L_2 采用 TTL-3 中周的初级线圈。

4．训练步骤

（1）按图 4.30 所示自制电路板一块（工艺自己设计）。

（2）检查、处理元件，按电路图 4.30 所示焊好。

（3）电路的调整。

① 检查电路的安装有无错误。

② 接通电源，调整电阻 R_3，使 $I_{C1}=2\text{mA}$。将示波器接在测试点①（VT_1 的集电极）上，电路正常时可显示出 $F=1\text{kHz}$ 的正弦波。若无正弦波出现，需调节 R_W 提高放大器的增益，以使电路起振。调节 R_W 观察振荡波形幅度的连续变化，其峰-峰值电压最大可达 10V 左右。

③ 断开电容 C_6，调整电阻 R_6，使 $I_{C2}=0.6$～0.8mA。

④ 接上 C_6，将示波器接到测试点②（VT_2 的集电极）上，电路正常时可显示出 $f_c=750\text{kHz}$、$V_{P\text{-}P}=10\text{V}$ 以上的正弦波。调节 L_1 的磁芯可微调 f_c；若较大范围地改变 f_c，需改变 C_8 或 C_9。

⑤ 调整 R_{13}，使 $V_{B3}=0.4$～0.5V。

（4）以上调试完毕，电路工作正常后，就可以进行相关的实验操作了。利用示波器测出 F、f_c 的频率，分别观察测试点③、④、⑤上的波形。测试点③上为 F、f_c 线性叠加的波形；

电路正常时，测试点④上可观察到由f_c、(f_c-F)、(f_c+F)所组成的调幅信号的波形，适当调节R_W及L_2的磁芯，可得到V_{P-P}达20V左右且不失真的调幅波。调节R_W可连续稳定地改变调幅度。测试点⑤上是由发射结对测试点③上线性叠加信号高频整流后产生的脉冲电压波形。将测试点①、②、③、④、⑤上的波形画下来，根据测试结果，总结调幅电路的工作原理。

本章小结

（1）普通调幅波的包络反映了调制信号变化的规律，其频谱包含载波和上、下边带。由于载波不含待传输的有用信息，传输的信息存在于上边带或下边带中，因此可以采用抑制载波的双边带调制或单边带调制，但解调较复杂。

（2）调幅的实现方法分为高电平调幅和低电平调幅，它们各自具有不同的特点，因此分别适用于不同的场合。

（3）检波器有同步检波和包络检波两大类。同步检波器可用于各种调幅信号的解调，但需要与输入载波同频同相的同步信号，故电路复杂。大信号包络检波器只适用于普通调幅波的解调，由于其电路简单，仍得到广泛的应用。但它存在惰性失真和负峰切割失真，必须正确选择电路元件以避免这两种失真。

（4）混频器仅改变信号的载频，而不改变信号频谱的内部结构，因此是频谱搬移电路。常用混频器有模拟乘法器混频器、二极管混频器、三极管混频器。使用二极管平衡混频器和模拟乘法器混频器可以大大减少无用组合频率分量。

（5）混频器输出中存在特有的干扰，影响有用信号正常接收，必须采取措施予以减小或消除。

习 题 4

4.1　画出下列已调波的波形和频谱图（设$\omega_c=5\Omega$）。

（1）$u(t)=(1+\sin\Omega t)\sin\omega_c t$。

（2）$u(t)=(1+0.5\cos\Omega t)\cos\omega_c t$。

（3）$u(t)=2\cos\Omega t\cos\omega_c t$。

4.2　对于低频信号$u_\Omega(t)=U_{\Omega m}\cos\Omega t$及高频信号$u_c(t)=U_{cm}\cos\omega_c t$，试问，将$u_\Omega(t)$对$u_c(t)$进行振幅调制所得的普通调幅波与$u_\Omega(t)$、$u_c(t)$线性叠加的复合信号比较，其波形及频谱有何区别？

4.3　已知某普通调幅波的最大振幅为10V，最小振幅为6V，求其调幅系数m_a。

4.4　已知调制信号及载波信号的波形如图4.31所示，画出普通调幅波的波形示意图。

4.5　若调制信号频谱及载波信号频谱如图4.32所示，画出DSB调幅波的频谱示意图。

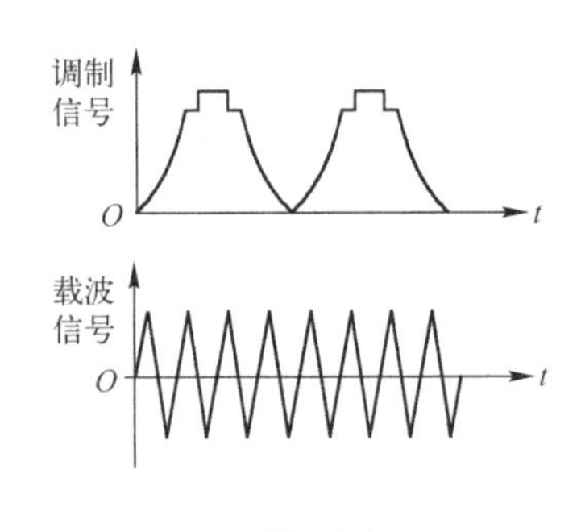

图4.31

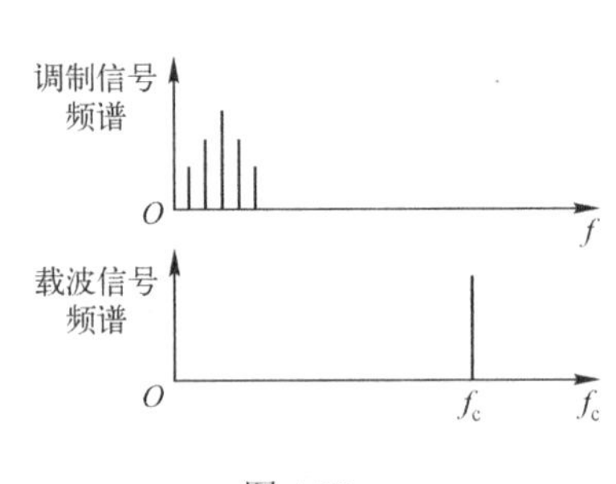

图4.32

4.6　简述基极调幅和集电极调幅的工作原理。

4.7　某非线性器件的伏安特性为 $i=b_1u+b_3u^3$，试问它能否实现调幅？为什么？如不能，非线性器件的伏安特性应具有什么形式才能实现调幅？

4.8　用乘法器实现同步检波时，为什么要求本机同步信号与输入载波信号同频同相？

4.9　二极管大信号包络检波器的 $R_L=220\text{k}\Omega$、$C_L=100\text{pF}$，设 $F_{max}=6\text{kHz}$，为避免出现惰性失真，最大调幅系数应为多少？

4.10　从减小混频器干扰的角度看，你认为模拟乘法器混频器、二极管混频器和三极管混频器哪一个性能更好些？

4.11　有一中波段调幅超外差收音机，试分析下列现象属于何种干扰，又是如何形成的？

（1）当收听 $f_c=570\text{kHz}$ 的电台时，听到频率为 1 500kHz 的强电台播音。

（2）当收听 $f_c=929\text{kHz}$ 的电台时，伴有频率为 1kHz 的哨叫声。

（3）当收听 $f_c=1\,500\text{kHz}$ 的电台播音时，听到频率为 750kHz 的强电台播音。

第 5 章　角度调制与解调

学习目标

（1）掌握调角信号的数学表达式、波形、频谱与带宽。
（2）了解调频信号与调相信号的异同。
（3）了解直接调频电路和间接调频电路的基本组成与工作原理。
（4）熟悉斜率鉴频器的基本组成与工作原理。
（5）了解相位鉴频器的基本组成与工作原理。

角度调制即调角，是用调制信号去控制高频载波的频率和相位而实现的调制。若用调制信号去控制载波信号的频率，则称为频率调制（简称调频 FM），若用调制信号去控制载波信号的相位，则称为相位调制（简称调相 PM）。调频和调相都表现为载波的幅度不变，瞬时相位受到调制。角度调制及其解调电路属于频谱的非线性变换电路，有较强的抗干扰能力，在通信系统特别是广播和移动通信领域应用广泛。

5.1　调角信号的基本性质

5.1.1　调角信号的数学表达式和波形

1．调频波的瞬时频率、瞬时相位及波形

根据调频波的定义可知，调频波的瞬时角频率是在载波角频率ω_c的基础上叠加了随调制信号 $u_\Omega(t)$变化的量，即 FM 信号的瞬时角频率$\omega(t)$为：

$$\omega(t)=\omega_c+K_f u_\Omega(t)=\omega_c+\Delta\omega(t) \tag{5-1}$$

式中，K_f是由调频电路决定的比例常数，其单位为 rad/s • V；

$\Delta\omega(t)=K_f u_\Omega(t)$是按调制信号规律变化的瞬时角频偏。

当调制信号为 $u_\Omega(t)=U_{\Omega m}\cos\Omega t$ 时，此时调频信号的$\omega(t)$为：

$$\omega(t)=\omega_c+K_f U_{\Omega m}\cos\Omega t=\omega_c+\Delta\omega_m\cos\Omega t \tag{5-2}$$

$$\Delta\omega_m=2\pi\Delta f_m=K_f U_{\Omega m} \tag{5-3}$$

式中，$\Delta\omega_m$ 称为最大角频偏，它是由调制信号引起的瞬时角频率偏移ω_c 的最大值，与调制信号的振幅 $U_{\Omega m}$成正比；

Δf_m称为最大频偏。

调频波的瞬时相位为：

$$\varphi(t)=\int_0^t\omega(t)\mathrm{d}t+\varphi_0=\int_0^t[\omega_c+K_f u_\Omega(t)]\mathrm{d}t+\varphi_0 \tag{5-4}$$

若设$\varphi_0=0$，则

$$\varphi(t)=\int_0^t[\omega_c+K_f u_\Omega(t)]\mathrm{d}t=\omega_c t+\frac{K_f U_{\Omega m}}{\Omega}\sin\Omega t$$

$$=\omega_c t+m_f\sin\Omega t=\omega_c t+\Delta\varphi(t) \quad (5\text{-}5)$$

$$\Delta\varphi(t)=m_f\sin\Omega t \quad (5\text{-}6)$$

$$m_f=K_f U_{\Omega m}/\Omega=\Delta\omega_m/\Omega=\Delta f_m/F \quad (5\text{-}7)$$

式中，$\Delta\varphi(t)$称为相位偏移；

m_f称为调频指数，它表示调频信号的最大相位偏移。

图 5.1 给出了用单频调制信号 $u_\Omega(t)$对载波进行调制时的调频波的波形图。

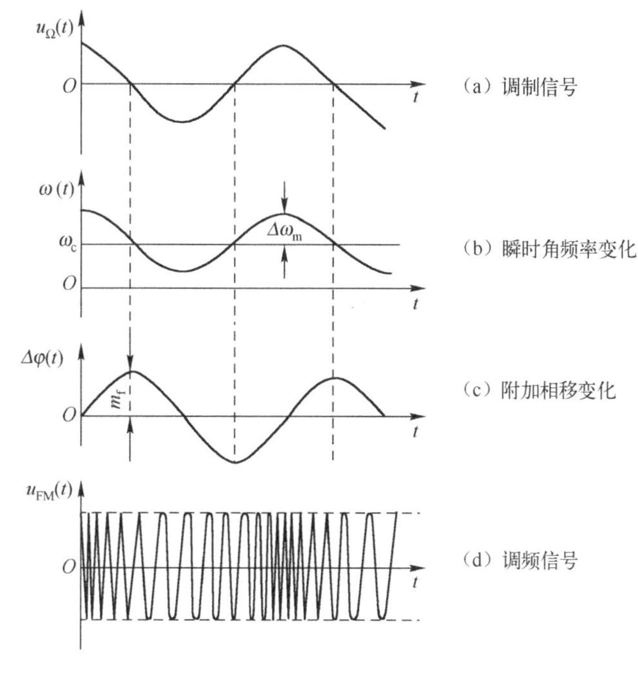

图 5.1　调频信号波形

2．调相波的瞬时频率、瞬时相位和波形

根据调相定义，调相波的瞬时相位$\varphi(t)$是在载波相位$\omega_c t+\varphi_0$ 的基础上叠加了随调制信号变化的量，即

$$\varphi(t)=\omega_c t+K_p u_\Omega(t)+\varphi_0 \quad (5\text{-}8)$$

式中，K_p 是一个与调相电路有关的比例常数，单位是 rad/V。

设$\varphi_0=0$，$\varphi(t)$可简化为：

$$\varphi(t)=\omega_c t+K_p u_\Omega(t)=\omega_c t+\Delta\varphi(t) \quad (5\text{-}9)$$

式中，$\Delta\varphi(t)=K_p u_\Omega(t)$为随调制信号而变化的附加相位偏移。

调相波的瞬时角频率$\omega(t)$为：

$$\omega(t)=\mathrm{d}\varphi(t)/\mathrm{d}t=\omega_c+K_p\mathrm{d}u_\Omega(t)/\mathrm{d}t \quad (5\text{-}10)$$

若已知调制信号 $u_\Omega(t)=U_{\Omega m}\cos\Omega t$，则调相信号的瞬时相位为：

$$\varphi(t)=\omega_c t+K_p U_{\Omega m}\cos\Omega t=\omega_c t+m_p\cos\Omega t=\omega_c t+\Delta\varphi(t) \quad (5\text{-}11)$$

$$m_p=K_pU_{\Omega m} \tag{5-12}$$

$$\Delta\varphi(t)=m_p\cos\Omega t \tag{5-13}$$

式中，m_p为调相指数，它代表调相波的最大相位偏移，即相位摆动的幅度，单位为 rad。

由式（5-10）可求得调相波的瞬时角频率为：

$$\begin{aligned}\omega(t)&=\mathrm{d}\varphi(t)/\mathrm{d}t=\omega_c+K_p\mathrm{d}u_\Omega(t)/\mathrm{d}t\\&=\omega_c-m_p\Omega\sin\Omega t=\omega_c-\omega_m\sin\Omega t\end{aligned} \tag{5-14}$$

$$\Delta\omega_m=m_p\Omega \tag{5-15}$$

式中，$\Delta\omega_m$为最大角频率偏移，它表示调相时，瞬时角频率偏离载波角频率的最大值。

图 5.2 所示为调相波的瞬时相位与调制信号成正比的变化量$\Delta\varphi(t)$的波形图及调相波的波形图。

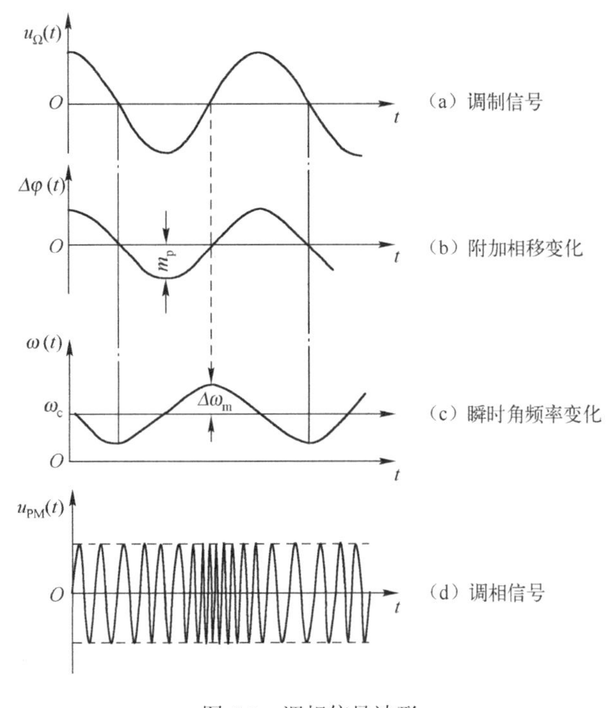

图 5.2　调相信号波形

3．调角信号的数学表达式

由于调频或调相的结果都是使瞬时总相位随时间而变化，因此，可将幅度不变的调角波写为：

$$u_c(t)=U_{cm}\cos\varphi(t) \tag{5-16}$$

（1）调频波的数学表达式。将式（5-5）代入$u(t)=U_{cm}\cos\varphi(t)$,可得调频波的表达式为：

$$u_{FM}(t)=U_{cm}\cos\left[\omega_c t+K_f\int_0^t u_\Omega(t)dt\right]=U_{cm}\cos(\omega_c t+m_f\sin\Omega t) \tag{5-17}$$

（2）调相波的数学表达式。将$\varphi(t)=\omega_c t+K_pu_\Omega(t)$代入式（5-16）可得调相波的表达式为：

$$u_{PM}(t)=U_{cm}\cos[\omega_c t+K_pu_\Omega(t)]=U_{cm}\cos(\omega_c t+m_p\cos\Omega t) \tag{5-18}$$

式（5-17）和式（5-18）说明，不论是频率调制还是相位调制，结果都使瞬时相位发生变化，即总相位变化，只是总相位$\varphi(t)$随调制信号变化的规律不同。

例 5.1 已知调制信号 $u_\Omega(t)=5\cos(2\pi\times10^3t)$（V），调角信号表达式为 $u_o(t)=10\cos[2\pi\times10^6t+10\cos(2\pi\times10^3t)]$（V），试指出该调角信号是调频信号还是调相信号？调制指数、载波频率、振幅及最大频偏各为多少？

解：由调角信号表达式可知

$$\varphi(t)=\omega_ct+\Delta\varphi(t)=2\pi\times10^6t+10\cos(2\pi\times10^3t)$$

可见，调角信号的附加相移$\Delta\varphi(t)=10\cos(2\pi\times10^3t)$与调制信号 $u_\Omega(t)$的变化规律相同，故可判断此调角信号为调相信号，显然调相指数 $m_p=10\text{rad}$。

由于$\omega_ct=2\pi\times10^6t$，故载波频率 $f_c=10^6\text{Hz}$。角度调制时，载波振幅保持不变，所以载波振幅 $U_{cm}=10\text{V}$。

由式（5-15）可得最大频偏为：

$$\Delta f_m=m_pF=10\times10^3\text{Hz}=10\text{kHz}$$

5.1.2 调角信号的频谱与带宽

1. 调角信号的频谱

调频波和调相波的数学表达式基本上是一样的，由调制信号引起的附加相移是正弦变化还是余弦变化并没有根本差别，两者只在相位上相差π/2。所以，只要用调制指数 m 代替相应的 m_f 或 m_p，它们就可以写成统一的调角表达式，即

$$u_o(t)=U_{cm}\cos[\omega_ct+m\sin\Omega t] \tag{5-19}$$

利用三角函数公式将式（5-19）改写为：

$$u_o(t)=U_{cm}\cos(m\sin\Omega t)\cos\omega_ct-U_{cm}\sin(m\sin\Omega t)\sin\omega_ct \tag{5-20}$$

在贝塞尔函数理论中，已证明存在下列关系式：

$$\cos(m\sin\Omega t)=J_0(m)+2\sum_{n=1}^{\infty}J_{2n}(m)\cos2n\Omega t \tag{5-21}$$

$$\sin(m\sin\Omega t)=2\sum_{n=0}^{\infty}J_{2n+1}(m)\sin(2n+1)\Omega t \tag{5-22}$$

式中，$J_n(m)$是 n 阶第一类贝塞尔函数。

将上面关系式代入式（5-20），得：

$$\begin{aligned}u_o(t)=&U_{cm}[J_0(m)\cos\omega_ct-2J_1(m)\sin\Omega t\sin\omega_ct\\&+2J_2(m)\cos2\Omega t\cos\omega_ct-2J_3(m)\sin3\Omega t\sin\omega_ct\\&+2J_4(m)\cos4\Omega t\cos\omega_ct-2J_5(m)\sin5\Omega t\sin\omega_ct+\cdots]\\=&U_{cm}J_0(m)\cos\omega_ct\\&+U_{cm}J_1(m)[\cos(\omega_c+\Omega)t-\cos(\omega_c-\Omega)t]\\&+U_mJ_2(m)[\cos(\omega_c+2\Omega)t+\cos(\omega_c-2\Omega)t]\\&+U_{cm}J_3(m)[\cos(\omega_c+3\Omega)t-\cos(\omega_c-3\Omega)t]\\&+U_{cm}J_4(m)[\cos(\omega_c+4\Omega)t+\cos(\omega_c-4\Omega)t]\end{aligned}$$

$$+U_{cm}J_5(m)[\cos(\omega_c+5\Omega)t-\cos(\omega_c-5\Omega)t]+\cdots \tag{5-23}$$

由上式可以看出：在单频信号调制的情况下，调角信号可以用角频率为ω_c的载频分量与角频率为（$\omega_c \pm n\Omega$）的无限对上、下边频分量之和来表示，这些边频分量和载频分量的角频率相差 $n\Omega$（其中 n=1、2、3…）。当 n 为偶数时，上、下两边频分量的符号相同，当 n 为奇数时，上、下边频分量的符号相反。U_{cm} 是未调制时的载频振幅，调制时，载频分量和各边频分量的振幅则由 U_{cm} 和贝塞尔函数 J_n（m）决定。当已知 m、n 后，各阶贝塞尔函数随 m 的变化曲线如图 5.3 所示。

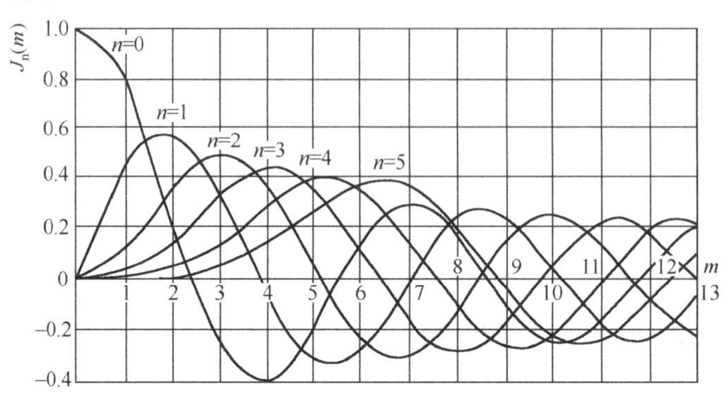

图 5.3　贝塞尔函数曲线

图 5.4 所示为在Ω相同、载波相同的条件下，m=1、m=2.4 和 m=5 时的调角波信号频谱图，由图可见，调制指数 m 越大，具有较大振幅的边频分量就越多，且有些边频分量幅度超过载频分量幅度，当 m 为某些特定值时，载频分量可能为零，如 m=2.40、5.52 等，而当 m 为某些其他特定值时，又可能使某些边频分量振幅等于零。

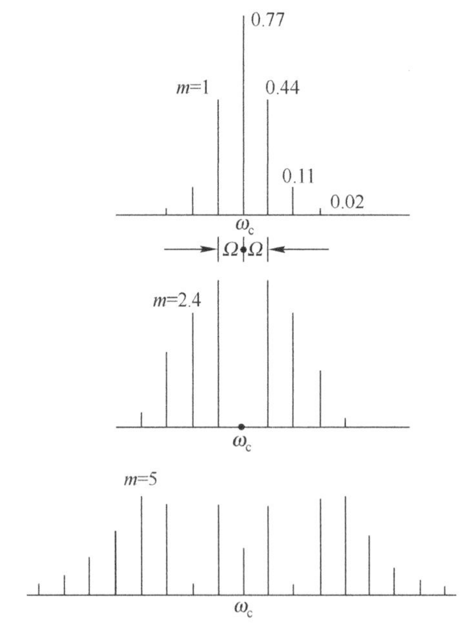

图 5.4　调角信号的频谱图

由于调角信号的振幅不变，当 U_{cm} 一定时，它的平均功率也就一定与调制指数无关，其值等于未调制的载波功率。所以改变 m 仅使载波分量和各边频分量之间的功率重新分配，而总功率不会改变。

2. 调角信号的带宽

从理论上分析，调角信号的边频分量有无限对，即它的频带应为无限宽，但由图 5.3 可以看出，对于一定的 m，随着 n 的增大，J_n（m）的值大小虽有起伏，但总趋势是减小的，这表明离开载频较远的边频振幅都很小，在传送和放大过程中，即使舍去这些边频分量，调角信号也不会产生明显失真。因此，实际调角信号所占的有效频带宽度仍是有限的。

可以证明，当 $n>(m+1)$时，$J_n(m)$的数值都小于 0.1，因此，如果把振幅小于载频振幅 10%的边频分量都略去，即考虑上、下边频总数近似等于 $2(m+1)$，所以调角波频谱的宽度为：

$$BW=2(m+1)F \qquad (5\text{-}24)$$

或

$$BW=2(\Delta f_m+F) \qquad (5\text{-}25)$$

由上式可知，当 $m<<1$（工程上规定 $m<0.25\text{rad}$=时，调角信号的有效频谱带宽为：

$$BW=2F$$

其值近似为调制信号频率的两倍，相当于普通调幅信号的频谱宽度，通常把这种调角信号称窄带调角信号。

当 $m>>1$ 时，调角信号的有效频谱带宽为：

$$BW\approx 2mF=2\Delta f_m$$

通常把这种调角信号称为宽带调角信号。其中，作为调频信号时，由于Δf_m与$U_{\Omega m}$成正比，故$U_{\Omega m}$一定，即Δf_m一定时，BW 也就一定了，其值与 F 无关。对于调相信号，由于$\Delta f_m=m_pF$，因而当 $U_{\Omega m}$ 一定，即 m_p 一定时，BW 与 F 成正比。

在一般情况下，$m>1$，故调角信号的带宽可用式（5-24）和式（5-25）计算，即带宽由Δf_m和 F 共同决定。

这里需要说明的是，调角信号的有效频谱带宽 BW 与最大频偏Δf_m是两个不同的概念。最大频偏Δf_m 是指在调制信号作用下，瞬时频率偏离载频的最大值，即频率摆动的幅度。而有效频谱带宽是反映调角信号频谱特性的参数，它是指上、下边频所占有的频带范围。

上面讨论了在单频调制时的调角信号有效频谱带宽，实际上调制信号多为复杂信号，实践表明，复杂信号调制时，大多数调频信号占有的有效频谱带宽仍可用式（5-25）表示，仅需将其中的 F 用调制信号中的最高频率 F_{max} 取代，Δf_m 用最大频偏（$\Delta f_m)_{max}$ 取代。

例如，在调频广播系统中，按国家标准规定 F_{max}=15kHz、（Δf_m）$_{max}$=75kHz，由式（5-25）计算得到：

$$BW=2[(\Delta f_m)_{max}+F_{max}]=180\ (\text{kHz})$$

实际选取的频谱宽度为 200kHz。

5.1.3 调频信号与调相信号的比较

调频波和调相波的比较如表 5.1 所示。

表 5.1　调频波与调相波的比较

调制信号 $u_\Omega(t)=U_{\Omega m}\cos\Omega t$　　载波信号 $u_c(t)=U_{cm}\cos\omega_c t$		
	调 频 信 号	调 相 信 号
瞬时角频率	$\omega(t)=\omega_c+k_f u_\Omega(t)=\omega_c+\Delta\omega_m\cos\Omega t$	$\omega(t)=\omega_c+K_p\mathrm{d}u_\Omega(t)/\mathrm{d}t=\omega_c-\Delta\omega_m\sin\Omega t$
瞬时相位	$\varphi(t)=\omega_c t+K_f\int_0^t u_\Omega(t)\mathrm{d}t=\omega_c t+m_f\sin\Omega t$	$\varphi(t)=\omega_c t+K_p u_\Omega(t)=\omega_c t+m_p\cos\Omega t$
最大角频偏	$\Delta\omega_m=K_f U_{\Omega m}=m_f\Omega$	$\Delta\omega_m=K_p U_{\Omega m}\Omega=m_p\Omega$
调制指数（或最大相移$\Delta\varphi_m$）	$m_f=\Delta\omega_m/\Omega=K_f U_{\Omega m}/\Omega$	$m_p=K_p U_{\Omega m}$
数学表达式	$u_{FM}(t)=U_{cm}\cos\left[\omega_c t+K_f\int_0^t u_\Omega(t)\mathrm{d}t\right]$ $=U_{cm}\cos(\omega_c t+m_f\sin\Omega t)$	$u_{PM}(t)=U_{cm}\cos[\omega_c t+K_p u_\Omega(t)]$ $=U_{cm}\cos(\omega_c t+m_p\cos\Omega t)$

例 5.2　设有一组频率为 300～3 000Hz 的余弦调制信号，它们的振幅都相同，调频时最大频偏Δf_m=75kHz，调相时最大相位偏移$\Delta\varphi_m$=2 rad。试求在调制信号频率范围内：

（1）调频时 m_f 的变化范围；（2）调相时Δf_m 的变化范围。

解：（1）Δf_m 与调制信号频率无关，故可由式（5-7）得：

$$m_{fmax}=\Delta f_m/F_{min}=75\times10^3/300=250\text{（rad）}$$

$$m_{fmin}=\Delta f_m/F_{max}=75\times10^3/3\,000=25\text{（rad）}$$

以上计算结果说明，最低调制频率可得最大调频指数，而最高调制频率则得最小调频指数，调制信号频率不同时，m_f 将在很大范围内变化。

（2）调相时，因为$\Delta\varphi_m=m_p=K_pU_{\Omega m}$ 与调制信号频率无关，所以$\Delta f_m=m_pF$ 与调制信号频率成正比，因此可得：

$$\Delta f_{mmax}=m_pF_{max}=2\times3\,000=6\,000\text{（Hz）}$$

$$\Delta f_{mmin}=m_pF_{min}=2\times300=600\text{（Hz）}$$

可见，调相时最大频偏随调制频率的变化而有较大的变化。

5.2　调频电路

实现调频的方法有直接调频法和间接调频法两种。

5.2.1　直接调频电路

直接调频法是利用调制信号直接控制振荡器的振荡频率而实现的调频方法。常用的直接调频电路有变容二极管（或电抗管）调频电路、晶振调频电路和集成调频电路等。

1．变容管直接调频电路

（1）变容二极管。图 5.5 所示为变容二极管图形符号和 C_j–u 曲线。当给 PN 结加反向偏置电压时，结电容随反向偏置电压灵敏地变化。

（2）变容二极管直接调频电路。目前常用的载频振荡器为 LC 振荡器。如果将变容二极管的可控电容参与回路电容，并用调制信号 $u_\Omega(t)$去控制变容二极管的电容量，就可以直接改变 LC 振荡器的振荡频率，构成变容管直接调频电路，如图 5.6 所示。图中 C_2、C_3、C_4 对载频视为短路；L_1 对载频视为开路；C_1 对 $u_\Omega(t)$视为短路；变容二极管的电容 C_j 与 L_2 构成振荡回路。

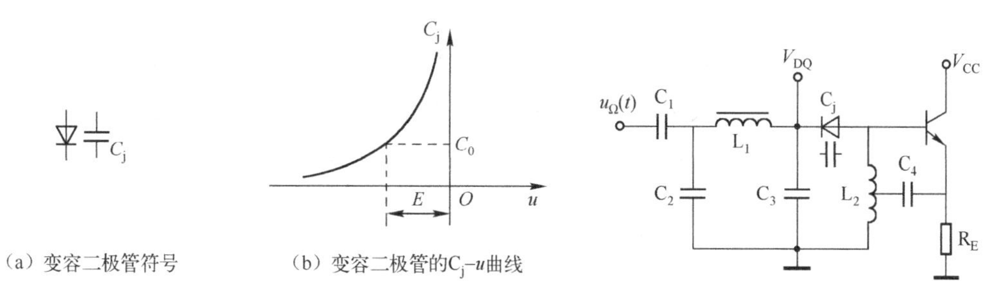

（a）变容二极管符号　（b）变容二极管的 C_j–u 曲线

图 5.5　变容二极管的符号与 C_j–u 曲线　　图 5.6　变容二极管直接调频电路

图 5.6 所示的变容二极管直接调频电路是用在 VHF 波段的 220MHz 调频振荡器，图中 $C_2=C_3=150\text{pF}$，C_j 与电感 L_2 共同构成振荡器的振荡回路，其振荡频率可表示为：

$$f_c=\frac{1}{2\pi\sqrt{L_2C_j}} \tag{5-26}$$

由于变容二极管的电容 C_j 受调制信号 u_Ω（t）控制，所以，振荡频率 f_c 随调制信号的变化而变化，从而实现了变容二极管的调频。变容二极管直接调频电路简单，调制频偏大，性能也较好，常常采用高载频调频。

2. 晶体振荡器调频电路

（1）调频原理。晶体振荡器调频电路是将变容二极管和石英晶体串联或并联后，接入振荡回路构成的调频振荡器。原理是通过调制信号对变容管结电容的控制，直接改变晶振频率。

变容管与晶体串联的等效电路及其谐振特性如图 5.7 所示，f_s、f_p 分别为未接入变容管时由石英晶体本身参数确定的串联谐振频率和并联谐振频率，串联接入变容管后，f_s 变为 f_s'，而 $f_s'>f_s$。当调制信号控制变容二极管的容量发生变化时，f_s' 也将随之发生变化，从而实现调频。这种电路的缺点是 f_s' 的变化范围限制在 f_s 和 f_p 之间，其调频频偏很小，相对频偏只能达到 0.01%。f_s' 的计算方法如下：

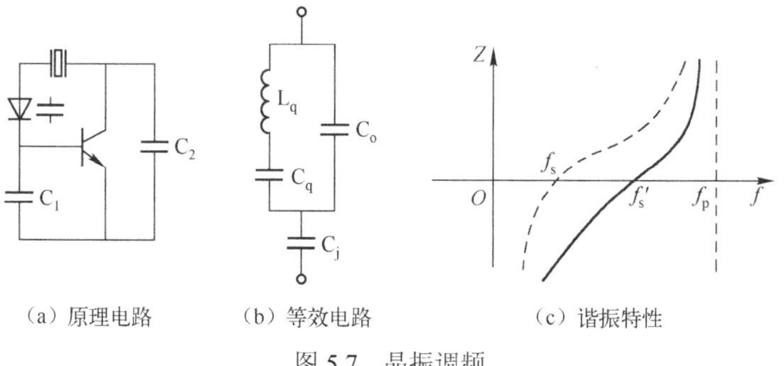

（a）原理电路　（b）等效电路　（c）谐振特性

图 5.7　晶振调频

$$f_s' \approx \frac{1}{2\pi\sqrt{L_q \dfrac{C_q C_j}{C_q + C_j}}} \tag{5-27}$$

（2）晶体振荡器调频电路。如图 5.8 所示是一个实用的晶体振荡器调频电路，图 5.8（a）中集电极回路调谐在三次谐波上，图 5.8（b）是振荡器的基频交流通路。可见该调谐振荡器是一个电容三点式振荡电路，调频以后通过三次倍频扩大频偏。该调频振荡器的输出中心频率（即载频）为 60MHz，可获得频偏大于 7kHz 的线性调频。

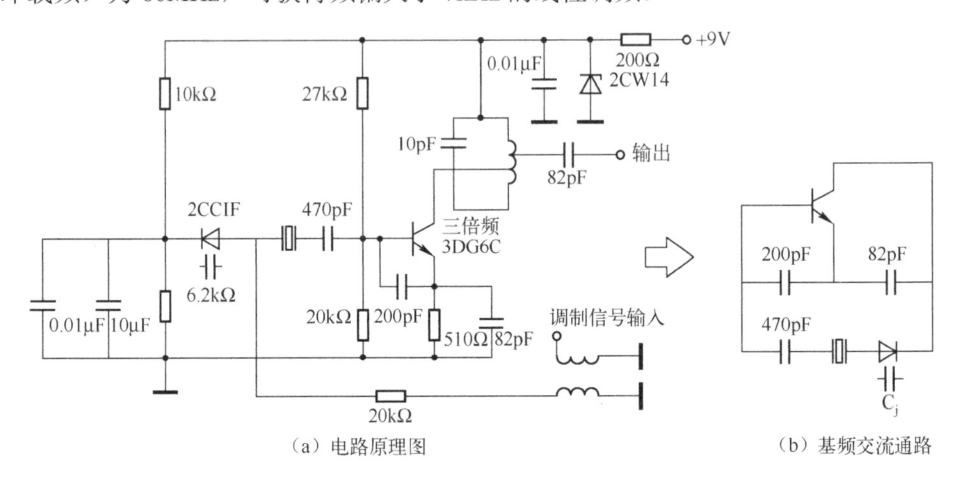

图 5.8　晶体振荡器调频电路

晶体振荡器调频电路的调制频偏很难做到较大，这是因为石英晶体的串联谐振频率 f_s 和并联谐振频率 f_p 之间的频差太小。例如某基频为 2.5MHz 的 AT 切片五次泛音晶体，其等效电感 L_q=19.5nH，等效电容 C_q=2.1×10^{-4}pF，极片电容 C_0=5pF，则串联谐振频率为：

$$f_s = \frac{1}{2\pi\sqrt{L_q C_q}} = 2.49\text{（MHz）}$$

感性区的频差Δf为：

$$\Delta f = f_p - f_s = \left(\frac{1}{2} \times \frac{C_q}{C_0}\right) f_s = 1/2 \times（2.1 \times 10^{-4}）/5 \times 2.49 \times 10^6 = 52.3\text{（Hz）}$$

构成晶体振荡器调频电路后，其调频的最大频偏Δf_m为：

$$\Delta f_m \leqslant \frac{1}{2}\Delta f \approx 26.2\text{（Hz）}$$

这么大的频偏是远不能满足实际中的调频要求的，即使是用 5 次泛音振荡也只能使频偏达到 132Hz，为了扩大调制频偏，可以在晶体两端并上电感来减小 C_0 的影响。同时，也可以采用倍频方法，经多次倍频以后，不仅提高了载频频率，也扩大了调制频偏。

3. 集成调频电路

集成调频电路通常采用锁相调频，锁相调频是能稳定中心频率的宽频偏直接调频电路，图 5.9 所示是直接锁相调频的框图，由图中可见，只要把调制信号 $u_\Omega(t)$加在锁相环 VCO 的频率控制端，使 VCO 的频率随调制信号做线性变化，就可以达到调频目的。有关锁相的内容将在第 6 章将介绍。这种直接锁相调频电路频偏可以做得很宽，在目前的移动通信基站台中使用很多。

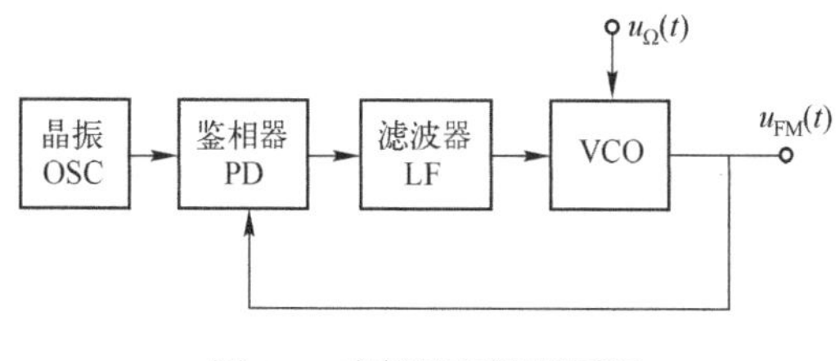

图 5.9　直接锁相调频框图

5.2.2　间接调频电路

间接调频是利用调相电路间接地产生调频波。间接调频的最大优点是频率稳度高，因此，它广泛地用于广播发射机和电视伴音发射机中。由调频波和调相波的数学表达式（5-17）和式（5-18）可以看出，先对调制信号进行积分，再用积分后的信号对载波进行调相，就可以间接地得到所需的调频波。间接调频的原理框图如图 5.10 所示。目前实现调相的方法主要有变容二极管调相、矢量合成法调相（即相乘调幅合成法）和脉冲移相法调相。

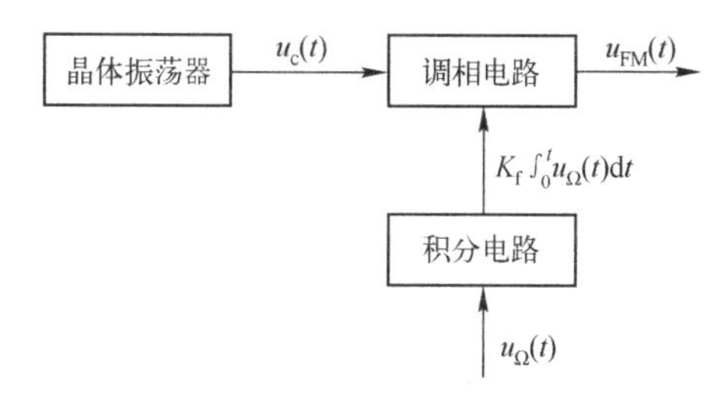

图 5.10　间接调频原理框图

1．变容二极管调相电路

如图 5.11 所示为变容二极管调相电路，可见，此电路实际上是一级单调谐放大器，输入信号来自频率稳定度很高的晶振，图中 C_3、C_4、C_c 对高频信号可看成短路；C_2 对调制信号也可看成短路。集电极的负载由电感 L、电容 C_1 及变容管结电容 C_j 组成的并联谐振回路，由它构成一级调相电路，当没有调制信号输入时，由 L、C_1 及变容管静态结电容 C_{jQ} 决定的谐振频率等于晶振频率 ω_o，其回路阻抗为纯阻，因而回路两端电压与电流同相。当有调制信号输入时，变容管 C_j 随调制电压而改变，因而回路对载频处于不同的失谐状态。当 C_j 减小时，并联阻抗呈感性，回路两端电压超前于电流；反之，当 C_j 增大时，并联阻抗呈容性，回路两端电压滞后于电流。因此，调制信号通过控制 C_j 的大小就能使谐振回路两端电压产生相应的相位变化，实现调相。调制信号 $u_\Omega(t)$ 从 2 端输入，此时输出为调相波。若调制信号 $u_\Omega(t)$ 由 1 端经积分器输入，则输出为调频波。

在小频偏时，谐振回路相移和调制信号振幅成正比，因此，可以得到线性调相。如果调制信号先经过积分电路再输入，就可以得到线性调频。

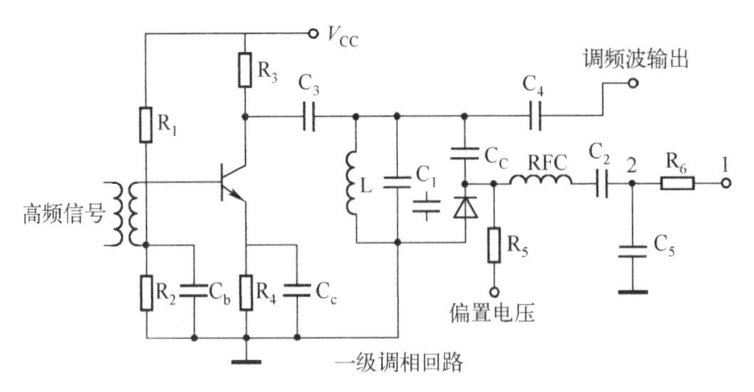

图 5.11　变容二极管调相电路

2. 矢量合成法间接调频

矢量合成法间接调频是 Maior Edwin Armstrong D 于 1936 年提出的。工程中实现的框图如图 5.12 所示。图中积分后的调制信号 $u'_{\Omega}(t)$与移相 90°的载频信号在相乘电路中产生与载频正交的双边带信号，然后再与载频信号相加即可产生窄带调频信号。为扩大频偏，采用倍频器进行倍频，使载频和频偏达到所需值。这里的载频振荡器是高稳定的晶体振荡器，其振荡频率是调频电路输出载频的 1/*n* 倍。该调频电路的缺点是输出噪声随 *n* 倍频而增大。

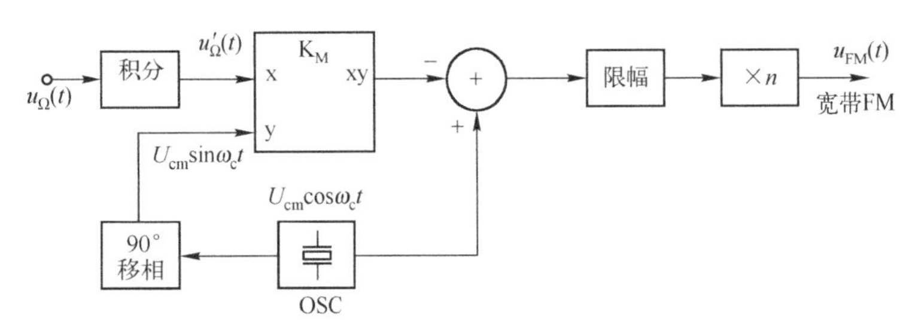

图 5.12　矢量合成法间接调频框图

3. 脉冲调相电路（可变时延法调相）

将载频信号变为脉冲系列，用数字电路实现可控延时，然后再将延时后的脉冲序列变成模拟载波信号，只要延时受调制信号控制，且它们的关系是线性的，即可获得所需的调相波。其方框图如图 5.13 所示。这种调相电路的优点是线性相移较大，调制线性好。

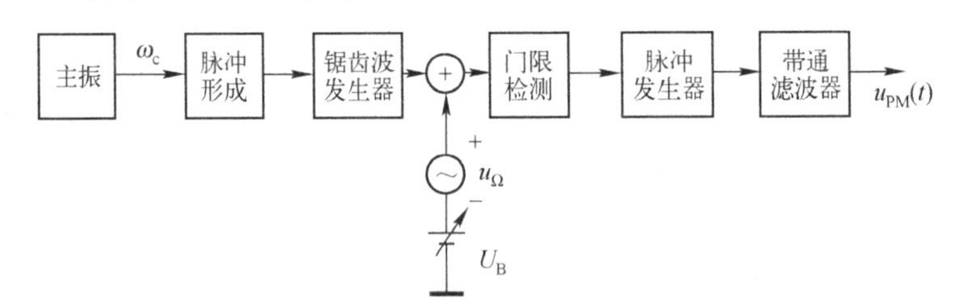

图 5.13　脉冲调相电路方框图

5.2.3　扩展最大频偏的方法

在实际调频电路中，为了扩展调频信号的最大线性频偏，常采用倍频器和混频器来获得所需的载波频率和最大线性频偏。

一个瞬时角频率为$\omega(t)=\omega_c+\Delta\omega_m\cos\Omega t$的调频信号，通过 n 次倍频器，其输出信号的瞬时角频率将变为$n\omega(t)=n\omega_c+n\Delta\omega_m\cos\Omega t$。可见，倍频器可以不失真地将调频信号的载波角频率和最大角频偏同时增大 n 倍，即倍频器可以在保持调频信号的相对角频偏不变的条件下（$\Delta\omega_m/\omega_c=n\Delta\omega_m/n\omega_c$），成倍地扩展最大角频偏。如果将调频信号通过混频器，设本振信号角频率为ω_L，则混频器输出的调频信号角频率变化为（$\omega_L-\omega_c-\Delta\omega_m\cos\Omega t$）或（$\omega_L+\omega_c+\Delta\omega_m\cos\Omega t$）。可见，混频器使调频信号的载波角频率降低为（$\omega_L-\omega_c$）或升高为（$\omega_L+\omega_c$），但最大角频偏没有发生变化，仍为$\Delta\omega_m$。这就是说，混频器可以在保持最大角频偏不变的情况下，改变调频信号的相对角频偏。

利用倍频器和混频器的上述特性，可以在要求的载波频率上扩展频偏。例如，可以先用倍频器增大调频信号的最大频偏，然后再用混频器将调频信号的载波频率降低到规定的数值。这种方法对于直接调频电路和间接调频电路产生的调频波都是适用的。

例 5.3　调频设备的组成框图如图 5.14 所示，已知间接调频电路输出的调频信号中心频率$f_{c1}=100\text{kHz}$，最大频偏$\Delta f_{m1}=24.41\text{Hz}$，混频器的本振信号频率$f_L=25.45\text{MHz}$，取下边频输出，试求调频设备输出调频信号的中心频率f_c和最大频偏Δf_m。

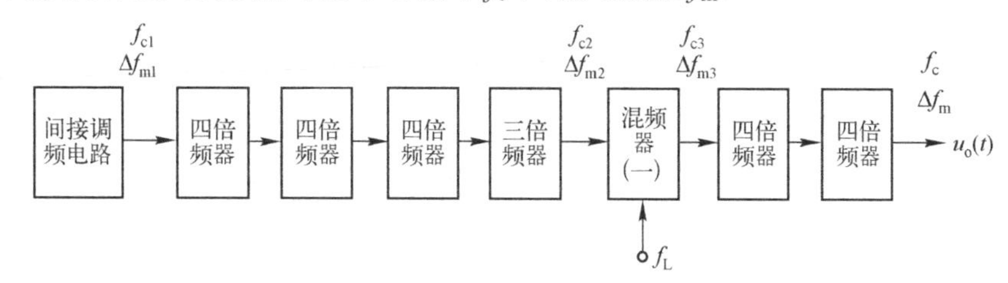

图 5.14　调频设备组成框图

解：间接调频电路输出的调频信号，经三级四倍频器和一级三倍频器后其载波频率和最大频偏分别变为：

$$f_{c2}=4\times4\times4\times3\times f_{c1}=192\times100\text{kHz}=19.2\text{MHz}$$

$$\Delta f_{m2}=4\times4\times4\times3\times\Delta f_{m1}=192\times24.41\text{Hz}=4\ 687\text{Hz}=4.687\text{kHz}$$

经过混频后，载波频率和最大频偏分别变为：

$$f_{c3}=f_L-f_{c2}=(25.45-19.2)\text{MHz}=6.25\text{MHz}$$

$$\Delta f_{m3}=\Delta f_{m2}=4.687\text{kHz}$$

再经二级四倍频器后，则得调频设备输出调频信号的中心频率和最大频偏分别为：

$$f_c=4\times4\times f_{c3}=16\times6.25\text{MHz}=100\text{MHz}$$

$$\Delta f_m=4\times4\times\Delta f_{m3}=16\times4.687\text{kHz}=75\text{kHz}$$

5.3　鉴频器

5.3.1　鉴频方法综述

1. 鉴频特性

从 FM 信号中恢复出原调制信号的过程称为 FM 波的解调，也称频率检波技术，简称鉴频。鉴频器的输出解调电压信号幅度应与输入 FM 波的瞬时频率成正比，因此鉴频器实际上是一个频率-电压幅度转换电路，描述输出电压 u_o 与输入调频信号频率 f 之间的关系曲线称为鉴频特性曲线，如图 5.15 所示。

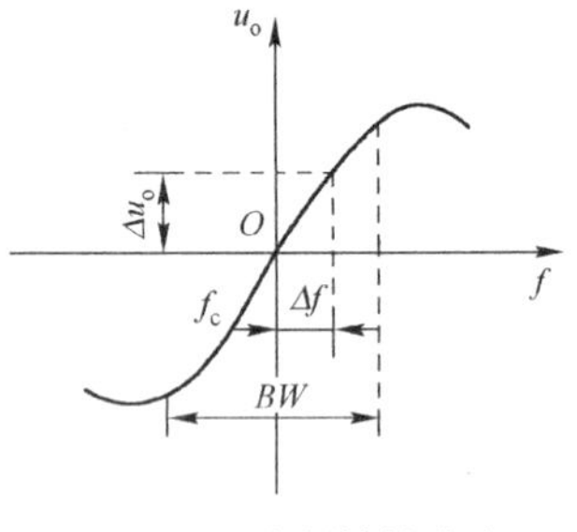

图 5.15　鉴频特性曲线

鉴频器的主要性能指标如下：

（1）鉴频灵敏度 S_D（也称鉴频跨导）。鉴频灵敏度是指在调频波的中心频率 f_c 附近，单位频偏所产生的输出电压的大小，即 $S_D=\Delta u_o/\Delta f$，其单位为 V/Hz。Δu_o、Δf 的含义如图 5.15 所示，一般 S_D 越大越好，以使同样的频偏时输出电压大。

（2）线性范围（带宽）。线性范围指将鉴频特性近似为直线的频率变化范围，如图 5.15 所示中的 BW。它表明鉴频器不失真解调时所允许的最大频率变化范围，即 $2\Delta f_{max}$。鉴频时应使 $2\Delta f_{max}$ 大于调频信号最大频偏的两倍，即 $2\Delta f_m$，同时注意鉴频曲线的对称性。$2\Delta f_{max}$ 也称为鉴频器带宽。

2. 鉴频的实现方法

鉴频的方法很多，除第 6 章介绍的锁相鉴频外，下面将介绍几种常用的鉴频器，其基本工作原理都是将输入的调频信号进行特定的波形变换，使变换后的波形包含反映瞬时频率变化的平均分量，再通过低通滤波器滤波后，就能得到所需的原调制信号。

（1）斜率鉴频器。斜率鉴频器的方框图如图 5.16 所示。先将等幅调频信号送入频率-振幅线性变换网络，变换成幅度与频率成正比变化的调幅-调频信号，然后用包络检波器进行检波，还原出原调制信号。

（2）相位鉴频器。相位鉴频器的方框图如图 5.17 所示。先将等幅的调频信号送入频率-相位线性变换网络，变换成相位与瞬时频率成正比变化的调相-调频信号，然后通过相位检波器还原出原调制信号。

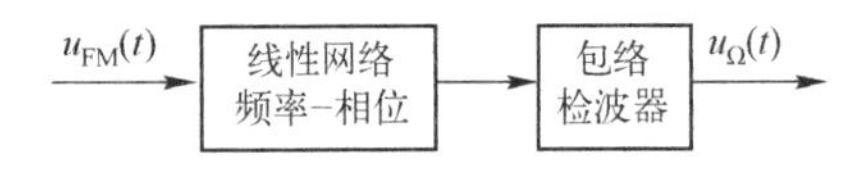

图 5.16　斜率鉴频原理框图

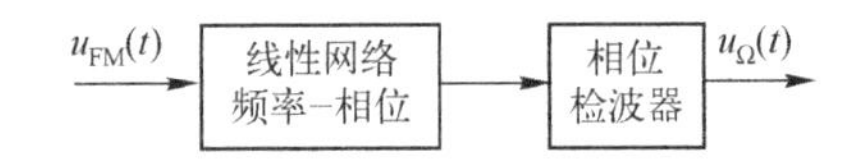

图 5.17　相位鉴频原理框图

（3）脉冲计数式鉴频器。该类鉴频器的典型电路框图如图 5.18 所示。先将等幅的调频信号送入电压比较器，将它变为调频等宽脉冲序列，该等宽脉冲序列含有反映瞬时频率变化的平均分量，并送入计数器和 D/A 转换器，计数器按时钟频率定时计数，D/A 输出的模拟信号就是 FM 信号的解调信号。脉冲计数式鉴频器有各种实现电路，其优点是线性好、频带宽，它能工作在一个相当宽的中心频率范围，便于集成，所以在现代通信集成电路中经常采用。缺点是工作频率受到脉冲最小宽度限制。

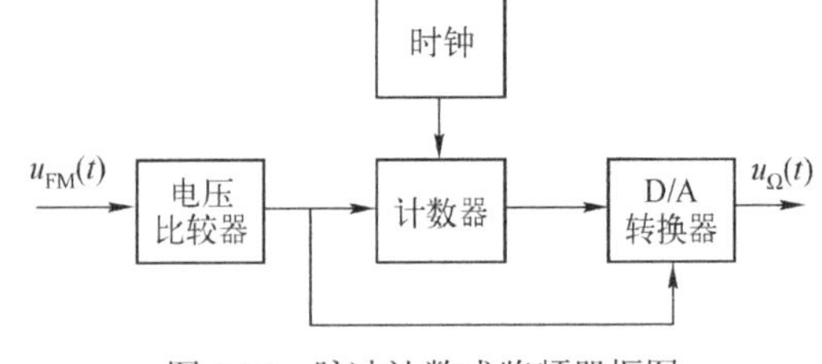

图 5.18　脉冲计数式鉴频器框图

5.3.2 斜率鉴频器

1. 单失谐回路斜率鉴频器

如图 5.19 所示，为单失谐回路斜率鉴频器电路原理图及其鉴频特性曲线。图中 LC 并联谐振回路调谐在高于或低于调频信号中心频率 f_c 上，当输入等幅调频信号中心频率 f_c 失谐于谐振回路的谐振频率 f_0 时，输入信号是工作在 LC 回路的谐振曲线的倾斜部分。实际工作时，可调整谐振回路的谐振频率 f_0，使调频波的中心频率 f_c 处于回路谐振曲线的倾斜部分，接近直线段的中心点 A，则失谐回路可将调频波变换为随瞬时频率变化的调幅-调频波。VD、R_1、C_1 组成振幅检波器，用它对调幅-调频信号进行振幅检波，即可得到原调制信号 $u_o(t)$。由于谐振回路谐振曲线的线性度差，所以，单失谐回路斜率鉴频器输出波形失真大，质量不高，故很少使用。

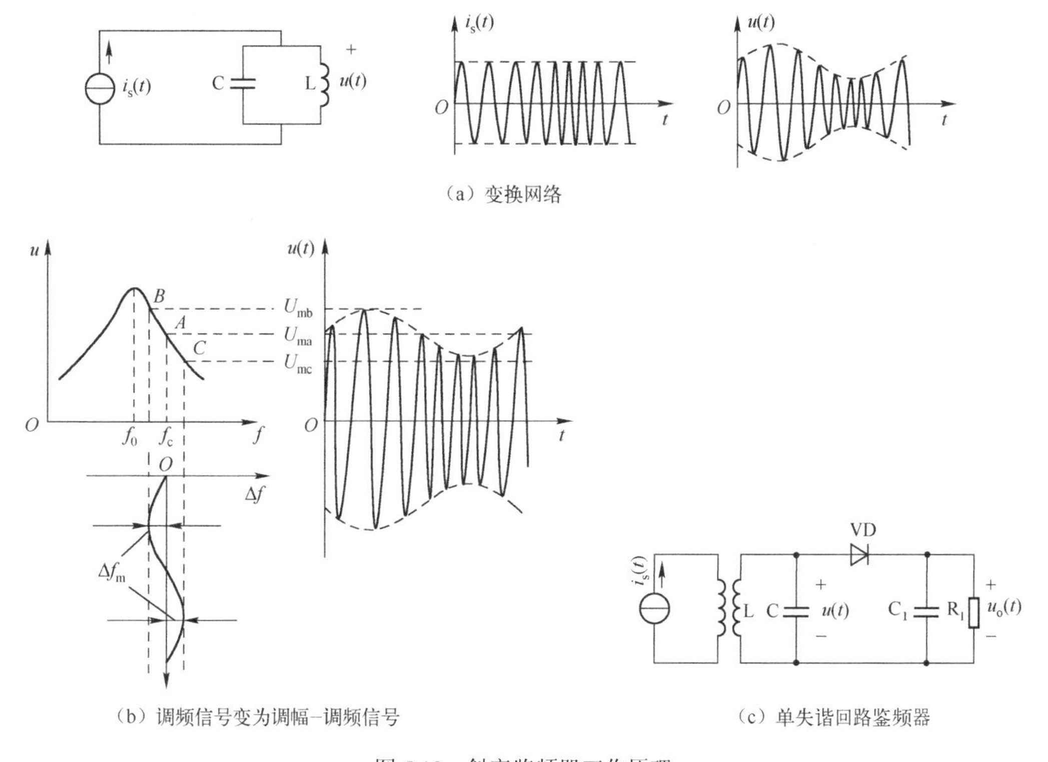

图 5.19 斜率鉴频器工作原理

2. 双失谐回路斜率鉴频器

在实际应用中，采用两个单失谐回路斜率鉴频器，组合成双失谐回路斜率鉴频器，其电路原理图、鉴频特性曲线如图 5.20 所示。

图 5.20（a）中所示次级有两个失谐的并联谐振回路，所以称为双失谐回路斜率鉴频器。其中回路 I 调谐在 f_{01} 上，$f_{01}<f_c$，回路 II 调谐在 f_{02} 上，$f_{02}>f_c$。为保证工作的线性范围，可以调整 f_{01}、f_{02}，使（$f_{02}-f_{01}$）大于输入调频波最大频偏 Δf_m 的两倍。为了使鉴频特性曲线对称，还应使 $f_{02}-f_c=f_c-f_{01}$。将上、下两个单失谐回路斜率鉴频器输出之差作为总输出，即 $u_o=u_{o1}-u_{o2}$。

图 5.20（a）中所示两个二极管包络检波器参数相同，即 $C_1=C_2$、$R_1=R_2$，VD_1 与 VD_2 参数一致。

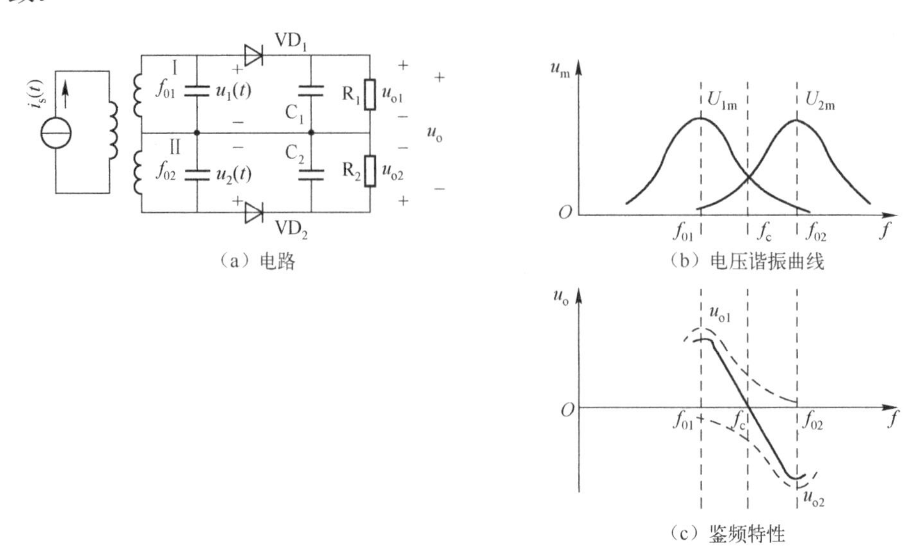

图 5.20　双失谐回路斜率鉴频器

当调频信号的频率为 f_c 时，由图 5.20 可见，U_{1m} 与 U_{2m} 大小相等，故检波输出电压 $u_{o1}=u_{o2}$，鉴频器输出电压 $u_o=0$，当调频波频率为 f_{01} 时，$U_{1m}>U_{2m}$，则 $u_{01}>u_{02}$，所以鉴频器输出电压 $u_o>0$ 为正值，且为最大。当调频信号频率为 f_{02} 时，$U_{1m}<U_{2m}$，则 $u_{o1}<u_{o2}$，所以，$u_o<0$ 为负最大值。由于在 $f>f_{02}$ 时，U_{2m} 随频率升高而下降；在 $f<f_{01}$ 时，U_{1m} 随频率降低而减小。故鉴频特性曲线在 $f>f_{02}$ 和 $f<f_{01}$ 后开始弯曲。

双失谐回路斜率鉴频器由于采用了平衡电路，上、下两个单失谐回路鉴频器特性可相互补偿，使得鉴频器输出电压中的直流分量和低频偶次谐波分量相抵消。故鉴频的非线性失真小，线性范围宽，鉴频灵敏度高；缺点是鉴频特性的线性范围和线性度与两个回路的谐振频率 f_{01} 和 f_{02} 配置有关，调整起来不太方便。

3．集成电路中的斜率鉴频器

图 5.21 所示为一种目前较为实用的斜率鉴频电路，由于该电路便于集成化，而且鉴频特性好，因此被广泛应用于调频接收机和电视伴音解调中。图 5.21 中 L_1、C_1 和 C_2 构成频幅线性转换网络，将输入 FM 波电压 $u_s(t)$转换为两个幅度按 FM 波瞬时频率变化的电压 u_1 和 u_2，而 u_1、u_2 又分别通过射极跟随器 VT_1 和 VT_2 加到三极管包络检波器 VT_3 和 VT_4 上进行包络检波，分别将解调输出的电压加在差分放大器 VT_5 和 VT_6 的基极输入端。然后由差分放大器放大后输出原调制信号 $u_\Omega(t)$，完成鉴频功能。显然 $u_\Omega(t)$与 u_1 和 u_2 的振幅的差值（$U_{1m}-U_{2m}$）成正比。

图 5.21（b）所示为 U_{1m} 和 U_{2m} 随频率变化的特性曲线。图中ω_1、ω_2 分别是 L_1、C_1、C_2 频幅转换网络的两个谐振频率，分别为：

$$\omega_1=1/\sqrt{L_1C_1} \tag{5-28}$$

$$\omega_2=1/\sqrt{L_1(C_1+C_2)} \tag{5-29}$$

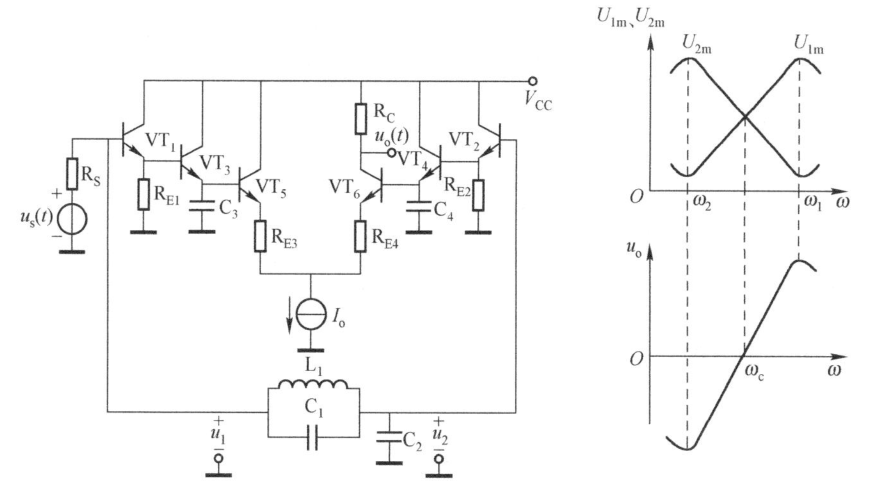

（a）一种实用的斜率鉴频电路　　（b）频幅转换特性曲线和鉴频特性曲线

图 5.21　集成电路中的斜率鉴频器

当ω增大至ω_1时，L_1、C_1回路阻抗增大至谐振，故U_{1m}增大至最大值，而U_{2m}则减小至最小值。当ω自ω_1减小至ω_2，L_1、C_1回路阻抗减小，且呈感性，与C_2产生串联谐振，因而U_{1m}减小至最小值，而U_{2m}增大至最大值。显然U_{1m}和U_{2m}的大小是按瞬时角频率$\omega(t)$的变化规律而变化的。

将上述两条曲线相减所得到的合成曲线，再乘以由射极跟随器、检波器和差分放大器决定的增益，就可得到鉴频特性曲线。实际应用中L_1为可调电感，调节L_1可改变鉴频特性，包括中心频率、线性鉴频范围及鉴频特性曲线的对称性。

5.3.3　相位鉴频器

相位鉴频器有乘积型和叠加型两种。

1．乘积型相位鉴频器

乘积型相位鉴频器的原理框图如图 5.22 所示，将 FM 波延时t_0，当t_0满足一定条件时，可得到相位随调制信号线性变化的调相波，再与原调频波相乘实现鉴相后，经低通滤波器滤波，即可获得所需的原调制信号。

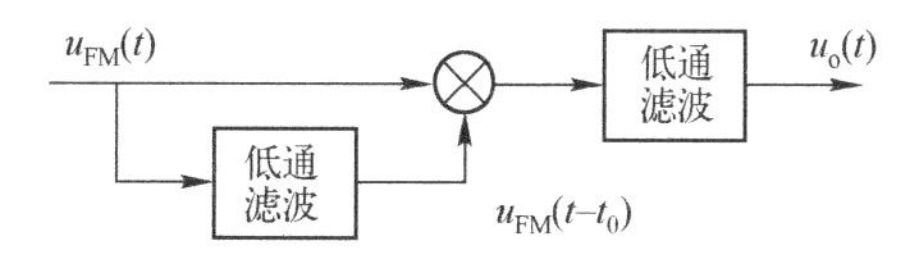

图 5.22　乘积型相位鉴频器 a 原理框图

调频波$u_{FM}(t)$延时t_0后变成$u_{FM}(t-t_0)$。$u_{FM}(t)$与$u_{FM}(t-t_0)$两个信号一起进入相乘器相乘，相乘后的输出电压$u_o(t)=u_{FM}(t)u_{FM}(t-t_0)$。如果$u_{FM}(t)=U_{cm}\cos(\omega_c t+m_f\sin\Omega t)$，则当$\Omega t_0\leqslant 0.2$时，经推导可得：

$$u_o(t)\approx\frac{1}{2}U_{cm}^2\cos[\omega_C t_0+m_f\Omega t_0\cos\Omega t]$$
$$+1/2\,U_{cm}^2\cos[2(\omega_C t+m_f\sin\Omega t)-\omega_C t_0-m_f\Omega t_0\cos\Omega t] \tag{5-30}$$

上式中第一部分为调制信号的余弦函数，可以通过低通滤波器输出；而第二部分的中心频率为 $2\omega_c$，被滤波器滤除。如果合理设计具体电路，可以使 $\omega_c t_o \approx +\pi/2$，又设 $m_f\, \Omega t_0 \leqslant 0.2$，则图 5.22 的输出为：

$$u_o(t) \approx -\frac{1}{2} U_{cm}^2 m_f\, \Omega\, t_0 \cos\Omega t \tag{5-31}$$

可见，输出信号是与原调制信号成正比的。现代调频通信机（包括移动通信机）的接收通道集成电路的调频解调部分几乎都采用乘积型相位鉴频器。

2. 叠加型相位鉴频器

叠加型相位鉴频器的电路模型如图 5.23 所示。首先利用延时电路将调频波转换为调相波，再将其与原调频波相加获得调幅-调频波，然后用二极管包络检波器对调幅-调频波解调，恢复原调制信号。

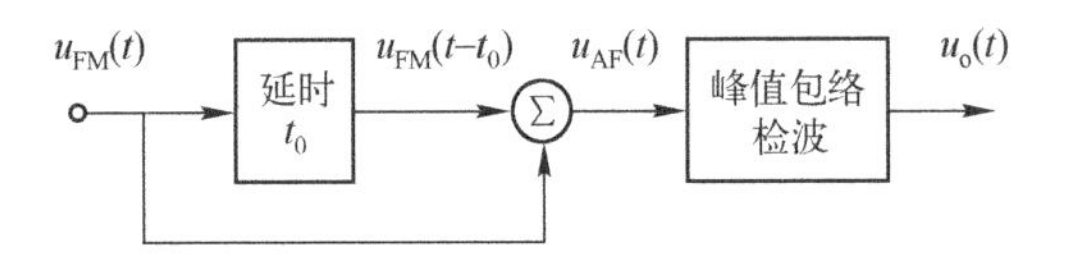

图 5.23 叠加型相位鉴频器原理框图

图 5.24 为互感耦合的叠加型相位鉴频器实用电路，在调频广播接收机中应用较广。图中，谐振回路 I、II 调谐在调频波的中心频率 f_c 上，当调频信号的频偏不太大时，耦合回路可作为延时电路，延时时间可通过改变回路参数的方法进行调整。调频波延时的结果变成了调相-调频波（以原调频波的相位为基准）。未延时的调频信号 u_1 通过耦合电容 C_0 加到高频扼流圈 L_3 上，与已延时的调频信号 u_2 线性叠加。当延时时间满足一定条件时，其叠加结果为一调幅-调频波，即完成了调频波到调幅-调频波的波形变换。两个二极管 VD_1、VD_2 组成了包络检波器，对调幅-调频波进行幅度解调，恢复出所需要的低频调制信号，从而完成了对原调频波的鉴频。

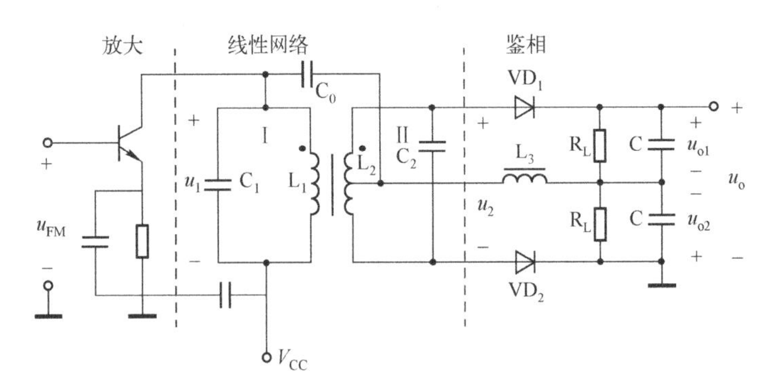

图 5.24 互感耦合的相位鉴频器

此外，还有电容耦合式叠加型相位鉴频器，其分析可参阅其他有关教材。

5.4 调频制抗干扰技术

1. 调频制的干扰

在调频信号传递的信道中，干扰和噪声总会和有用信号一起传送，这样必然影响信号质量，因此要求各种解调方式应具有优良的抗噪声功能，调频解调器的抗噪声能力一般用解调器输出信噪比来衡量，输出信噪比为输出信号功率和输出噪声平均功率的比。由于实际信号中存在着各种形式的干扰和噪声，且十分复杂，而调制信号的解调本身又是一个非线性过程，使得分析困难化。

2. 调频制抗干扰技术

由于鉴频器输出的噪声功率谱密度随调制信号频率的升高按抛物线规律变化，但各种消息信号（语言、音乐）能量都集中在低频端，在高频端功率谱密度随频率升高而下降。故在调制信号频率的高频端鉴频器输出的信噪比会明显下降，这对调制信号接收不利。另外由于鉴频器非线性解调作用，在低输入信噪比条件下，噪声和弱信号的相互作用使鉴频器输出中增加大量脉冲噪声，从而使输出信噪比急剧下降，导致有用信号被噪声淹没。针对这些特点，目前在调频信号的传输中广泛采用预加重、去加重技术和静噪电路来抑制干扰和噪声。

（1）预加重、去加重技术。预加重是在发射端利用预加重网络（如图 5.25 所示）对调制信号频谱中高频成分的振幅进行人为提升，这样使鉴频器输入端高调制频率上的信噪比得到提高，但将造成解调信号失真。于是在接收端采用去加重，去加重是在接收端利用去加重网络（如图 5.26 所示）把调制信号高频端人为提升的信号振幅降下来，使调制信号中高、低频端的各频率分量振幅保持原来比例关系，避免了因发送端采用预加重网络而造成的解调信号失真。目前该技术在调频广播、调频通信、电视伴音收发系统中得到广泛使用。

图 5.25 预加重 RC 网络　　图 5.26 去加重 RC 网络

（2）静噪电路。静噪电路是用来抑制脉冲噪声输出的电路，其方式多种多样。如用静噪电路来控制调频接收机鉴频后的低频放大器，在需要静噪时，可利用鉴频器输出噪声大的特点去控制低频放大器，使其停止工作以达到静噪目的。静噪电路可以接在鉴频器输入端，也可以接在鉴频器输出端。两种静噪电路接入方式如图 5.27 所示。

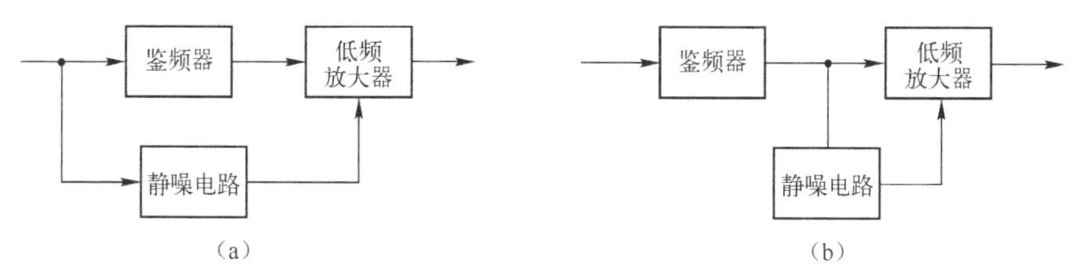

图 5.27 静噪电路的两种接入方式

技能训练 5　无线调频耳机的设计与制作

1．训练目的

（1）掌握无线调频发射与调频接收的基本原理。

（2）学习无线调频耳机的设计方法。

（3）掌握无线调频耳机的安装、调试与测量方法。

2．仪器与器材

瓷片电容：$C_1=0.1\mu F$、$C_2=100pF$、$C_3=220pF$、$C_4=100pF$、$C_5=2200pF$、$C_6=1000pF$、$C_7=0.1\mu F$、$C_8=0.01\mu F$、C_9=可变电容、$C_{10}=0.1\mu F$、$C_{11}=820pF$、$C_{12}=1500pF$；电解电容：$C_{13}=47\mu F$、$C_{14}=100\mu F$、$C_{15}=100\mu F$、$C_{16}=10\mu F$、$C_{17}=10\mu F$；电阻：$R_1=51\Omega$；电位器：$R_P=4.7k\Omega$；电感：$L_1=0.08\mu H$ 集成电路：TDA7021T、LM386；8Ω扬声器一只；3 节 1.5V 电池。

3．制作电路

如图 5.28 所示，高频信号通过电容 C_4 由第 12 脚进入 IC_1 内部高放电路，经混频后输出中频，中频信号经二级有源滤波进入限幅放大器，经限幅后的调频信号进入鉴频器解调。从鉴频器出来的解调信号经过由内部电阻（12kΩ）和外部电容 C_6 组成的低通滤波器，滤去中频及高次谐波后进入低放电路。电容器 C_2 和内部电阻（13kΩ）组成调频接收机的去加重网络，C_{10}、C_3 和 C_1 都是交流旁路电容，为内部放大器提供交流接地电位，C_8、C_{14}、C_{16} 为滤波电容。C_9、L_1 构成并联谐振电路，通过改变 C_9 就可起到选择电台频率的目的。音频信号由 IC_1 第 14 脚输出，经 R_P 可进行音量调节，然后音频信号由 IC_2 第 3 脚进入功放电路，经功放集成电路 LM386 放大，由 IC_2 第 5 脚输出，经耦合电容 C_{14} 输出音频信号推动扬声器发声。

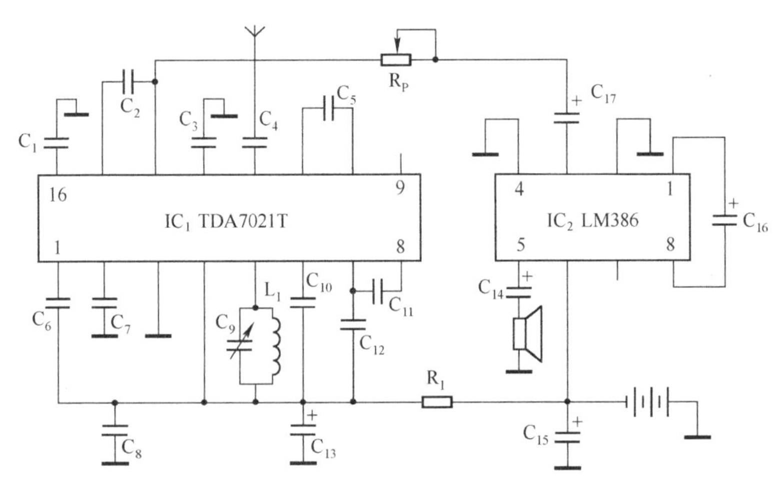

图 5.28　无线调频耳机原理电路

4. 训练步骤

按图 5.28 所示电路，制作印刷电路板，焊接好各元器件。由于本电路所用元器件不多，也可使用万能板，直接在器件之间搭焊实现电路的连接。

确认连线无误后接通电源，此时耳机中有“嗞……嗞……”的声音时说明耳机电路组装正确并已开始工作，调节可变电阻 R_P（4.7kΩ）可改变输出音量的大小，并调节电容 C_9 来改变本机振荡频率以起到选台的作用，将其调到容量最大处，调 L_1 的间距使之收到某个电台的信号，将 C_9 旋至容量最小处，调 L_1 的间距，再使之收到某个电台的信号，从而实现频率范围的覆盖。反复调节达到最佳的收听效果。

本 章 小 结

（1）调频信号的瞬时频率$\Delta f(t)$与调制电压成线性关系，调相信号的瞬时相位$\Delta\varphi(t)$与调制电压成线性关系，两者都是等幅信号。

（2）调频制是一种性能良好的调制方式。与调幅制相比，调频制具有抗干扰能力强、信号传输的保真度高、发射机的功放管利用率高等优点。但调频波所占用的频带要比调幅波宽得多，因此必须工作在超短波以上的波段。

（3）实现调频的方法有直接调频法和间接调频法两种。直接调频具有频偏大、调制灵敏度高等优点，但频率稳定度差，可采用晶振调频电路或 AFC 电路提高频率稳定度。间接调频的频率稳定度高，但频偏小，必须采用倍频、混频等措施来扩展线性频偏。

（4）斜率鉴频和相位鉴频是两种主要鉴频方式。集成斜率鉴频和乘积型相位鉴频便于集成，调频容易，线性度好，应用广泛。

（5）斜率鉴频器是先将频率变化通过幅-频线性网络变换成幅度的变化，即将调频波变换成调幅-调频波，再进行包络检波；相位鉴频器是先将频率变化通过频-相线性网络转换成相位变化，再进行鉴相。

（6）调频制抗干扰技术包括预加重、去加重技术和静噪电路。

习 题 5

5.1 已知载波$f_c=100$MHz，载波电压振幅$U_{cm}=5$V，调制信号$u_\Omega(t)=(\cos2\pi\times10^3t+2\cos2\pi\times500t)$（V）。试写出下述条件调频波的数学表达式：

（1）调频灵敏度$K_f=1$kHz/V。

（2）最大频偏$\Delta f_m=20$kHz。

5.2 载波振荡频率$f_c=25$MHz，振幅$U_{cm}=4$V；调制信号为单频余弦波，频率为$F=400$Hz；最大频偏$\Delta f_m=10$kHz。

（1）分别写出调频波和调相波的数学表达式。

（2）若调制频率变为 2kHz，其他参数不变，分别写出调频波和调相波的数学表达式。

5.3 若调频波的中心频率$f_c=100$MHz，最大频偏$\Delta f_m=75$kHz，求最高调制频率F_{max}为下列数值时的m_f和带宽：

（1）$F_{max}=400$Hz；（2）$F_{max}=3$kHz；（3）$F_{max}=15$kHz。

5.4 设调角波的表达式为 $u(t)=5\cos(2\times10^6\pi t+5\cos2\times10^3\pi t)$V。

（1）求载频 f_c、调制频率 F、调制指数 m、最大频偏 Δf_m、最大相偏 $\Delta\varphi_m$ 和带宽。

（2）这是调频波还是调相波？求相应的原调制信号（设调频时 K_f=2kHz/V，调相时 K_p=1rad/V）。

5.5 若调角波的调制频率 F=400Hz，振幅 $U_{\Omega m}$=2.4V，调制指数 m=60rad。

（1）求最大频偏 Δf_m。

（2）当 F 降为 250Hz，同时 $U_{\Omega m}$ 增大为 3.2V 时，求调频和调相情况下调制指数各变为多少？

5.6 若载波 $u_c(t)=10\cos(2\pi\times50\times10^6 t)$V，调制信号为 $u_\Omega(t)=5\sin(2\pi\times10^3 t)$V，且最大频偏 Δf_m=12kHz，写出调频波的表达式。

5.7 用正弦调制的调频波的瞬时频率为 $f(t)=(10^6+10^4\cos2\pi\times10^3 t)$Hz，振幅为 10V，试求：

（1）该调频波的表达式。

（2）最大频偏 Δf_m、调频指数 m_f、带宽和在 1Ω负载上的平均功率。

（3）若将调制频率提高为 2×10^3Hz，$f(t)$ 中其他量不变，Δf_m、m_f、带宽和平均功率有何变化？

5.8 调制信号为余弦波，当频率 F=500Hz、振幅 $U_{\Omega m}$=1V 时，调角波的最大频偏 Δf_{m1}=200Hz。若 $U_{\Omega m}$=1V、F=1kHz，要求将最大频偏增加为 Δf_{m2}=20kHz。试问：应倍频多少次（计算调频和调相两种情况）？

5.9 在变容管直接调频电路中，如果加到变容管的交流电压振幅超过直流偏压的绝对值，则对调频电路有什么影响？

5.10 双失谐回路斜率鉴频器的一只二极管短路或开路，分别会产生什么后果？如果一只二极管极性接反，又会产生什么后果？

第 6 章　反馈控制电路

学习目标

（1）正确理解 AGC 电路的作用与组成、AGC 电压的产生及实现 AGC 的方法。
（2）熟悉 AFC 电路的工作原理。
（3）熟练掌握锁相环路的基本工作原理及其应用。

反馈控制电路是为了提高和改善电子线路的性能指标或实现一些特定要求，利用反馈信号与原输入信号进行比较，进而输出一个比较信号对系统的某些参数进行修正，从而提高系统性能的自动控制电路。根据控制对象参量的不同，反馈控制电路分为三类：系统中需要比较的参量若为电压或电流则是自动增益控制电路（Automatic Gain Control，简称 AGC）；系统中需要比较的参量若为频率则是自动频率控制电路（Automatic Frequency Control，简称 AFC）；系统中需要比较的参量若为相位则是自动相位控制电路（Phase Lock Loop，简称 PLL），又为锁相环路。其中锁相环路是目前在滤波、频率合成、调制与解调、信号检测等许多技术领域应用最为广泛的一种反馈控制电路，在模拟与数字通信系统中，已成为不可缺少的基本部件。

6.1　自动增益控制（AGC）

自动增益控制（Automatic Gain Control）简称 AGC，是电子设备，尤其是超外差式接收机的重要辅助电路。

6.1.1　AGC 电路的作用与组成

对于接收机而言，其输出信号电平取决于输入信号电平以及接收机的增益。在通信、导航、遥测系统中，由于受发射功率大小、收发距离远近、电波传播衰减等各种因素的影响，所接收到的信号强弱变化范围很大，弱的可能是几微伏，强的则可达几百毫伏。若接收机的增益恒定不变，则信号太强时会造成接收机中的晶体管和终端器件（如扬声器）阻塞、过载甚至损坏；而信号太弱时又可能被丢失。因此希望接收机的增益能随接收信号的强弱而变化，信号强时增益低，信号弱时增益高，这样就需要自动增益控制电路。

因此 AGC 电路的作用是：当输入信号电平变化很大时，尽量保持接收机的输出信号电平基本稳定（变化较小）。即当输入信号很弱时，接收机的增益高；当输入信号很强时，接收机的增益低。

图 6.1 为具有 AGC 电路的接收机框图。图 6.1（a）是超外差式收音机的框图，它具有简单的 AGC 电路。天线收到的输入信号经放大、变频、再放大后，进行检波，检波输出中包含直流分量以及低频分量，其中直流电平的高低直接反映出所接收的输入信号的强弱，而低

频电压则反映出输入调幅波的包络。检波输出信号一路经隔直电容取出低频信号，经低频放大器放大后，推动场声器发声。而检波器另一路输出信号，经低通滤波器滤波后将得到反映输入信号大小的直流分量，即 AGC 电压，AGC 电压可正可负，分别用$+U_{AGC}$和$-U_{AGC}$表示。显然，输入信号强，$|\pm U_{AGC}|$大；反之，$|\pm U_{AGC}|$小。利用 AGC 电压去控制高放或中放的增益，使$|\pm U_{AGC}|$大时增益低，$|\pm U_{AGC}|$小时增益高，即达到了自动增益控制的目的。

图 6.1（b）是电视接收机中公共通道的组成框图，它具有较复杂的 AGC 电路。电视天线收到的输入信号经过高频放大、变频和中放后，进行检波，取出视频信号。预视放对视频信号处理后，一路经视频放大器放大，去控制显像管显示图像；另一路去除干扰后，送到 AGC 电路。经 AGC 检波后，得到一个与输入的视频信号幅度成正比的直流电压，然后将这个电压放大作为 AGC 电压，去控制中放级和高放级的增益，使增益随输入信号的增大而减小。控制的顺序是：先控制中放增益，如果信号还很强，再控制高放级。控制高放级的 AGC 电路称为延迟式 AGC。如果先控制高放级，则整机第一级的信号被衰减过多，就会降低整个通道的信噪比，使画面出现雪花点。

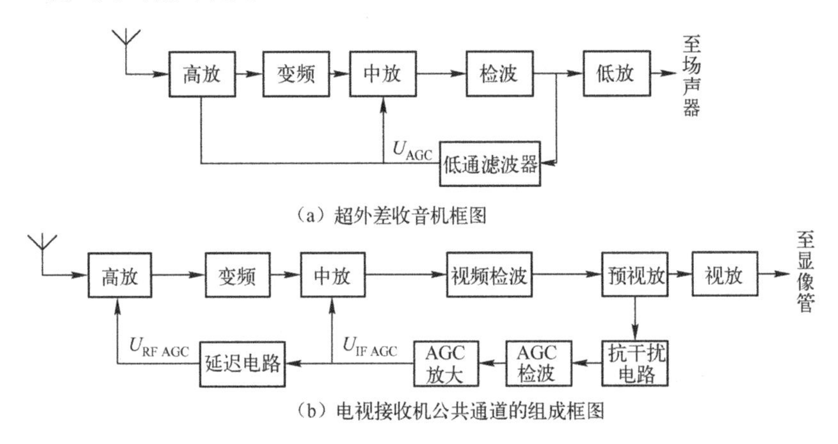

（a）超外差收音机框图

（b）电视接收机公共通道的组成框图

图 6.1　具有 AGC 电路的接收机框图

综上所述，为了实现自动增益控制，必须有一个随输入信号改变的电压，称为 AGC 电压。利用这个电压去控制接收机的某些级的增益，达到自动增益控制的目的。因此，AGC 电路应包括：

（1）产生一个随输入信号大小而变化的控制电压，即 AGC 电压$\pm U_{AGC}$。

（2）利用 AGC 电压去控制某些级的增益，实现 AGC。

6.1.2　AGC 电压的产生

接收机中的 AGC 电压大都是利用中频输出信号经检波后产生的。按照 U_{AGC}产生的方式不同而有各种电路形式，基本电路形式有平均值式 AGC 电路和延迟式 AGC 电路。但在某些特殊的应用场合，如在电视接收机中则广泛采用峰值式 AGC、键控式 AGC 等形式的 AGC 电路。这里主要讨论两种基本的电路形式：平均值式 AGC 电路和延迟式 AGC 电路的基本工作原理。

1. 平均值式 AGC 电路

平均值式 AGC 电路是利用检波器输出电压中的平均直流分量作为 AGC 电压的，其电路如图 6.2 所示。图中，二极管 VD、电阻 R_{L1}、R_{L2} 以及电容 C_1、C_2、C_3 构成检波器，R_P 和 C_P 构成低通平滑滤波器。中频信号电压 u_I 经检波后，除得到所需的低频调制信号（音频信号）之外，还可得到一个平均直流分量的信号。其中音频信号由 R_{L2} 两端取出，经隔直电容 C_C 输出到下一级的低频放大器进行放大。而对于平均直流分量来说，由于它与输入中频信号的载波振幅成正比，而与调幅度无关，因此，可以将它从 C_3 两端取出，经低通平滑滤波器把音频信号滤除后，作为 AGC 电压，加到中放管上去控制中放的增益。根据二极管的极性，不难判断该 AGC 电压为负，即 $-U_{AGC}$。如果平均直流分量从 R_{L2} 两端取出，则 AGC 电压将为正，即为 $+U_{AGC}$。

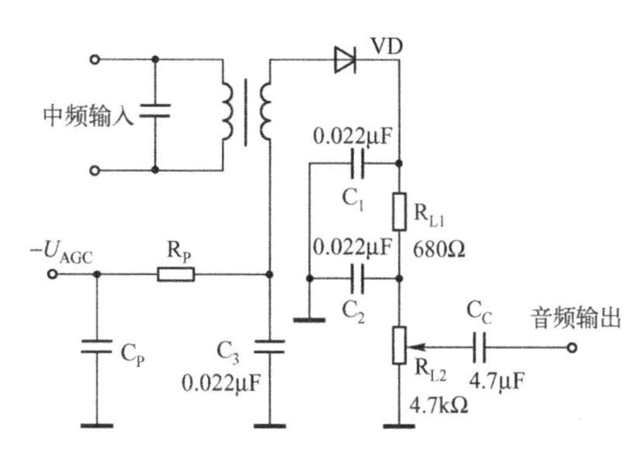

图 6.2　平均值式 AGC 电路

为使 AGC 电压只与中频信号的载波振幅有关，必须保证将音频信号滤除。这就要求合理选择低通平滑滤波器的时间常数 R_PC_P。若 R_PC_P 太大，控制电压 U_{AGC} 会跟不上外来信号的变化，接收机的增益将不能得到及时的调整，失去应有的 AGC 作用。反之，若 R_PC_P 值太小，将无法完全滤除音频信号，AGC 电压中将会含有残余的音频信号，当该电压加到中放去控制中放增益时，将会使调幅波受到反调制，抑制输入调幅波的包络变化，使调制度减小，从而降低检波器输出的音频信号电压的振幅。时间常数 R_PC_P 越小，调制信号频率越低（调幅波包络变化越缓慢），反调制作用就越厉害，结果将使检波器输出音频信号的低频成分减弱，即产生频率失真。显然，应根据最低调制频率来选择 R_PC_P，一般选择 $R_PC_P=(5\sim10)/\Omega_{max}$。

2. 延迟式 AGC 电路

平均值式 AGC 电路的主要缺点是，一有外来信号，AGC 电路立刻起作用，接收机的增益就因受控而减小，这对提高接收机的灵敏度是不利的，这一点对微弱信号的接收尤其不利。为了克服这个缺点，可采用延迟式 AGC 电路。

图 6.3 为 L1590 作中频放大时的延迟式 AGC 电路。图中，AGC 检波器由 VD_1、R_7 和 C_4 组成，R_7C_4 应足够大。运放 A 为直流放大器，电位器 R_{P2} 的动臂从 $+V_{CC}$ 分取基准电压 U_{REF}，即延迟电平，通过 R_6 加到运放的同相输入端。当输入信号较小时，C_4 两端的平均直流分量低于 U_{REF}，二极管 VD_2 截止，AGC 不起作用，L1590 的增益较高。当输入信号较大时，C_4 两端的平均直流分量大于 U_{REF}，VD_2 导通，运放 A 输出的电压即为 U_{AGC}，它通过 R_1 加至 L1590 的第 2 脚，使其增益下降，实现自动增益控制。可见，该 AGC 电路具有延迟功能。

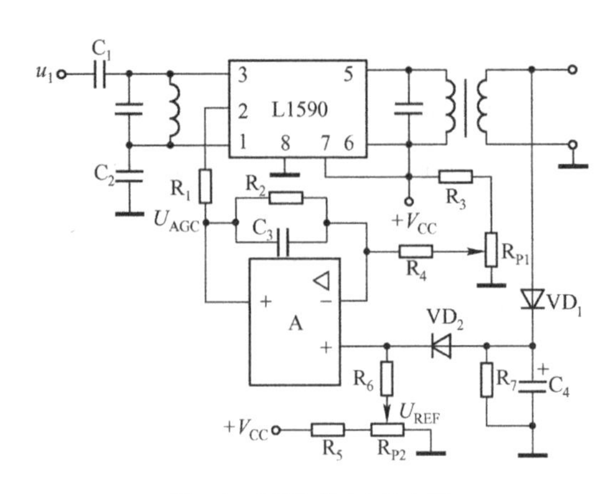

图 6.3　延迟式 AGC 电路

6.1.3　实现 AGC 的方法

实现 AGC 的方法很多，这里仅介绍常用的几种方法。

1．改变发射极电流 I_E

这是在分立元件组成的接收机中常用的实现 AGC 的方法。由于放大器的增益与三极管参数β 有关，而β又与管子的工作点电流 I_E有密切关系，因此，可以通过改变 I_E来控制放大器的增益。

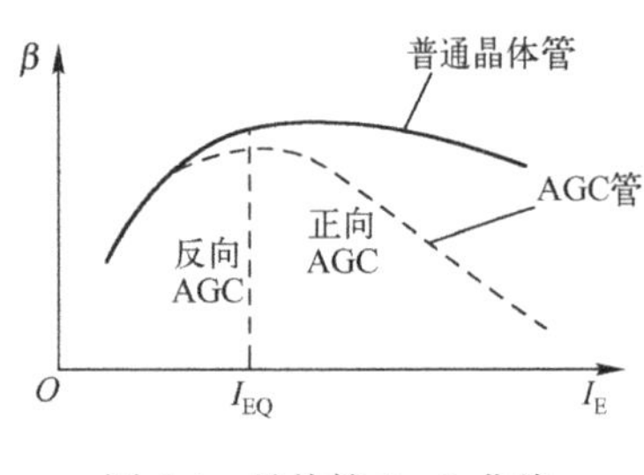

图 6.4　晶体管$\beta \sim I_E$ 曲线

图 6.4 为典型的中放管$\beta \sim I_E$ 曲线。由图可以看出，当 I_E较小时，β随 I_E的增大而增大，当 I_E增大到某一数值时，β达到最大值，然后随着 I_E的增大，曲线缓慢下降。若将静态工作点选在 I_{EQ}点，当 $I_E < I_{EQ}$时，β随 I_E减小而下降，称为反向 AGC；当 $I_E > I_{EQ}$时，β随 I_E增大而下降，称为正向 AGC。

对于反向 AGC，可将 AGC 电压加至三极管的发射结，如图 6.5（a）、（b）所示。当$|\pm U_{AGC}|$增大时，发射结电压$|u_{BE}|$降低，造成 I_E减小。从而形成了 $U_{im}\uparrow \rightarrow U_{om}\uparrow \rightarrow |\pm U_{AGC}|\uparrow \rightarrow I_E\downarrow \rightarrow \beta\downarrow \rightarrow A_u\downarrow$ 的控制过程，使输出电压减小，达到实现 AGC 的目的。

对于正向 AGC，I_E 必须随着$|\pm U_{AGC}|$的增大而增大，才能使β下降，增益降低，起始工作点应选在曲线上β最大处，正向 AGC 电路的连接方法如图 6.5（c）所示。其控制过程可表示为：

$$U_{im}\uparrow \rightarrow U_{om}\uparrow \rightarrow |\pm U_{AGC}|\uparrow \rightarrow I_E\uparrow \rightarrow \beta\downarrow \rightarrow A_u\downarrow$$

但普通的高、中放管，其$\beta \sim I_E$ 曲线的上升部分较陡，下降部分较平缓。为了使正向 AGC 增益控制灵敏，管子$\beta \sim I_E$ 曲线的下降部分应较陡峭。满足上述要求的管子就是（正向）AGC 管，如 2G210、3DG79 等，其典型$\beta \sim I_E$ 曲线如图 6.4 虚线所示。

2．改变放大器的负载

这是在集成电路组成的接收机中常用的实现 AGC 的方法。由于放大器的增益与负载密切相关，因此通过改变负载就可以控制放大器的增益。在集成电路中，受控放大器的部分负载通常是三极管的射极输入电阻（发射结电阻），若用 AGC 电压控制管子的偏流，则该电阻也随着改变，从而达到控制放大器增益的目的。

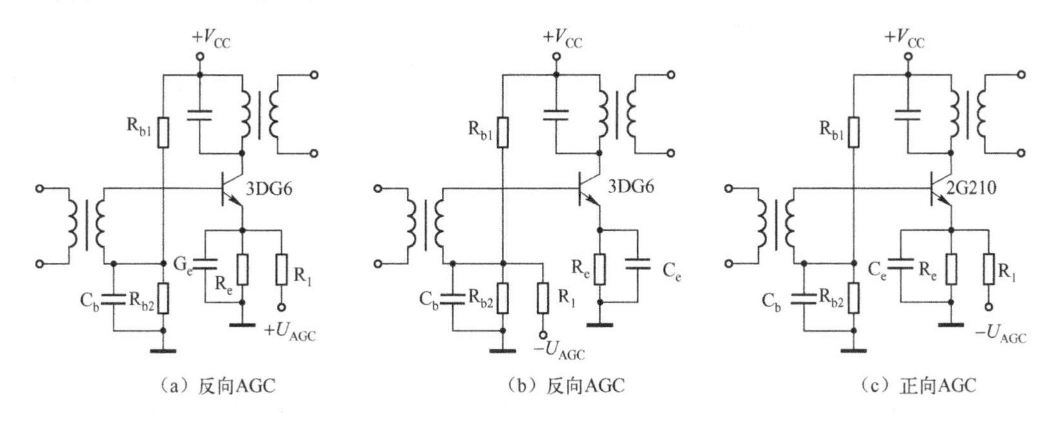

图 6.5　改变 I_E 的 AGC 电路

在集成宽带放大器 L1590 中，就采用上述的 AGC 电路。L1590 的内部电路参见第 1 章图 1.33。在图 1.33 中，输入差动放大器 VT_1、VT_2 的集电极负载除了共基组态的 VT_3、VT_6 输入电阻外，还分别接有 VT_4、VT_5 的射极输入电阻。VT_3、VT_4 以及 VT_5、VT_6 的射极输入电阻分别并联，而 VT_4、VT_5 的工作点电流受 AGC 电压控制，即 VT_4、VT_5 的射极输入电阻受 U_{AGC} 控制。当输入信号增大使 U_{AGC} 增大，VT_4、VT_5 的射极输入电阻因其工作点电流增大而减小，因此 VT_1、VT_2 的集电极负载减小，放大器的增益就降低。

3. 改变放大器的负反馈深度

这也是在集成电路组成的接收机中常用的实现 AGC 的方法。图 6.6 为电视机集成中频放大器中的一级中放电路示意图，它采用了发射极负反馈 AGC 电路。图中 VT_1、VT_2 组成双端输入双端输出差分放大器，控制信号 U_{AGC} 从 VT_3 的基极注入，VD_1、VD_2、R_{e1}、R_{e2} 引入射极负反馈。由于电路的对称性，有 $R_{e1}=R_{e2}=R_e$、$R_{c1}=R_{c2}=R_c$，VD_1 和 VD_2 的导通与否取决于 R_e 上的电压降。

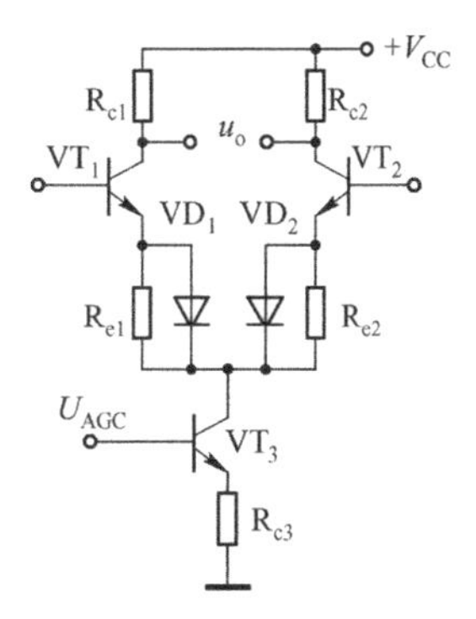

图 6.6　发射极负反馈 AGC 电路

该电路的增益控制作用，主要是通过控制电压 U_{AGC} 对差分放大器恒流源电流的控制作用，来控制负反馈的深度，从而控制放大器的增益。当 U_{AGC} 较小时，I_{c3} 较小，通过 R_e 上的平均电流 $I_{c3}/2$ 也较小，当 $R_e I_{c3}/2$ 小于二极管的导通电压，则 VD_1、VD_2 截止，这时发射极电阻 R_e 的负反馈作用较强，差分放大器的增益较小；当 U_{AGC} 较大时，I_{c3} 较大，使 $R_eI_{c3}/2$ 大于二极管的导通电压，则 VD_1、VD_2 导通，VD_1、VD_2 的动态电阻减小，使得差分放大器的射极负反馈等效电阻减小，电路增益增大。U_{AGC} 越大，I_{c3} 也越大，流过二极管的电流也就越大，因此二极管的动态电阻也就越小，负反馈作用也越弱，差分放大器的增益就越高。

由此可见，在这种电路中，控制电压 U_{AGC} 应随输入信号的增大而减小。

6.2 自动频率控制（AFC）

6.2.1 AFC 的工作原理

自动频率控制也称自动频率微调，是用来控制振荡器的振荡频率，以达到某一预定要求的系统。图 6.7 为 AFC 电路的原理框图，它由鉴频器、低通滤波器和压控振荡器组成，f_r 为标准频率，f_o 为输出信号频率。

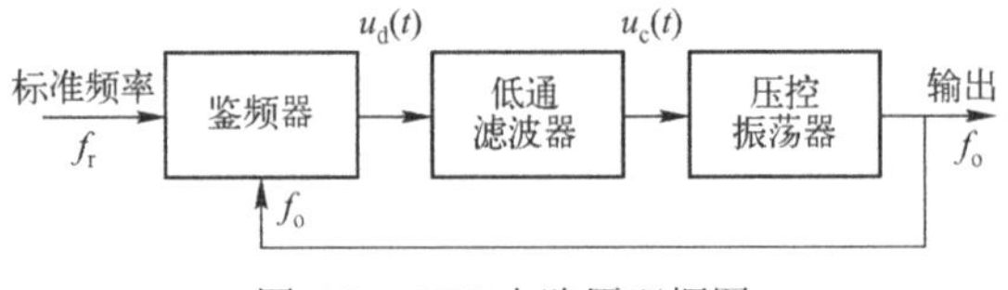

图 6.7 AFC 电路原理框图

由图 6.7 可见，压控振荡器的输出频率 f_o 与标准频率 f_r 在鉴频器中进行比较，当 f_o=f_r 时，鉴频器无输出，压控振荡器不受影响；当 $f_o \neq f_r$ 时，鉴频器即有误差电压输出，其大小正比于（f_o-f_r），经低通滤波器滤除交流成分后，输出的直流控制电压 $u_c(t)$加到压控振荡器上，迫使压控振荡器的振荡频率 f_o 与 f_r 接近，而后在新的振荡频率基础上，再经历上述过程，使误差频率进一步减小，如此循环下去，最后 f_o 和 f_r 的误差减小到某一最小值Δf时，自动微调过程停止，环路进入锁定状态。也就是说，环路在锁定状态时，压控振荡器输出信号频率等于(f_r+Δf)，Δf 称为剩余频率误差，简称剩余频差。这时，压控振荡器在由剩余频差Δf通过鉴频器产生的控制电压作用下，使其振荡频率保持在（f_r+Δf）上。可见，自动频率控制电路通过自身的调节作用，可以将原先因压控振荡器不稳定而引起较大起始频差减小到较小的剩余频差Δf。由于自动频率微调过程是利用误差信号的反馈作用来控制压控振荡器的振荡频率的，而误差信号是由鉴频器产生的，因而达到最后稳定状态，即锁定状态时，两个频率不能完全相等，必须有剩余频差Δf 存在，这就是 AFC 的缺点。自动频率控制电路的剩余频差的大小取决于鉴频器和压控振荡器的特性，Δf 越小越好。

6.2.2 AFC 的应用

AFC 广泛用做接收机和发射机中的自动频率微调电路。如图 6.8 所示为采用 AFC 电路的调幅接收机组成框图，它比普通调幅接收机相比，增加了限幅鉴频器、低通滤波器和放大器等部分，同时将本机振荡器改为压控振荡器。混频器输出的中频信号经中频放大器放大后，除送到包络检波器外，还送到限幅鉴频器进行鉴频。由于鉴频器中心频率调在规定的中心频率 f_I 上，鉴频器就可将偏离于中频的频率误差变换成电压，该电压通过窄带低通滤波器和放大后作用到压控振荡器上，压控振荡器的振荡频率发生变化，使偏离于中频的频率误差减小。这样，在 AFC 电路的作用下，接收机的输入调幅信号的载波频率和压控振荡器频率之差接近于中频。因此，采用 AFC 电路后，中频放大器的带宽可以减小，从而有利于提高接收机的灵敏度和选择性。

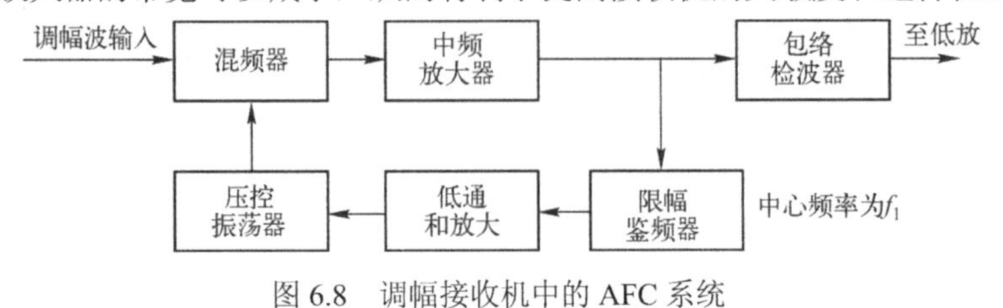

图 6.8 调幅接收机中的 AFC 系统

如图 6.9 所示为采用 AFC 电路的调频发射机组成框图。图中石英晶体振荡器是频率稳定度很高的参考频率信号源，其频率为 f_r，作为 AFC 电路的标准频率；调频振荡器的标称中心频率为 f_c；鉴频器的中心频率调整在（f_r-f_c）上。由于 f_r 稳定度很高，当调频振荡器中心频率发生漂移时，混频器输出的频差也随之变化，使限幅鉴频器输出电压发生变化，经低通滤波器滤除调制频率分量后，输出反映调频波中心频率漂移程度的缓慢变化电压，此电压加到调频振荡器上，调节其振荡频率，使中心频率漂移减小，稳定度提高。

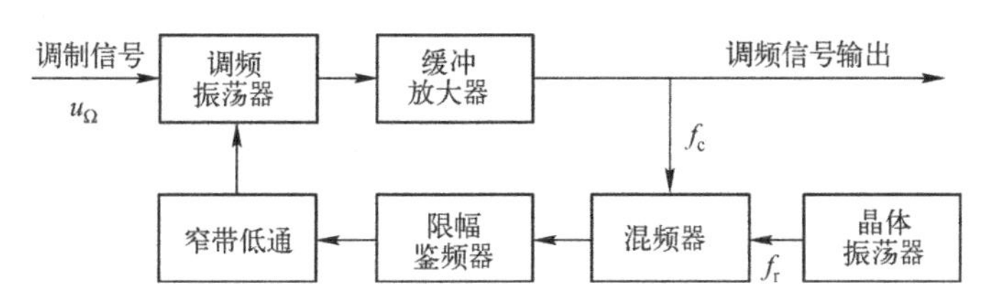

图 6.9　具有 AFC 电路的调频发射机框图

6.3　锁相环路

锁相环路是一种以消除频率误差为目的的自动控制电路，但它不是直接利用频率误差信号电压，而是利用相位误差信号电压去消除频率误差。

锁相环路的基本理论早在 20 世纪 30 年代就已被提出，直到 20 世纪 70 年代初，由于集成技术的迅速发展，可以将这种较为复杂的电子系统集成在一块硅片上，从而引起电路工作者的广泛注意，目前，锁相环路在滤波、频率合成、调制与解调、信号检测等许多技术领域获得了广泛的应用，在模拟与数字通信系统中，已成为不可缺少的基本部件。

6.3.1　锁相环路的基本工作原理

锁相环路（Phase Lock Loop，PLL）是一种自动相位控制（APC）系统，是现代电子系统中应用广泛的一个基本部件，它的基本作用是在环路中产生一个振荡信号（有时也称本地振荡信号），其相位“锁定”在环路输入信号的相位上。所谓相位锁定是指两个信号的频率完全相等，二者的相位差保持恒定值。

锁相环路的基本组成框图如图 6.10 所示。由图可见，锁相环路由鉴相器 PD（Phase Detector）、环路滤波器 LF（Loop Filter）和压控振荡器 VCO（Voltage-Controlled Oscillator）三个基本部分组成，其中 LF 为低通滤波器。锁相环路的工作原理如下：设输入信号 $u_i(t)$和压控振荡器的输出信号 $u_o(t)$分别是正弦和余弦信号，它们在鉴相器中进行比较，鉴相器输出的误差电压 $u_d(t)$是二者相位差的函数，环路（低通）滤波器滤除误差电压 $u_d(t)$中的高频分量后得到控制电压 $u_c(t)$，然后把控制电压 $u_c(t)$加到压控振荡器的输入端，压控振荡器送出的输出信号频率将随着输入信号的变化而变化。当输入信号和输出信号频率相同且相位差为$\pi/2$时，鉴相器输出中的低频分量为零，因此环路滤波器的输出也为零，压控振荡器的振荡频率不发生变化，二者保持频率相同且相位差固定不变。如果二者的频率不一致，则鉴相器将产生低频变化分量并通过环路滤波器使压控振荡器的频率发生变化。如环路设计得恰当，则这种变化将不断使得输出信号的频率同输入信号的频率趋于一致，最终使得输出信号的频率和输入信号的频率完全一致，两者相位差保持为某一恒定值（称稳态相位误差或剩余相差）。此时鉴相器输出将是一个恒定直流电压（高频成分已忽略），环路滤波器的输出也是一个直流电压，压控振荡器的频率将停止变化，这时环路处于“锁定”状态。

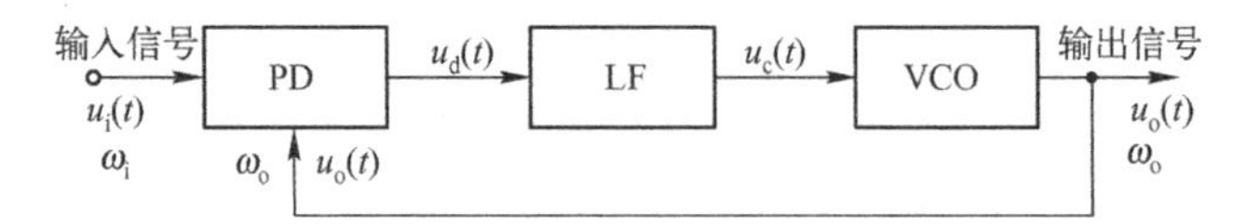

图 6.10　锁相环路的组成方框图

与自动频率控制电路一样，锁相环路也是一种实现频率跟踪的自动控制电路，但是两者的控制原理不同。为了使输入信号 $u_i(t)$的角频率ω_i和 VCO 振荡角频率ω_o之间保持预定关系（在图 6.10 所示环路中，预定关系是$\omega_o=\omega_i$），在锁相环路中，并不是利用它们之间的频率差，而是利用它们之间的相位差来实现的。正因如此，锁相环路一旦相位锁定，虽存在相位差，但不存在频差，即可以实现无误差的频率跟踪。而这一点是 AFC 系统无法实现的。因此，锁相环路的应用比 AFC 系统的应用广泛得多。

6.3.2　锁相环路的相位模型与环路方程

为了对锁相环路（见图 6.10）进行定量的描述，必须先把锁相环路中各组成部件的特性用数学表达式描写出来。

1. 鉴相器

在锁相环路中，鉴相器的两个输入信号分别为环路的输入信号 $u_i(t)$和 VCO 的输出信号 $u_o(t)$，如图 6.11（a）所示，它的作用是检测出两个输入信号之间的瞬时相位差，产生相应的输出信号 $u_d(t)$。若设ω_r为 VCO 未加控制电压时的固有振荡角频率，用来作为环路的参考角频率，则 $u_i(t)$的角频率ω_i和 VCO 的实际角频率ω_o可分别表示为：

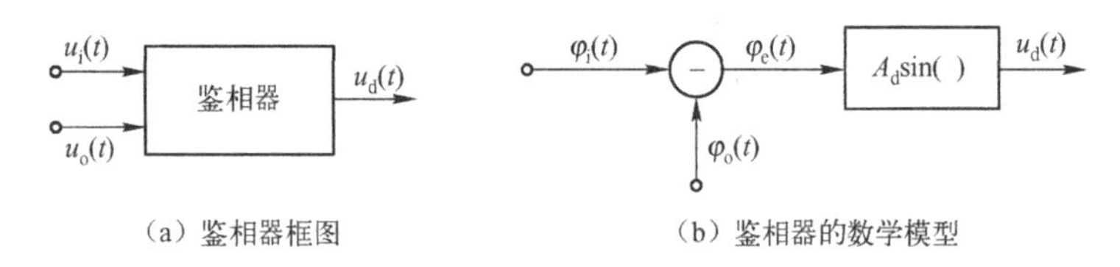

（a）鉴相器框图　　（b）鉴相器的数学模型

图 6.11　鉴相器的电路模型

$$\omega_i=\omega_r+\frac{d\varphi_i(t)}{dt},\quad \omega_o=\omega_r+\frac{d\varphi_o(t)}{dt} \tag{6-1}$$

那么，u_i（t）和 u_o（t）的表达式分别为：

$$u_i(t)=U_{im}\sin[\omega_r t+\varphi_I(t)+\varphi_1] \tag{6-2}$$

$$u_o(t)=U_{om}\sin[\omega_r t+\varphi_o(t)+\varphi_2] \tag{6-3}$$

式中，φ_1、φ_2为起始相位，一般取$\varphi_1=0$、$\varphi_2=\pi/2$，即

$$u_i(t)=U_{im}\sin[\omega_r t+\varphi_I(t)] \tag{6-4}$$

$$u_o(t)=U_{om}\cos[\omega_r t+\varphi_o(t)] \tag{6-5}$$

鉴相器的输出电压是 $u_i(t)$和 $u_o(t)$相位差的函数，究竟是什么函数，则要取决于所用鉴相

器的结构。常用的一种鉴相器，如采用模拟乘法器的乘积型鉴相器，其输出电压正比于 $u_i(t)$ 和 $u_o(t)$的乘积，可表示为：

$$AU_{im}\sin[\omega_r t+\varphi_I(t)]\cdot U_{om}\cos[\omega_r t+\varphi_o(t)]$$

式中，A 是取决于鉴相器结构的一个常数。

用三角函数中的积化和差公式展开上式，即可得：

$$\frac{A}{2}U_{im}U_{om}\sin[2\omega_r t+\varphi_I(t)+\varphi_o(t)]+\frac{A}{2}U_{im}U_{om}\sin[\varphi_I(t)-\varphi_o(t)]$$

可见，鉴相器输出电压 $u_d(t)$中既有高频分量，又有低频分量，而环路滤波器只允许低频分量通过，因此，鉴相器的低频分量输出为：

$$u_d(t)=\frac{A}{2}U_{im}U_{om}\sin[\varphi_I(t)-\varphi_o(t)]=A_d\sin\varphi_e(t) \quad (6\text{-}6)$$

式中，$A_d=\frac{A}{2}\mathrm{U_{im}U_{om}}$ 为鉴相器的最大输出电压；

$\varphi_e(t)$为 $u_i(t)$和 $u_o(t)$之间的瞬时相位差［不计 $u_i(t)$与 $u_o(t)$的固定相位差π/2］，即

$$\varphi_e(t)=\varphi_I(t)-\varphi_o(t) \quad (6\text{-}7)$$

$u_d(t)$相对于$\varphi_e(t)$的变化曲线称为鉴相特性，对于上面所讨论的鉴相器，$u_d(t)$随$\varphi_e(t)$做周期性的正弦变化，因此称为正弦鉴相特性，如图 6.12 所示。

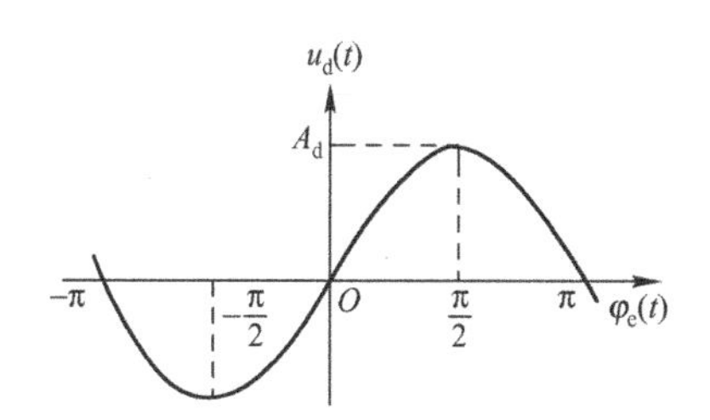

图 6.12　模拟乘法器的正弦鉴相特性

由式（6-6）可以得到鉴相器的电路模型如图 6.11（b）所示。由电路模型可以看出，鉴相器具有把相位差转换为误差电压输出的作用，其处理的对象是$\varphi_I(t)$和$\varphi_o(t)$，而不是信号 $u_i(t)$和 $u_o(t)$。

2．环路滤波器

环路滤波器是一个低通滤波器，常用的环路低通滤波器有简单 RC 积分滤波器、RC 比例积分滤波器和有源比例积分滤波器等，如图 6.13 所示。它的作用是滤除鉴相器输出电压中的高频分量及其他干扰分量，让鉴相器输出电压中的低频分量或直流分量通过，以保证环路所要求的性能，并提高环路的稳定性。

对图 6.13（a）所示的简单 RC 滤波器有

$$\dot{A}_F(\mathrm{j}\omega)=\frac{\dot{U}_c(\mathrm{j}\omega)}{\dot{U}_d(\mathrm{j}\omega)}=\frac{\frac{1}{\mathrm{j}\omega C}}{R+\frac{1}{\mathrm{j}\omega C}}=\frac{1}{1+\mathrm{j}\omega RC}=\frac{1}{1+\mathrm{j}\omega\tau} \quad (6\text{-}8)$$

式中，$\tau=RC$。

对图 6.13（b）所示的无源比例积分滤波器有

$$\dot{A}_F(\mathrm{j}\omega)=\frac{R_2+\frac{1}{\mathrm{j}\omega C}}{R_1+R_2+\frac{1}{\mathrm{j}\omega C}}=\frac{1+\mathrm{j}\omega R_2C}{1+\mathrm{j}\omega(R_1C+R_2C)}=\frac{1+\mathrm{j}\omega\tau_2}{1+\mathrm{j}\omega(\tau_1+\tau_2)} \quad (6\text{-}9)$$

式中，$\tau_1=R_1C$，$\tau_2=R_2C$。

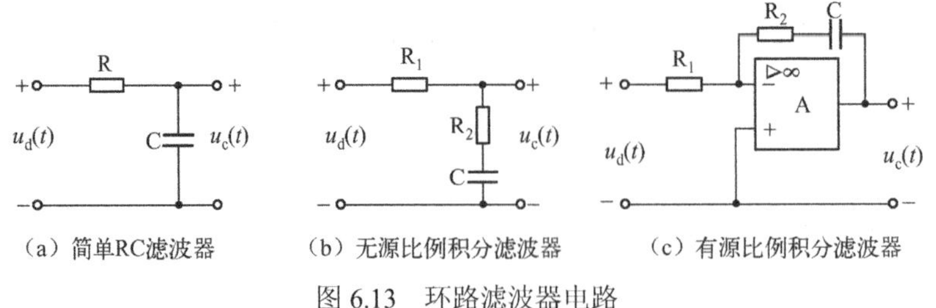

图 6.13　环路滤波器电路

对图 6.13（c）所示有源比例积分滤波器，当集成运放满足理想化条件时有

$$\dot{A}_{\mathrm{F}}(\mathrm{j}\omega)=-\frac{R_2+\dfrac{1}{\mathrm{j}\omega C}}{R_1}=-\frac{1+\mathrm{j}\omega\tau_2}{\mathrm{j}\omega\tau_1} \tag{6-10}$$

式中，$\tau_1=R_1C$、$\tau_2=R_2C$。

上式表明，$\dot{A}_{\mathrm{F}}(\mathrm{j}\omega)$ 与 $\mathrm{j}\omega$成反比，即具有积分特性，故这种滤波器又称理想积分滤波器。

如果将 $\dot{A}_{\mathrm{F}}(\mathrm{j}\omega)$ 中的复频率 $\mathrm{j}\omega$用微分算子 p 替换，就可写出描述滤波器输出与输入之间关系的微分方程，即

$$u_{\mathrm{c}}(t)=A_{\mathrm{F}}(p)u_{\mathrm{d}}(t) \tag{6-11}$$

由上式可得环路滤波器的电路模型，如图 6.14 所示。

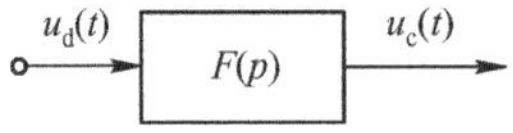

$u_d(t)$　$F(p)$　$u_c(t)$

图 6.14　环路滤波器电路模型

3．压控振荡器

压控振荡器的作用是产生频率随控制电压 $u_{\mathrm{c}}(t)$变化的振荡电压 $u_{\mathrm{o}}(t)$。压控振荡器的特性可用调频特性（即其瞬时振荡角频率ω_{o}相对于输入控制电压 $u_{\mathrm{c}}(t)$的关系）来表示，如图 6.15（a）所示，可以看出，在一定范围内ω_{o}与 $u_{\mathrm{c}}(t)$是成线性关系的，因此可以写出：

$$\omega_{\mathrm{o}}=\omega_{\mathrm{r}}+A_{\mathrm{o}}u_{\mathrm{c}}(t) \tag{6-12}$$

式中，ω_{r}是压控振荡器的中心频率，即控制电压 $u_{\mathrm{c}}(t)$为零时的振荡频率；

A_{o}为压控振荡器调频特性曲线在 $u_{\mathrm{c}}(t)=0$ 处的斜率，称为压控灵敏度（或调频灵敏度），单位为 rad/(s • V)。

根据式（6-1），将上式改写为：

$$\frac{\mathrm{d}\varphi_{\mathrm{o}}(t)}{\mathrm{d}t}=A_{\mathrm{o}}u_{\mathrm{C}}(t) \tag{6-13}$$

或

$$\varphi_{\mathrm{o}}(t)=A_{\mathrm{o}}\int_0^1 u_{\mathrm{c}}(t)\mathrm{d}t \tag{6-14}$$

可见，就$\varphi_{\mathrm{o}}(t)$和 $u_{\mathrm{c}}(t)$之间的关系而言，VCO 是一个理想的积分器，因此，往往将它称为锁相环路中的固有积分环节。若用微分算子 $p=\dfrac{\mathrm{d}}{\mathrm{d}t}$ 表示，则上式可表示为：

$$\varphi_{\mathrm{o}}(t)=A_{\mathrm{o}}\frac{u_{\mathrm{c}}(t)}{p} \tag{6-15}$$

由上式可得 VCO 的电路模型，如图 6.15（b）所示。

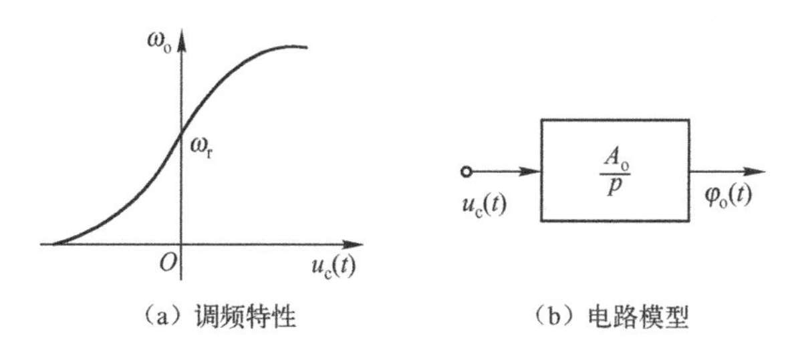

图 6.15　VCO 的调频特性及电路模型

4．锁相环路的相位模型与环路方程

将上面得到的三个基本组成部分的电路模型按图 6.10 连接起来，就可得到图 6.16 所示的环路模型。

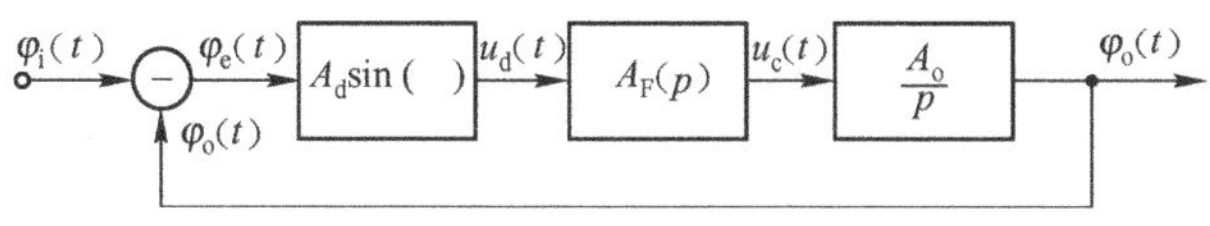

图 6.16　锁相环路的相位模型

由该模型可以写出锁相环路的基本方程为：

$$\varphi_e(t)=\varphi_i(t)-\varphi_o(t)=\varphi_i(t)-A_dA_oA_F(p)\frac{1}{p}\sin\varphi_e(t)$$

或

$$p\varphi_e(t)+A_dA_oA_F(p)\sin\varphi_e(t)=p\varphi_i(t) \qquad (6\text{-}16)$$

式（6-16）是非线性微分方程，可以完整地描述环路闭合后所发生的控制过程，其中等式左边第一项 $p\varphi_e(t)=\mathrm{d}\varphi_e(t)/\mathrm{d}t=\mathrm{d}\varphi_i(t)/\mathrm{d}t-\mathrm{d}\varphi_o(t)/\mathrm{d}t=\omega_i-\omega_o=\Delta\omega_e(t)$表示 VCO 振荡角频率偏离输入信号角频率的数值，称为瞬时角频率差；第二项表示 VCO 在 $u_c(t)=A_dA_F(p)\sin\varphi_e(t)$的作用下产生振荡角频率偏离 ω_r 的数值，即第二项 $A_dA_oA_F(p)\sin\varphi_e(t)=A_o u_c(t)=p\varphi_o(t)=\mathrm{d}\varphi_o(t)/\mathrm{d}t=\omega_o-\omega_r=\Delta\omega_o(t)$，称为控制角频率差；而等式右边 $p\varphi_i(t)=\mathrm{d}\varphi_i(t)/\mathrm{d}t=\omega_i-\omega_r=\Delta\omega_i(t)$表示输入信号角频率偏离$\omega_r$的数值，称为固有角频率差。因而，上式表明，环路闭合后的任何时刻，瞬时角频率差和控制角频率差之和恒等于输入固有角频率差，即 $\Delta\omega_e(t)+\Delta\omega_o(t)=\Delta\omega_i(t)$。如果输入固有角频率差为常数，$\Delta\omega_i(t)=\omega_i-\omega_r=\Delta\omega_i$，即 $u_i(t)$为恒定频率的输入信号，则在环路进入锁定过程中，瞬时角频率差不断减小，而控制角频率差不断增大，但两者之和恒等于 $\Delta\omega_i$，直到瞬时角频率差减小到零，即 $\Delta\omega_e(t)=0$，而控制角频率差增大到 $\Delta\omega_i$ 时，VCO 振荡角频率等于输入信号角频率（$\omega_o=\omega_i$）。环路便进入锁定状态。这时，$p\varphi_e(t)=\mathrm{d}\varphi_e(t)/\mathrm{d}t=0$，即相位误差$\varphi_e(t)$为一固定值，用 $\varphi_{e\infty}$ 表示，称为剩余相位误差或稳态相位误差。正是这个稳态相位误差，才使鉴相器输出一直流电压，这个直流电压通过环路滤波器加到 VCO 上，调整其振荡频率，使它等于输入信号频率。若设滤波器的直流增益为 $A_F(0)$，则当环路锁定时，环路的基本方程式（6-16）可简化为：

$$A_dA_oA_F(0)\sin\varphi_{e\infty}=\Delta\omega_i \qquad (6\text{-}17)$$

故$\varphi_{e\infty}$为：

$$\varphi_{e\infty}=\arcsin\frac{\Delta\omega_i}{A_{\text{åo}}} \quad (6\text{-}18)$$

式中，$A_{\Sigma o}=A_d A_o A_F$（0）为环路的直流总增益。

上式表明，环路锁定时，随着$\Delta\omega_i$增大，$\varphi_{e\infty}$也相应增大，这就是说，$\Delta\omega_i$越大，将VCO振荡频率调整到等于输入信号频率所需的控制电压就越大，因而产生这个控制电压的$\varphi_{e\infty}$也就越大。直到$\Delta\omega_i$增大到大于$A_{\Sigma o}$时，上式无解，表明环路不存在使它锁定的$\varphi_{e\infty}$，或者说，输入固有频差过大，环路就无法锁定。其原因就在于$\varphi_{e\infty}=\pi/2$时，鉴相器已输出最大电压，若要继续增大$\varphi_{e\infty}$，鉴相器输出电压反而减小，无法获得足够的控制电压，调整VCO的振荡频率，使它等于输入信号频率。由此可见，能够维持环路锁定所允许的最大输入固有角频率差$\Delta\omega_i=A_{\Sigma o}$，称为锁相环路的同步带或跟踪带，用$\Delta\omega_L$表示。实际上，由于输入信号角频率向$\omega_r$两边偏离的效果是一样的，因此

$$\Delta\omega_L=\pm A_{\Sigma o} \quad (6\text{-}19)$$

式（6-19）表明，要增大锁相环路的同步带，必须提高其直流总增益，不过，这个结论是在假设VCO的频率控制范围足够大的条件下才成立。因为在满足这个条件时，锁相环路的同步带主要受到鉴相器最大输出电压的限制。如果式（6-19）求得的$\Delta\omega_L$大于VCO的频率控制范围，那么，即使有足够的控制电压加到VCO上，也不能使VCO振荡频率调整到输入信号频率上，因此，在这种情况下，同步带主要受到VCO最大频率控制范围的限制。

6.3.3 捕捉过程与跟踪过程

在锁相环路中，若环路原先是锁定的，当输入信号频率发生变化时，环路通过自身调节来维持锁定的过程称为跟踪过程，相应地，能够维持环路锁定所允许的输入信号角频率偏离ω_r的最大值$|\Delta\omega_i|$就是上面导出的同步带。反之，若$|\Delta\omega_i|$过大，环路原先是失锁的，则当减小$|\Delta\omega_i|$到某一数值时，环路就能够通过自身调节进入锁定，这种由失锁进入锁定的过程称为环路的捕捉过程，相应地，能够由失锁进入锁定所允许的最大$|\Delta\omega_i|$值称为环路的捕捉带，用$\Delta\omega_p$表示。可见捕捉与跟踪是锁相环路的两种不同的自动调节过程，一般情况下，捕捉带不等于同步带，且前者小于后者。

1. 捕捉过程

当环路未加输入信号时，VCO上没有控制电压，它的振荡角频率为ω_r，若将输入信号加到环路上去，输入信号的固有角频率差为$\Delta\omega_i=\omega_i-\omega_r$，因而，在接入输入信号的瞬间，加到鉴相器上的两个电压之间的瞬时相位差$\varphi_e(t)=\int_0^t\Delta\omega_i\mathrm{d}t=\Delta\omega_i t$，相应地在鉴相器输出端产生角频率为$\Delta\omega_i$的正弦电压，即$u_d(t)=A_d\sin\Delta\omega_i t$。可见ud(t)是角频率为$\Delta\omega_i$的差拍电压。

若$\Delta\omega_i$较小，其值在环路滤波器通频带以内，则鉴相器输出差拍电压的基波分量就能顺利地通过环路滤波器后加到VCO上，控制VCO振荡角频率ω_o，使它在ω_r上、下近似按正弦规律摆动。一旦ω_o摆动到ω_i并符合正确的相位关系时，环路就趋向锁定，这时，鉴相器输出一个与$\varphi_{e\infty}$相对应的直流电压，以维持环路锁定。

若 $\Delta\omega_i$ 很大，其值远大于环路滤波器的通频带，以致鉴相器输出差拍电压不能通过环路滤波器，则 VCO 上就没有控制电压，它的振荡角频率仍维持在 ω_r 上，环路处于失锁状态。

若 $\Delta\omega_i$ 较大，即 ω_r 与 ω_i 相差较大，使 $\Delta\omega_i$ 超出环路滤波器 LF 的通频带，但仍小于捕捉带 $\Delta\omega_p$。这时 PD 输出的差拍电压 u_d（t）通过 LF 时受到较大的衰减，则加到 VCO 上的控制电压 $u_c(t)$ 很小，其振荡角频率 ω_o 在 ω_r 基础上的变化幅度也很小，使得 ω_o 的值不能立即变化为 ω_i。但是，通过一次反馈和控制，ω_o 的平均值将向 ω_i 靠近。不难想象，通过多次的反馈和控制，ω_o 的平均值逐步靠近 ω_i，直到 $\omega_o=\omega_i$ 时环路才会锁定。通常将 ω_o 的平均值靠近 ω_i 的过程称为频率牵引过程。显然，这种情况下捕捉时间较长。

综上所述，并不是任何情况下环路都能锁定，如果 VCO 因为振荡角频率 ω_r 与输入信号角频率 ω_i 相差太大，环路失锁，而只有当 $\Delta\omega_i$（$=\omega_i-\omega_r$）相差不太大时，环路才可能锁定。环路的捕捉带，即保持环路由失锁进入锁定所允许的最大 $\Delta\omega_i$ 值不仅取决于 A_d 和 A_o 的大小，还取决于环路滤波器的频率特性。A_o 和 A_d 增大，即使 $\Delta\omega_i$ 较大，环路滤波器对鉴相器输出误差电压有较大衰减，但还能使 ω_o 在平均值上下有一定的摆动，因此，环路的捕捉带可增大。环路滤波器的通频带越宽，带外衰减越小，环路的捕捉带也可增大。同理，捕捉带还与 VCO 的频率控制范围有关，只有当 VCO 的频率控制范围大于捕捉带时，VCO 的影响才可忽略，否则捕捉带将减小。显然，A_d 和 A_o 越大，固有角频率差 $\Delta\omega_i$ 越小，环路滤波器的通频带越宽，则环路进入锁定状态越快，捕捉时间越短。

2. 跟踪过程

当环路处于锁定状态时，$\omega_o=\omega_i$。此时若 ω_i 改变，只要变化的范围不大，ω_o 能跟随 ω_i 而变化，并始终保持 $\omega_o=\omega_i$，这一过程称为跟踪。这是因为已处于锁定状态的环路是一种动态平衡，一旦 ω_i 改变，平衡被打破，ω_i 变化，$\omega_i t$ 也变化，鉴相器输出电压 u_d（t）变化，经过滤波器加到压控振荡器上，迫使 ω_o 变化，使它等于变化后的 ω_i，再次达到动态平衡，这就是自动跟踪特性。可见在跟踪过程中，环路是在锁定的情况下，缓慢地改变固有频差 $|\Delta\omega_i|$，此时鉴相器输出的误差电压 $u_d(t)$ 将是一个缓慢变化的电压，环路滤波器对它的衰减很小，加到 VCO 上的控制电压 $u_c(t)$ 几乎等于 $u_d(t)$，因此，在跟踪过程中环路的控制能力强。而在捕捉过程中，当固有角频率差 $|\Delta\omega_i|$ 较大时，鉴相器输出的误差电压 $u_d(t)$ 将受到环路滤波器的较大衰减，则此时环路的控制能力较差。可见，由于环路滤波器的存在，使得锁相环路的捕捉带小于同步带。

锁相环路的跟踪范围（即同步带）也是有限的，它主要取决于环路的固有角频率差，即由于 ω_i 的变化，将引起 $\Delta\omega_i$ 的变化，不管 $\Delta\omega_i$ 怎么变化，仍必须满足环路的锁定条件，否则便不能跟踪。不难理解，如果 A_d 和 A_o 越大，环路的直流增益越大（或通频带越宽），则环路的同步带 $\Delta\omega_L$ 也越大。同样，同步带还与 VCO 频率控制范围有关，只有当 VCO 的频率控制范围大于同步带时，它对 $\Delta\omega_L$ 的影响才可忽略，否则 $\Delta\omega_L$ 将减小。

6.3.4 锁相环路的基本特性

锁相环路在正常工作（状态锁定）时，具有以下基本特性。

1. 有良好的窄带特性

当环路处于锁定状态时，鉴相器输出的误差电压 $u_d(t)$是一个能顺利通过环路滤波器的直流电压，如果此时输入信号中有干扰成分，则干扰信号与 VCO 输出信号将以差拍形式在鉴相器输出端产生差拍电压，差拍频率等于干扰频率与环路锁定时的 VCO 振荡频率之差。其中差频较高的大部分差拍干扰电压受到环路滤波器的抑制，施于压控振荡器上的干扰控制电压很小，于是 VCO 输出信号中的干扰成分大为减少，它可看做是经过环路提纯了的输出信号。在这里，环路相当于起了一个滤除噪声的高频窄带滤波器的作用，这个高频滤波器的通频带可以做得很窄，例如在几十兆赫兹到几百兆赫兹的中心频率上实现几赫兹到几十赫兹的窄带滤波。

2. 锁定后没有频差

在没有干扰且输入信号频率不变的情况下，环路一经锁定，环路的输出信号频率和输入信号频率相等，没有剩余频差，只有不大的固定相差。

3. 自动跟踪特性

锁相环路在锁定时，输出信号频率和相位能在一定范围内跟踪输入信号频率与相位的变化。

由于锁相环路的优良特性，只要将环路设计成窄带跟踪滤波器，就可提取（或复制）载波信号，也可制成角度调制信号的调制器与解调器。

6.3.5 集成锁相环路及其应用

1. 集成锁相环路

集成锁相环路性能优良，价格便宜，使用方便，在电子技术的各领域中应用极为广泛，已成为电子设备中常用的一种基本部件。集成锁相环路可分为模拟锁相环路和数字锁相环路两大类。无论是模拟或数字锁相环路，按用途又可分为通用型和专用型两种。

通用型是一种适应于各种用途的锁相环路，其内部电路主要由鉴相器和压控振荡器两部分组成，有时还附有放大器和其他辅助电路，环路滤波器一般需外接滤波元件。也有用单独的集成鉴相器和集成压控振荡器连接成的锁相环路。专用型是一种专为某种功能设计的锁相环路，例如用于调频接收机中的调频立体声解调环路，彩色电视机中的色同步环、行振荡环及频率合成器的一些部件等，就属于这种类型的锁相环路。按照最高工作频率的不同，集成锁相环可分成低频（1MHz 以下）、高频（1～30MHz）、超高频（30MHz 以上）几种类型。各种集成锁相环路所采用的集成工艺比较复杂，涉及的工艺种类较多。一般来说，模拟型以线性集成电路为主，而且几乎都是双极性的；数字型是用逻辑电路构成的，有单极性电路，也有双极性电路。

目前生产的集成锁相环路已有成百上千种。集成锁相环路已成为继运算放大器、模拟乘法器后的又一种常用的多功能集成器件。

下面介绍几种通用型集成锁相环路。

（1）低频单片集成锁相环路 L565。L565 工作频率低于 1MHz，其组成框图如图 6.17 所示。

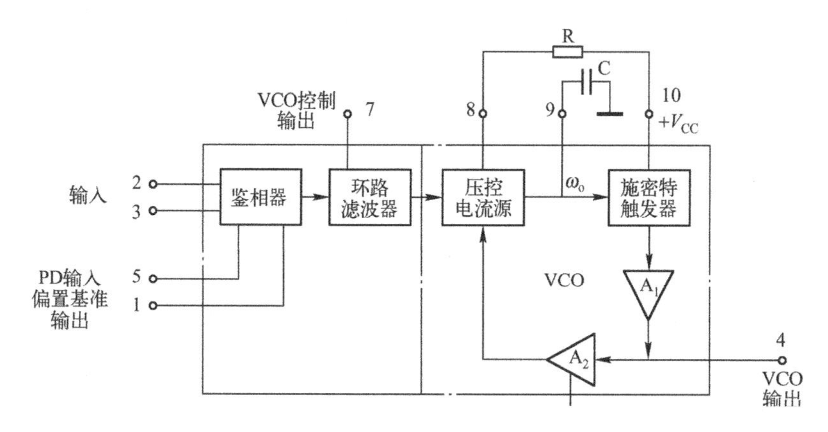

图 6.17 L565 低频集成锁相环路

VCO 采用积分-施密特触发型多谐振荡电路，该电路由压控电流源，外接定时元件 C 和 R、施密特触发器及放大器（A_1 和 A_2）组成。其中，A_2 的输出电压控制压控电流源交替地向 C 进行正反向充电。最高振荡频率为 500kHz。7 脚用来外接环路滤波器的滤波元件。

（2）高频单片集成锁相环路 L562。L562 是工作频率可以达 30MHz 的多功能单片集成锁相环路，其方框图如图 6.18 所示。它包括鉴相器、压控振荡器、环路滤波器、限幅器和三个缓冲放大器。VCO 采用射极耦合多谐振荡电路，它的最高振荡频率可达 30MHz。限幅器用来限制锁相环路的直流增益。输入信号从 11、12 脚输入，VCO 的输出经外电路从 2、15 脚双端输入，13、14 脚用来外接滤波元件。5、6 脚之间外接定时电容。7 脚注入的信号用来改变 VCO 的控制电压，控制 VCO 的振荡角频率。

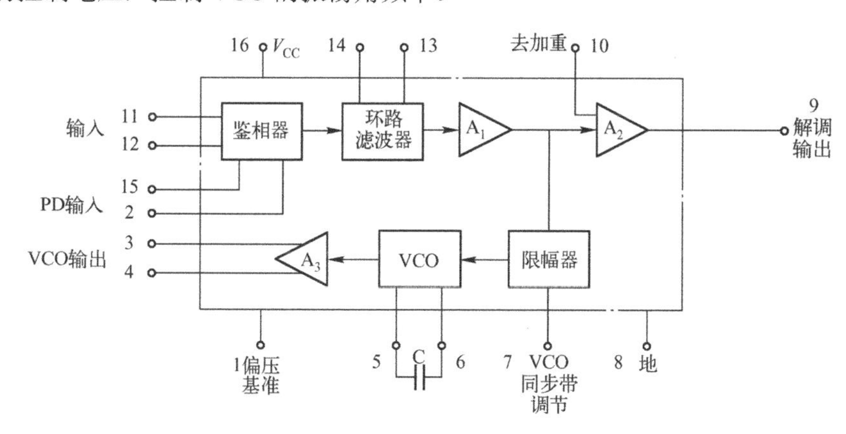

图 6.18 L562 高频集成锁相环路

（3）超高频单片集成锁相环路 L564。L564 的工作频率高达 50MHz，是一块超高频单片集成锁相环路，由输入限幅器、鉴相器、压控振荡器、放大器、直流恢复电路和施密特触发器六大部分组成，可用于高速调制解调、频移键控信号 FSK 的接收与解调、频率合成等多种用途。

2．锁相环路的应用

（1）锁相倍频、分频和混频。在基本锁相环路中，若将压控振荡器频率锁定在所需的角频率上，就可进行倍频、分频和混频，其方框图如图 6.19 所示。

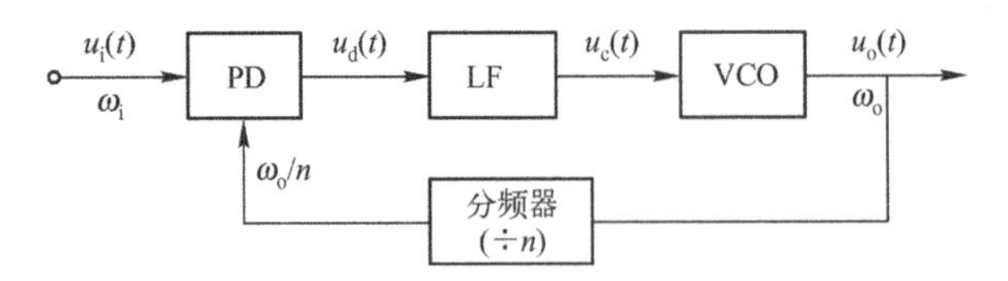

图 6.19 锁相倍频电路的框图

当图 6.19 中的反馈环路是一个分频器时，整个环路就是倍频电路。当反馈环路中的分频器换为倍频器时，整个环路就是一个分频电路。若反馈环路中是混频器和中频放大器时，还可组成锁相混频电路，实现混频作用。

（2）锁相调频和鉴频。用锁相环路调频，能够得到中心频率高度稳定的调频信号，图 6.20 为其框图。锁相环路使 VCO 的中心频率稳定在晶振频率上，同时调制信号也加到 VCO 上，对中心频率进行频率调制，得到 FM 信号输出。调制信号的频谱应处于 LF 的通带之外，并且调频系数不能太大。调制信号不能通过 LF，因此不形成调制信号的环路，这时的锁相环仅仅是载波跟踪环，调制频率对锁相环路无影响。锁相环路只对 VCO 的平均中心频率的不稳定因素起作用，此不稳定因素引起的波动可以通过 LF。这样，锁定后，VCO 的中心频率锁定在晶振频率上。输出的调频波中心频率稳定度很高。用锁相环路的调频器能克服直接调频中心频率稳定度不高的缺点。

根据锁相环路的频率跟踪特性，在系统处于调频跟踪状态时，可用于调频信号的解调，其组成框图如图 6.21 所示。当输入为调频波，且其最大瞬时频率满足跟踪的条件，则当输入调频波的频率发生变化时，经过 PD 和 LF 后，将输出一个控制电压，与输入信号的频率变化规律相对应，以保证 VCO 的输出频率与输入信号频率相同。如果从环路滤波器引出控制电压，即可得到调频波的解调信号。

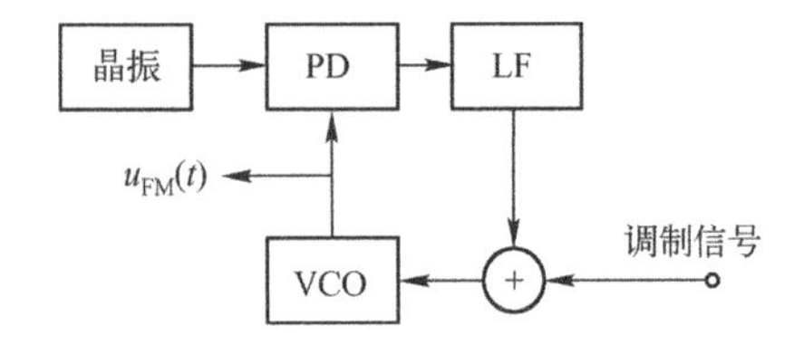

图 6.20 锁相环调频器框图

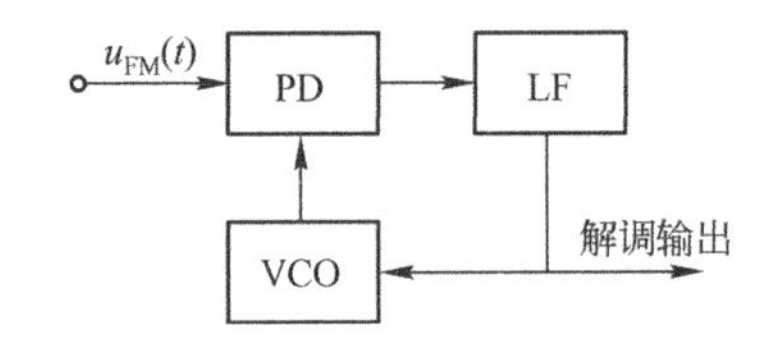

图 6.21 锁相环鉴频器框图

如图 6.22 所示为使用 L562 组成的锁相鉴频器的外接电路。由图可见，输入调频信号电压 u_i 经耦合电容 C_4、C_5 以平衡方式加到鉴相器的一对输入端点 11 和 12 上，VCO 的输出电压从端点 3 取出，经耦合电容 C_6 以单端方式加到鉴相器的另一对输入端中的端点 2，而另一端点 15 则经 0.1μF 的电容交流接地。从端点 1 取出的稳定基准电压经 1kΩ电阻分别加到端点 2 和 15，作为集成块内部双差分对管的基极偏置电压。放大器 A_3 的输出端点 4 外接 12kΩ电阻到地，其上输出 VCO 电压。放大器 A_2 的输出端点 9 外接 15kΩ电阻到地，其上输出解调电压。端点 10 外接去加重电容 C_3，提高解调电路的抗干扰性。

（3）调幅波的同步检波。对 DSB 及 SSB 调幅信号进行解调时，必须使用同步检波，即必须保证本振产生的载波信号与调幅信号中的载波信号同频同相。此外，在数字通信中还有位同步、帧同步、网同步等。可见，同步信号的产生是非常重要的。一般情况下，用载波跟踪型锁相环路就能得到这样的信号，如图 6.23 所示。不过采用模拟乘法器构成乘积型鉴相器时，VCO 输出电压与输入已调信号的载波电压之间有 90° 的固定相移，因此，必须加 90° 相移器使 VCO 的输出电压与输入已调信号的载波电压同相。将这个信号与输入已调信号共同加到同步检波器上，就可得到所需的解调电压。

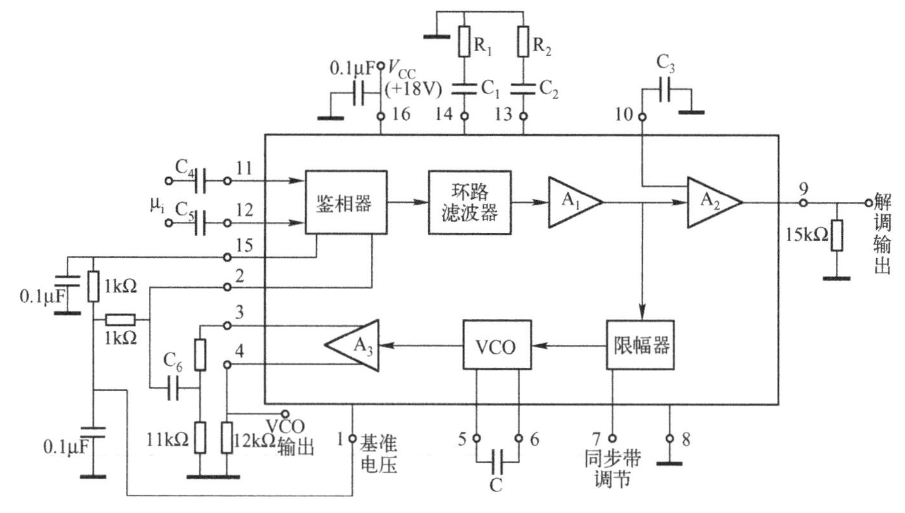

图 6.22　采用 L562 的锁相鉴频器的外接电路

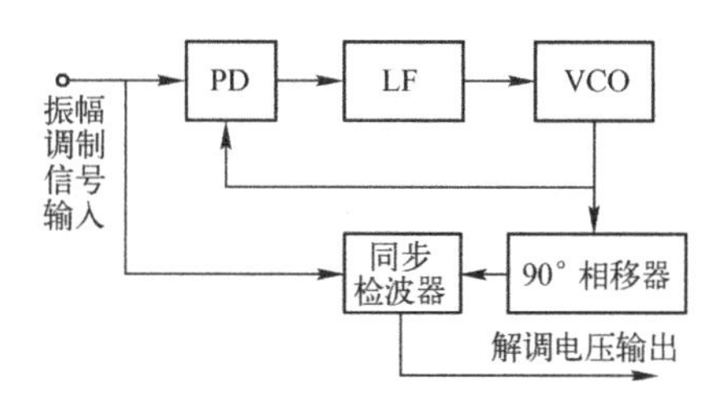

图 6.23　锁相环同步检波框图

（4）彩色电视中彩色副载波的提取。为使彩色电视机与黑白电视机兼容，对彩色电视信号有一定的要求。要求之一就是彩色电视信号与黑白电视信号占有同样的带宽。为此将传送彩色信息的色度信号频带压缩到 1.3MHz（我国标准），并用与图像载波不同的载波来传送。此载波称为彩色副载波。在接收端为了接收和重现彩色信息，要从全电视信号中将彩色副载波提取出来。具体来说，要根据全电视信号中的“色同步信号”产生频率和相位都正确的解调副载波。因为收发两端必须保持严格的同步，才能正确再现彩色图像，所以解调出来的（或再生的）彩色副载波必须与色同步信号同步，即频率严格相等，相位保持正确的关系，才能正确再现彩色图像，利用锁相环路即可满意地完成上述任务。

如图 6.24 所示是解调副载波锁相环框图，解调副载波由压控振荡器产生，其频率与相位均受色同步选通电路输出的色同步信号的控制。

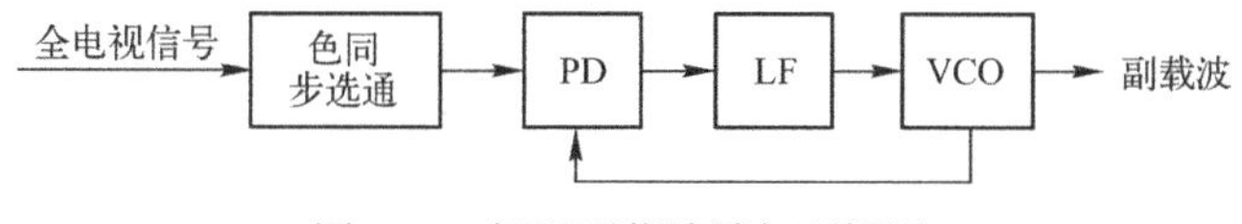

图 6.24　解调副载波锁相环框图

（5）锁相接收机。锁相接收机实质是一个窄带跟踪锁相环路。其组成框图如图 6.25 所示。对于一般的超外差接收机，当接收到的信号载波频率不稳定，而本振频率又不能自动跟踪时，将引起混频器输出的中频信号频率的变动。为了适应这种变化，中频放大器的频带应有一定的宽度。

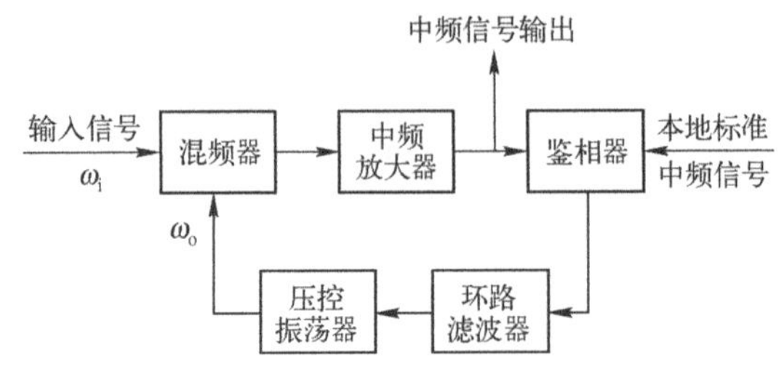

图 6.25　锁相接收机组成框图

对在空间技术中应用的通信机，这个问题就更显得突出了。当地面接收站接收卫星发送到的无线电信号时，由于卫星离地面距离远，再加上卫星发射功率小，天线增益低，因此，地面接收站收到的信号是极微弱的。此外，卫星环绕地球飞行时，由于多普勒效应，地面接收站收到的信号频率将偏离卫星发射的信号频率，并且其值往往在较大范围内变化。对于这种中心频率在较大范围内变化的微弱信号，若采用普通接收机，势必要求它有足够的带宽，这样，接收机的输出信噪比将严重下降，无法有效地检出有用信号。若采用锁相接收机，利用环路的窄带跟踪特性，就可十分有效地提高输出信噪比，获得满意的接收效果。

6.3.6　频率合成

1．频率合成器的主要技术指标

（1）频率范围。频率范围是指频率合成器的工作频率范围。

（2）频率间隔。相邻频率之间的最小间隔称为频率合成器的频率间隔，又称分辨力。频率间隔的大小随合成器的用途不同而不同。例如，短波单边带通信的频率间隔一般为 100Hz、有时为 10Hz、1Hz，甚至 0.1Hz。超短波通信则多取 50kHz，有时也取 25kHz、10kHz 等。

（3）频率转换时间。从一个工作频率转换到另一个工作频率，并达到稳定工作需要的时间，称为频率转换时间。这个时间包括电路的延迟时间和锁相环路的捕捉时间，其数值与合成器的电路形式有关。

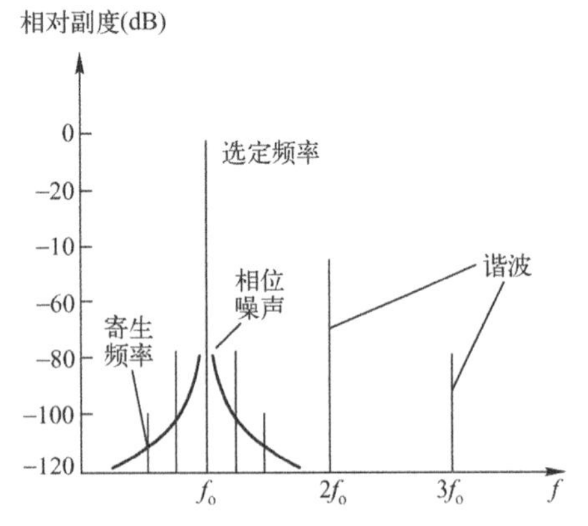

图 6.26　输出信号频率周围叠加有不需要的频率成分

（4）频率的稳定度与准确度。频率稳定度是指在规定的观测时间内，合成器输出频率偏离标称值的程度。一般用偏离值与输出频率的相对值来表示。准确度则表示实际工作频率与其标称频率值之间的偏差，又称频率误差。

（5）频谱纯度。频谱纯度是指输出信号接近正弦波的程度。可用输出端的有用信号电平与各寄生频率分量总电平之比的分贝数表示。图 6.26 所示为一般情况下合成器在某选定输出频率附近的频谱成分。由图可见，除了有用频率外，其附近尚存在各种周期性干扰与随机干扰，以及有用信号的各次谐波成分。这里，周期性干扰多数来源于混频器的高次组合频率，它们以某些频差的形式，成对地分布在有用信号的两边。而随机干扰，则是由设备内部各种不规则的电扰动所产生，并以相位噪声的形式分布于有用频谱的两侧。

2. 锁相频率合成器

（1）单环式锁相频率合成器。在基本锁相环路的反馈通道中插入分频器，就可构成单环锁相频率合成器，其方框图如图 6.27 所示。由石英晶体振荡器产生一高稳定的标准频率源 f_s，经参考分频器进行 R 分频后，得到参考频率 f_r，即

$$f_r=f_s/R \tag{6-20}$$

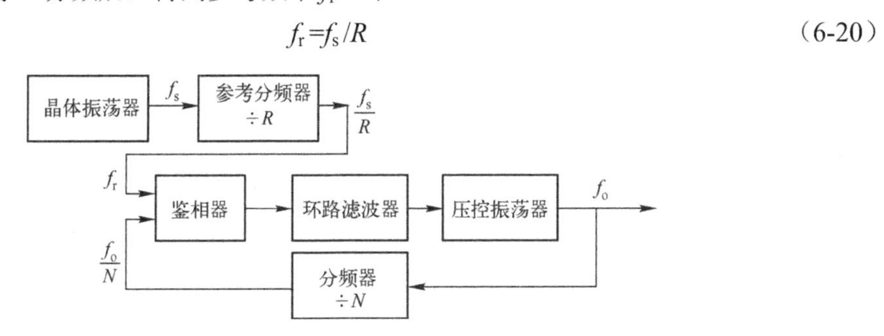

图 6.27　单环锁相频率合成器框图

参考频率 f_r 被送到锁相环路中鉴相器的一个输入端，而锁相环路中压控振荡器输出频率为 f_o，经 N 分频后，也送到鉴相器的另一个输入端。环路锁定时一定有

$$f_r=f_o/N \tag{6-21}$$

因此，压控振荡器的输出信号频率为：

$$f_o=Nf_s/R=Nf_r \tag{6-22}$$

即输出信号频率 f_o 为输入参考信号频率 f_r 的 N 倍，故又把图 6.27 称为锁相倍频电路框图。改变分频系数 N，就可得到不同频率的信号输出，f_r 为各输出信号频率之间的频率间隔，即为频率合成器的频率分辨率。

如图 6.28 所示为用 CD4046 集成锁相环路构成的频率合成器电路实例。参考频率振荡器是由 1 024kHz 标准晶体构成的，它的输出信号送入由 CC4040 组成的参考分频器。CC4040 由 12 级二进制计数器组成，取分频比 $R=2^8=256$，即可得到较低的参考频率 f_r=1 024/256=4kHz。分频器 N 由可编程序分频器 CC40103 构成，它是 8 位可预置二进制“÷N”计数器，按图接线，其分频比 N=29。参考频率 f_r 由 14 端引入锁相环路 PD Ⅱ 鉴相器输入端，压控振荡器输出信号由 4 端输出到程序分频器，经 29 分频后加到鉴相器的另一输入端（3 端），与 f_r 进行相位比较，当环路锁定时，由锁相环路 4 端就可以输出频率 $f_o=Nf_r$、频率间隔为 4kHz 的信号。改变 CC40103 置数端的接线，就可得到不同的 N 值，即可获得不同频率的信号输出。

（2）单环式锁相频率合成器存在的问题。上述讨论的频率合成器比较简单，构成比较方便，因为它只含有一个锁相环路，故称为单环式电路。单环频率合成器在实际使用中存在以下一些问题，必须加以注意和改善。

① 由式（6-22）可知，输出频率的间隔等于输入鉴相器的参考频率 f_r，因此，要减小输出频率间隔，就必须减小输入参考频率 f_r。但是降低 f_r 后，环路滤波器的带宽也要压缩（因环路滤波器的带宽必须小于参考频率），以便滤除鉴相器输出中的参考频率及其谐波分量。这

样，当由一个输出频率转换到另一个频率时，环路的捕捉时间或跟踪时间就要加长，即频率合成器的频率转换时间加大。可见，单环锁相频率合成器中减小输出频率间隔和减小频率转换时间是矛盾的。另外，参考频率 f_r 过低还不利于降低压控振荡器引入的噪声，使环路总噪声不可能为最小。

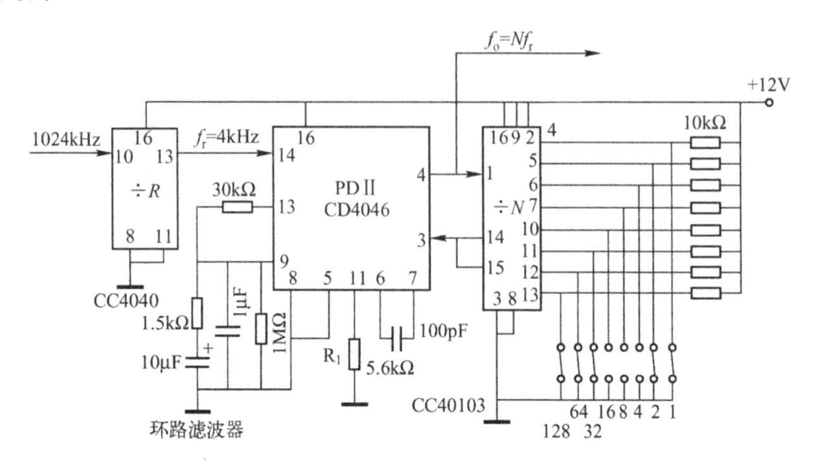

图 6.28　CD4046 组成的频率合成器电路实例

② 锁相环路内接入分频器后，其环路增益将下降为原来的 1/N。对于输出频率高、频率覆盖范围宽的合成器，当要求频率间隔很小时，其分频比 N 的变化范围将很大。N 在大范围内变化时，环路增益也将大幅度的变化，从而影响到环路的动态工作性能。

③ 可编程分频器是锁相频率合成器的重要部件，其分频比的数目决定了合成器输出信道的数目。由图 6.27 可见，程序分频的输入频率就是合成器的输出频率。由于可编程分频器的工作频率比较低，无法满足大多数通信系统中工作频率高的要求。

（3）多环式锁相频率合成器。为了减小频率间隔而又不降低参考频率 f_r，可采用多环构成的频率合成器。作为举例，图 6.29 给出了三环频率合成器组成框图。它由三个锁相环路组成。环路 A 和 B 为单环频率合成器，参考频率 f_r 均为 100kHz，N_A、N_B 为两组可编程序分频器。C 环内含有取差频输出的混频器，当 C 环内的 VCO 输出频率为 f_o 的信号，与 B 环输出频率为 f_B 的信号经混频器、带通滤波器得差频（f_o-f_B）信号输出至鉴相器。同时由 A 环输出的频率为 f_A 的信号，加到鉴相器的另一输入端。当环路锁定后，f_A=f_o-f_B，所以，C 环输出信号频率等于

$$f_o=f_A+f_B \tag{6-23}$$

由 A 环和 B 环可得：

$$f_A=(N_A/100)f_r、f_B=N_Bf_r$$

因此，由式（6-23）可得频率合成器的输出频率 f_o 为：

$$f_o=(N_A/100+N_B)f_r \tag{6-24}$$

所以，当 $300\leqslant N_A\leqslant 399$、$351\leqslant N_B\leqslant 397$ 时，输出频率 f_o 的覆盖范围为 35.400 0～40.099MHz，频率间隔为 1kHz。

由上述讨论可知，锁相环 C 对 f_A 和 f_B 来说，就像混频器和滤波器，故称为混频环。如果将 f_A 和 f_B 直接加到混频器上，则和频与差频的值将非常接近。在本例中 $0.300\text{MHz}\leqslant f_A\leqslant$

0.399MHz,(35.400−0.300)MHz≤f_B≤(40.099−0.399)MHz，可见（f_B+f_A）和（f_B−f_A）相差很小，故无法用带通滤波器来充分地分离它们。现在采用了锁相环路就能很好地对它们加以分离。

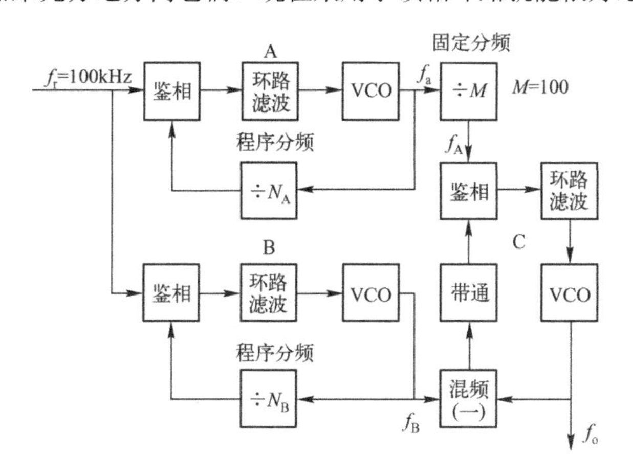

图 6.29　三环频率合成器组成框图

一个好的频率合成器，要求其频率覆盖范围宽、频率间隔小。上述多环频率合成器电路复杂，需要用很多的滤波器，目前已逐渐被性能优良的吞脉冲频率合成器所取代。

（4）吞脉冲频率合成器。

① 吞脉冲程序分频器。由于固定分频器的速度远比程序分频器高，所以在频率合成器中采用由固定分频器与程序分频器组成的吞脉冲程序分频器，可在不加大频率间隔的条件下，显著提高输出频率。吞脉冲分频器的构成如图 6.30 所示。分频器包含双模前置分频器（两种计算模式的固定分频器）、主计数器、辅助计数器和模式控制电路等几部分电路，其中双模前置分频器具有“÷P”和“÷(P+1)”两种分频模式。当模式控制电路的输出为高电平 1 时，双模前置分频器的分频比为“P+1”；当模式控制电路的输出为低电平 0 时，双模前置分频器的分频比为 P。N 与 A 分别为主计数器和辅助计数器的最大计数量，并规定 N>A。

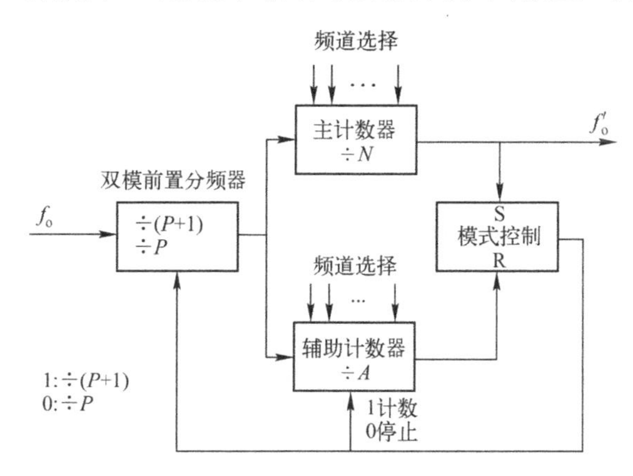

图 6.30　吞脉冲程序分频器框图

吞脉冲程序分频器工作过程如下：计数开始时，设模式控制电路输出为高电平 1，双模前置分频器和主、辅两计数器在输入脉冲作用下（输入脉冲的重复频率为 f_o）同时计数，直至辅助计数器计满 A 个脉冲后，即使模式控制电路输出电平降为低电平 0 时，使辅助计数器停止计数，同时使双模前置分频器分频比变为 P，继续工作，主计数器也继续工作，直至计满 N 个脉冲后，使模式控制电路重新恢复高电平，双模前置分频器恢复（P+1）分频比，各部件进入第二个计数周期。由此可见，在一个计数周期内，总计脉冲量为：

$$n=(P+1)A+P(N-A)=PN+A \tag{6-25}$$

即吞脉冲分频器分频比为：

$$f_o'/f_o=1/(PN+A) \tag{6-26}$$

式中，f_o' 为输出重复频率；

N、A 均为整数（N、A=0、1、2…）。

② MC145146 吞脉冲频率合成器（集成双模频率合成器）。用吞脉冲程序分频器构成的吞脉冲频率合成器框图如图 6.31 所示。由于吞脉冲程序分频器的分频比为“$PN+A$”。当锁相环路锁定时，$f_r=f_o'$，而 $f_o'=f_o/(PN+A)$，所以频率合成器的输出信号频率为：

$$f_o=(PN+A)f_r \tag{6-27}$$

式（6-27）表明，与单环的频率合成器相比，f_o 提高了 P 倍，而频率间隔仍保持为 f_r。其中，A 为个位分频器，又称尾数分频器。

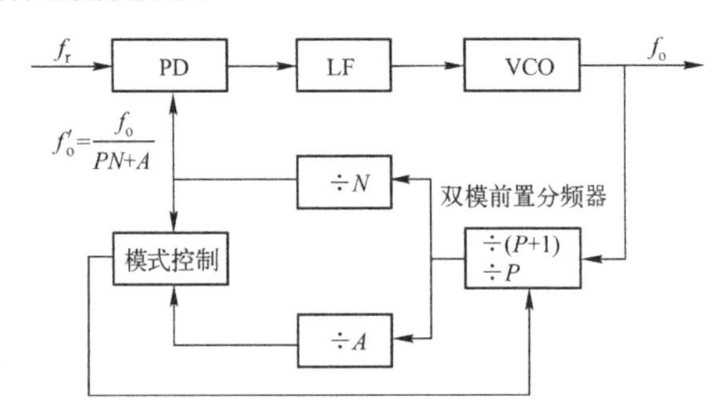

图 6.31　吞脉冲频率合成器组成框图

美国 MOTOROLA 公司生产了 MC145 系列的集成频率合成器件，采用 CMOS 工艺，它的最高工作频率可达到 2GHz（MC145200、MC145201）。图 6.32 所示为采用 MC145146 和双模分频器构成的吞脉冲频率合成器电路。图中虚线方框图为 MC145146 的内部组成。石英晶体和外接电容 C_1、C_2，与内部放大电路共同构成晶体振荡器。R 的取值范围为 3～4 095（即 $2^{12}-1$），可根据晶振频率与参考频率的比来确定 R。由外接双模前置分频器与“÷A”计数器、“÷N”计数器及模式控制电路组成吞脉冲分频器，其分频比为“$PN+A$”，即吞脉冲分频器可把压控振荡器输出频率 f_o 下降为 $f_o'=f_o/$（$PN+A$），送到鉴相器的另一输入端。分频比 N 和 A 可预置不同值，它们具有较宽的变化范围，其数值分别为：

N：3～1 023（$2^{10}-1$）

A：3～127（2^7-1）

双模前置分频器的分频比可取 P=40（即÷41/40）。

数字鉴相器作为两信号的相位比较电路有双端输出（ϕ_R、ϕ_V）和单端三态输出两种输出模式。其中双端输出信号作为外接误差电压形成电路的信号源，使误差电平随 ϕ_R、ϕ_V 两信号的相差大小变化，并对 VCO 进行控制。为了便于判断环路是否锁定，鉴相器输出端还接有锁定检测电路。当环路锁定时，13 端将输出一脉宽极窄的窄脉冲；失锁时，13 端可观察到具有一定脉冲宽度且不时在变化的矩形脉冲。

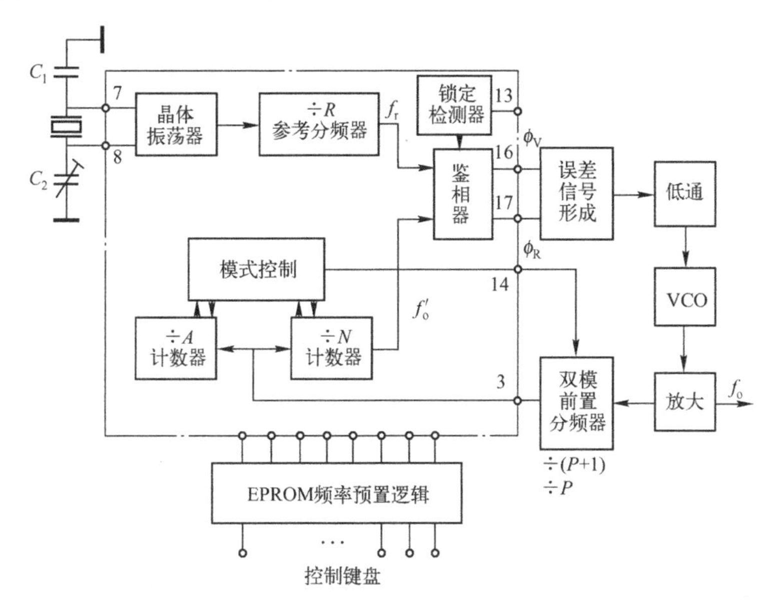

图 6.32　用 MC145146 构成的吞脉冲频率合成器框图

误差信号形成电路、低通、压控振荡器及放大器均由外电路提供。误差信号电压形成电路用来反映 f_o'，f_r 频差关系的鉴相器输出信号 ϕ_V、ϕ_R 变换为控制压控振荡器频率的直流电压。

因此，根据图 6.32，当锁相环路锁定时，就可以获得：

$$f_o=(PN+A)f_r \tag{6-28}$$

即频率间隔为 f_r 的一系列所需频率信号输出。

技能训练 6　基于锁相环的频率合成器的设计与制作

1. 训练目的

（1）理解锁相环频率合成器的基本原理。

（2）掌握锁相环频率合成器的实现方法。

（3）制作一种简单的频率合成器。

2. 仪器与器材

仪器设备：晶体管稳压电源，万用表，示波器，标准信号发生器等。

元器件：集成电路：CD4046，CD4017；电阻：100kΩ×2，10kΩ；电容：47nF，1nF。

3. 制作电路

频率合成器的电路如图 6.33 所示。从 PLL 原理知，当 PLL 处于锁定状态时，PD 两个输入信号的频率一定精确相等。所以可得：$f_o = N f_i$。图 6.33 中 f_i 为晶振标准信号 1kHz，通过十进制计数分配器 4017 改变分频比 N，便可获得同样精度的不同频率信号输出。

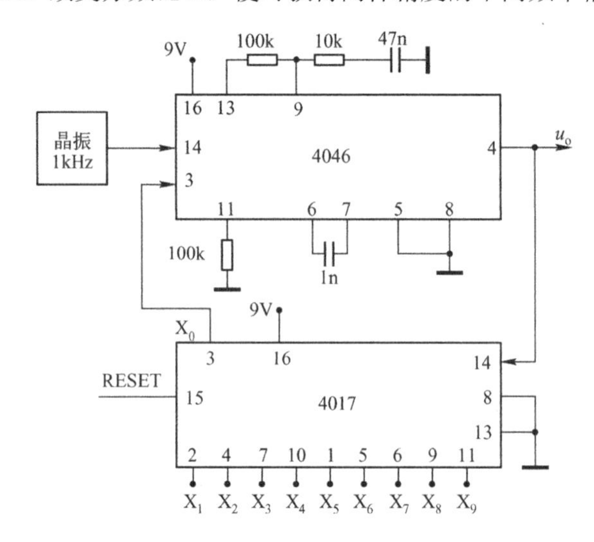

图 6.33　2～9kHz 频率合成器电路

4．训练步骤

（1）制作 1kHz 标准信号源。1kHz 标准信号源可用晶振加分频器得到，实际制作中可以采用 CMOS 与非门和 4MHz 晶体组成 4MHz 振荡器，然后采用计数器分频得到 1kHz 标准信号源。本次实训中可采用标准信号发生器直接产生。

（2）用示波器测试 4017 的功能。测量时应固定一个通道测“X_0”（3 脚），并以该信号作为示波器的同步触发源，且以上升沿作为示波器的开始扫描点。测量并画出 4017 的“X_0”，“X_1”，“X_2”，“X_9”输出端信号相对 CP 信号的波形，理解 4017 的工作原理。

（3）将 CP（14 脚）作为输入端，“X_0”（3 脚）作为输出端，RESET（15 脚）分别接“X_2”、“X_3”，…“X_9”，则 4017 就成为“二”、“三”、…“九”等分频器，理解其工作原理。这样就组成了 2～9kHz 的频率合成器。

（4）连接好频率合成器电路之后，用示波器测量输出信号，画出输出信号波形，并计算输出信号频率。

本 章 小 结

（1）AGC 电路是接收机的重要辅助电路之一，它使接收机的输出信号在输入信号变化时能基本稳定，故得到了广泛的应用。

（2）自动频率控制（AFC）也称自动频率微调，是用来控制振荡器的振荡频率以提高频率稳定度的。它由鉴频器、低通滤波器和压控振荡器组成，广泛应用于发射机、接收机和电子设备中。

（3）锁相环路是利用相位的调节，以消除频率误差的自动控制系统，它由鉴相器、环路滤波器、压控振荡器等组成。当环路锁定时，环路输出信号频率与输入信号（参考信号）频率相等，但两信号之间保持一恒定的剩余相位误差。锁相环路广泛用于滤波、频率合成、调制与解调等方面。

（4）在锁相环路中，若环路初始状态是失锁的，通过自身的调节，由失锁进入锁定的过程称为捕捉过程；若环路初始状态是锁定的，因某种原因使频率发生变化，环路通过自身的调节来维持锁定，称为跟踪过程。捕捉特性可用捕捉带来描述，跟踪特性可用同步带来描述。

（5）锁相频率合成是用锁相技术间接合成高稳定度频率的合成方法，它由基准频率产生器和锁相环路两部分构成。基准频率产生器为频率合成器提供高稳定的标准参考频率。锁相环路则利用其良好的窄带跟踪特性，使输出频率保持在参考频率的稳定度上。采用多环锁相吞脉冲程序分频，既可使锁相频率合成器的工作频率提高，又可获得所需的频率间隔。

习　题　6

6.1　接收机中 AGC 电路有什么作用？实现 AGC 的常见方法有哪几种？

6.2　画出自动频率控制电路组成框图，并说明它的工作原理。

6.3　试说明锁相环路稳频和自动频率微调在工作原理上有哪些异同点？

6.4　试画出锁相环路的框图，并回答以下问题：

（1）环路锁定时压控振荡器的输出信号角频率ω_o和输入参考信号角频率ω_i是什么关系？

（2）在鉴相器中比较的是什么参量？

（3）当输入信号为调频波时，从环路的哪一部分取出解调信号？

6.5　画出锁相环路数学模型，写出锁相环路的基本方程，并简要说明其工作过程。

6.6　频率合成器有哪些主要技术指标？

6.7　已知晶体振荡频率为 1 024kHz，当要求输出频率范围为 40～500kHz、频率间隔为 1kHz 时，试确定图 6.27 所示频率合成器中分频器的分频比 R 及 N 的值。

6.8　吞脉冲频率合成器有何特点？为何它能保持频率间隔不变而可提高输出频率？

6.9　当频率间隔为 1kHz 时，试求图 6.32 所示吞脉冲频率合成器的输出频率范围。

第 7 章　数字信号的调制和解调

学习目标

（1）了解常见的二进制基带数字信号的波形及频域特点。

（2）理解数字信号幅度键控与解调的基本工作原理。

（3）正确理解数字信号频率键控、相位键控及其解调的基本工作原理。

信号分为模拟信号和数字信号两大类。模拟信号的调制与解调前面章节已经讲过了。用"高频"信道来传送数字信号时，也需要进行调制和解调。本章首先介绍数字信号传输的基本知识，数字基带信号的波形、特点以及常用码型，最后重点讨论数字信号调制和解调的基本工作原理及其性能特点。

7.1　数字通信系统概述

数字通信系统是传输数字信号的。数字信号是量化后的离散时间信号，它的一个主要特点就是状态的离散性，这些离散值在计算机和数字通信中常采用二进制来表示。例如，离散信号只有两种状态，则可用一位二进制符号表示；若离散信号的状态多于两种，则可用若干位二进制符号表示，一般来说，一组 m 位的二进制符号最多可以表示 2^m 个状态。计算机和数字通信中采用的二进制符号只有 0、1 两种。这样，任何一个"数"可以用一组 0、1 两种符号组成的代码来表示，如"25"，它可以表示为 11001，这个数共有五位，分别代表 2^4、2^3、2^2、2^1 和 2^0 五种数值，每一位的符号只可能是 0 或 1，上述代码所表示的数值是：$1\times2^4+1\times2^3+0\times2^2+0\times2^1+1\times2^0=25$。

上面所讨论的代码既可以表示自然数，也可以表示其他任何事物和信息，如字母、标点符号或各种物理量。例如，电传打字机用 11000 代表字母 A，01010 代表字母 R 等等。采用这样的代码后可以进一步表示各种电文，例如，汉语拼音 KEXUE（科学）这个词，可以表示为：

K	E	X	U	E
11110	10000	10111	01100	10000

这种信号叫做数字信号序列。它的一般表示式是

$$\cdots a_{-k}\cdots a_{-3}\,a_{-2}\,a_{-1}\,a_0\,a_1\,a_2\,a_3\,\cdots a_k\,\cdots$$

在这个序列中，a 是组成代码序列的单元，叫做码元；下标 k 是码元的序号，a_k 是数字信号序列中第 k 位码元的取值。为了书写方便，上述序列可简写为 $\{a_k\}$。

在数字通信中，对于二进制系统，每个码元只有两种可供选择的符号，因此，在传输设备中，只要选取两种不同的电信号波形 $g_1(t)$ 和 $g_2(t)$ 分别代表这两个符号，就可以进行传输了。

数字通信系统的性能指标之一是码元传输速率。码元传输速率又称码元速率或传码率，

它被定义为系统每秒钟传送或处理码元的数目，单位为“波特”，常用符号“B”表示。例如，某系统每秒钟传输 4 800 个码元，则该系统的传码率为 4 800 波特或 4 800B。但要注意，码元速率仅仅表示单位时间内传送码元的数目，而没有限定这时的码元是何种进制的码元。考虑到同一系统的各处可能采用不同的进制和不同的速率，故给出码元速率时必须说明码元的进制和该速率在系统中的位置。

按照信息论的观点，在进行有意义的通信时，传递消息就意味着传递信息（信息可理解为消息中所包含的对收信者有意义的内容），传递消息的多少，以传递信息的多少来衡量。采用“信息量”去衡量信息的多少，单位为“比特”，或用符号“b”表示。那么系统的传输速率还可用信息传输速率来表示。信息传输速率又称信息速率，或传信率，它被定义为每秒钟传递的信息量，单位为“比特/秒”，或记为“b/s”。

需要指出的是，码元速率及信息速率均是传递速率的指标，但它们有着不同的概念，在使用中不能混淆。不过码元速率与信息速率在数值上有一定的联系，每一个二进制码元规定含有 1 比特信息量，故在二进制下的码元速率与信息速率在数值上相等，只是单位不同。而对于 N 进制，如 N=4，则四进制的每一个符号（码元）须用两位二进制符号表示，故在四进制下的码元速率将是信息速率的一半。设信息速率为 R_{b}，码元速率为 R_{BN}，则 N 进制的码元速率与信息速率的数值关系为：

$$\begin{cases} R_{\mathrm{b}} = R_{\mathrm{BN}} \log_2 N(\mathrm{b/s}) \\ R_{\mathrm{BN}} = R_{\mathrm{b}} / \log_2 N(\mathrm{B}) \end{cases} \tag{7-1}$$

数字通信系统的另一个性能指标是差错率。它是衡量系统在正常工作时，传输信息可靠程度的重要指标。差错率有误码率与误信率两种表述方法。所谓误码率，是指错误接收的码元数在传递的总码元数中所占的比例，或者说码元在传输系统中被传错的概率；误信率又称误比特率，它是指错误接收的信息量在传送信息总量中所占的比例，或者说信息量在传输过程中被丢失的概率。

如图 7.1 所示为数字通信系统模型，从总体上看，通信系统包括五个组成部分：发终端、发信机、收信机、收终端和信道。发终端将原始信息转换成电信号，这个电信号称为基带信号，发信机将基带信号经过正弦调制，放大转换成具有一定功率的高频信号，经过传输信道到达收信机，收信机的作用是将接收到的高频信号经过放大、选择和解调后恢复成原基带信号，收终端将基带信号恢复成原始信号。可见，信号在进行传输时（特别是无线传输时）必定要经过调制和解调这两个相对应的过程。

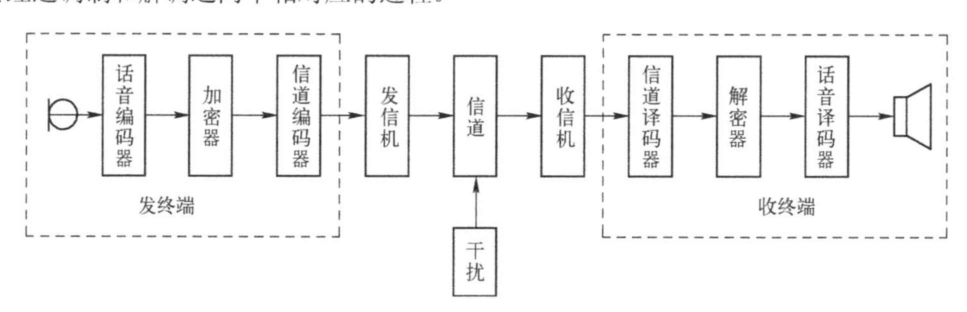

图 7.1　数字通信系统模型

与模拟通信相比，数字通信更能适应现代社会对通信技术的要求：第一，数字通信的抗干扰（或噪声）能力强，尤其在远距离中继通信时，数字信号可以再生而消去噪声的积累；第二，传输中的差错可以通过抗干扰编码（检错纠错编码）加以控制，从而能有效地改善通信质量；第三，便于使用现代技术对数字信号进行处理；第四，数字信号易于加密，保密性强；第五，数字通信系统可以传递各种信息，使通信系统变得通用、灵活。但是数字通信要比模拟通信占据更宽的系统带宽。以电话为例，一路模拟电话通常只占据 4kHz 的系统带宽，而一路数字电话可能要占据 20～60kHz 的系统带宽，因此，数字通信的频带利用率不高。

7.2 基带数字信号

7.2.1 基带数字信号的波形

传输基带数字信号的波形是各种各样的，较常用的基带数字信号是矩形脉冲，如图 7.2 所示为几种应用较广的二进制基带数字信号波形，其中 $g_1(t)$代表“1”，$g_2(t)$代表“0”。

1. 单极性脉冲

单极性脉冲的基带信号如图 7.2（a）所示，这里取 $g_1(t)$为正脉冲，$g_2(t)$为零脉冲，即基带信号的 U 电位及 0 电位分别与二进制符号“1”及“0”一一对应。可见，这种信号脉冲宽度等于码元长度，在一个码元时间内，不是有电压（或电流）就是无电压（或电流），电脉冲之间无间隔，且极性单一。

2. 双极性脉冲

如图 7.2（b）所示，代表“1”的电信号 $g_1(t)$是一个正脉冲，代表“0”的电信号 $g_2(t)$是一个负脉冲，它的电脉冲之间也无间隔，但由于是双极性的，故当 0、1 符号可能出现时，它将无直流成分。

3. 单极性归零脉冲

单极性归零脉冲的特点是它的脉冲宽度小于码元长度，每个电脉冲总是要回到零电位，故称为归零脉冲。单极性归零脉冲便是单极性脉冲中有电码元每次回到零的脉冲，如图 7.2（c）所示。

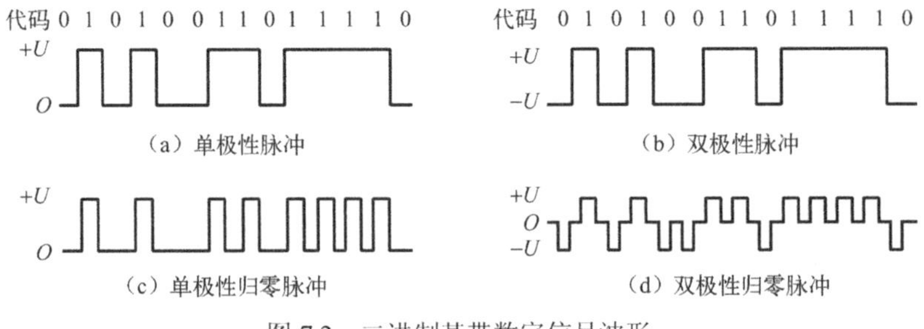

图 7.2 二进制基带数字信号波形

4. 双极性归零脉冲

双极性归零脉冲是双极性脉冲的归零形式，如图 7.2（d）所示。可见对应每一符号都有零电位的间隙产生，即相邻脉冲之间必定留有零电位的间隔。

矩形脉冲的产生比较容易，实际上也很有用，不过这种脉冲的频谱很宽。在数字通信系统中，为了节省频带，可采用频谱较窄的脉冲，如升余弦脉冲、三角形脉冲、半余弦脉冲等，如图 7.3 所示。

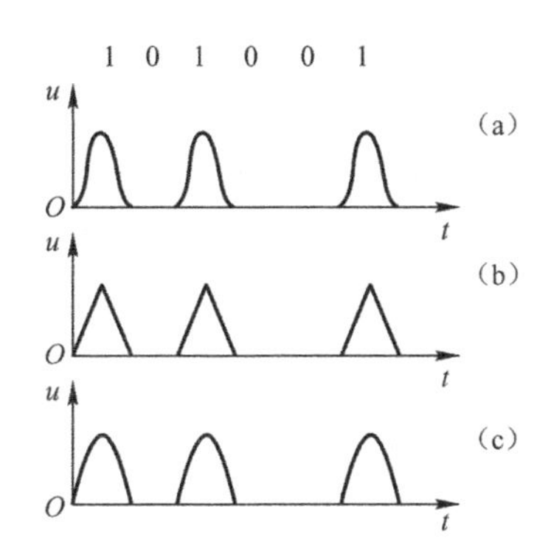

图 7.3 非矩形基带信号波形（单极性）

对于 N 进制的数字信号，每个码元可以有 N 种不同的数值，传输这种信号需要有 N 种不同的波形：$g_1(t)$、$g_2(t)$、$g_3(t)$、…、$g_N(t)$。图 7.4（a）画出一种四进制基带数字信号的波形，它的四种取值（0、1、2、3）分别用不同电平的矩形脉冲表示：电平为 $3U$ 的脉冲代表“3”；电平为 $2U$ 时代表“2”；电平为 U 时代表“1”；电平等于零时代表“0”。这种信号叫做多电平信号。图 7.4（b）所示是另一种四电平信号，当四种符号的概率相同时，这种信号没有直流分量，所以在实际中较常采用。

上面所讲的数字信号叫做“绝对码”。它的特点是：每一个符号都和一个固定的波形相对应。例如，在二进制编码系统中，符号“1”的波形是 $g_1(t)$，符号“0”的波形是 $g_2(t)$，这种对应关系是不变的。

数字信号的编码还有另一种方法，叫做“相对码”，通常，它是以前一个码元为基准来进行编码的。例如，当某码元 a_k 的符号为“1”时，它的脉冲波形和相邻的前一个码元的波形相同；当符号为“0”时，其波形和前一码元的波形“相反”（即取另一种波形）。图 7.5（a）和（b）分别画出了绝对码和相对码的波形。

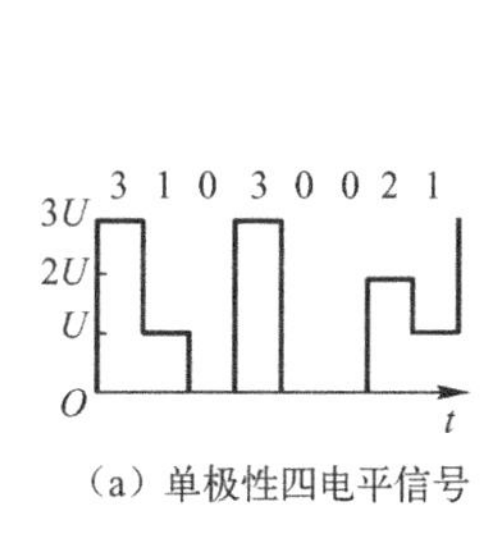

（a）单极性四电平信号

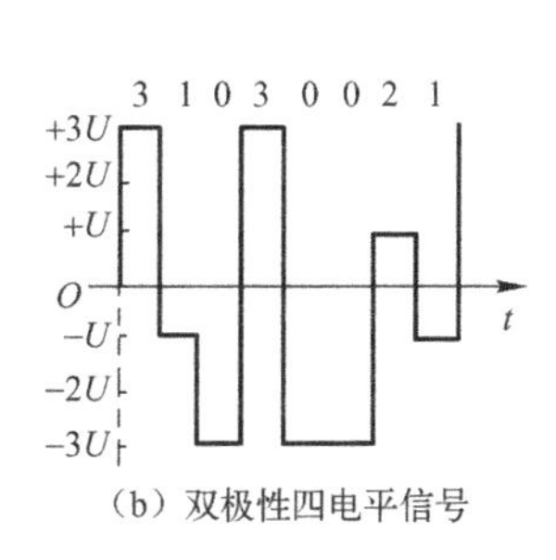

（b）双极性四电平信号

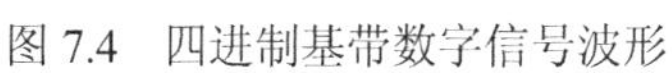

图 7.4 四进制基带数字信号波形

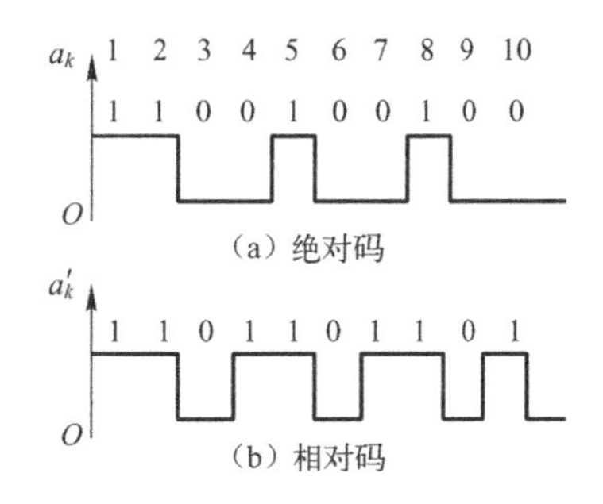

（a）绝对码

（b）相对码

图 7.5 相对码和绝对码波形

在传送数字信号时，还存在一个数字信号的同步问题。从前面的讨论可以看出，组成数字信号的码元在时间上是依次排列的，各占有一定的时间间隔，因此，在发端必须有一个作为时间标准的时间信号，这种信号叫做“定时信号”或“钟信号”；在收端也必须有一个和发端钟信号完全一致的钟信号，这样才能正确区分各个码元所存在的时间，以免前后混淆，产生差错。使收端和发端钟信号的“步调”一致起来的作用叫做“同步”，因而钟信号也叫做同步信号。同步问题是数字通信系统的关键问题之一，但不属于本章范围，不再讨论。本章在分析数字信号解调时，假设收端和发端都已经有了同步信号。

7.2.2 基带数字信号的一般表示式

假设有一个二进制数字信号序列$\{a_k\}$，它的各个码元在统计上彼此独立（即某码元出 1 或 0 的概率与其他码元无关），第 k 个码元 a_k 取“1”的概率为 P，取“0”的概率为$(1-P)$即

$$a_k=\begin{cases}1 & \text{概率为 } P \\ 0 & \text{概率为}(1-P)\end{cases} \tag{7-2a}$$

发送“1”时的波形为 $g_1(t)$，发送 0 时为 $g_2(t)$，那么，这个序列可以用时间函数 $s(t)$来表示：

$$s(t)=\sum_{k=-\infty}^{\infty}[a_k\cdot g_1(t-kT_s)+(1-a_k)\cdot g_2(t-kT_s)] \tag{7-2b}$$

上式即为基带数字信号的一般表示式。式中，T_s 是每个码元所占有的时间，即码元长度。通常，二进制的两种符号是采用波形相同但极性相反的脉冲来表示的，即令 $g_2(t)=-g_1(t)=-g(t)$。在这种情况下，式（7-2a）和式（7-2b）可改写为如下形式：

$$\left.\begin{aligned}&a_k=\begin{cases}1 & \text{概率 } P \\ -1 & \text{概率为}(1-P)\end{cases}\\ &s(t)=\sum_{k=-\infty}^{\infty}[a_k\cdot g(t-kT_s)]\end{aligned}\right\} \tag{7-3}$$

应该强调指出，$s(t)$并不是确定的时间函数，而是一个随机函数。“随机”两个字含有“不能预定”的意思。例如，在图 7.6 所示的某一时隙 k，究竟出现代表“1”的 $g_1(t)$，还是出现代表“0”的 $g_2(t)$，是事先不能预知的。如果该时隙的符号是“1”，即 $a_k=1$，那么该时隙内的波形是 $g_1(t-kT_s)$，否则应出现 $g_2(t-kT_s)$。随机函数并不是毫无规律、不可知的，利用统计的方法可以找出随机函数的“统计规律”。例如，式（7-2a）就是表示某一码元出现“1”或“0”的统计规律。假设 $P=0.5$，那么式（7-2a）表示数字信号序列$\{a_k\}$在时隙 k 中出现“1”的可能性（概率）是 50%，出现“0”的可能性也是 50%，即“1”和“0”的出现概率相等。

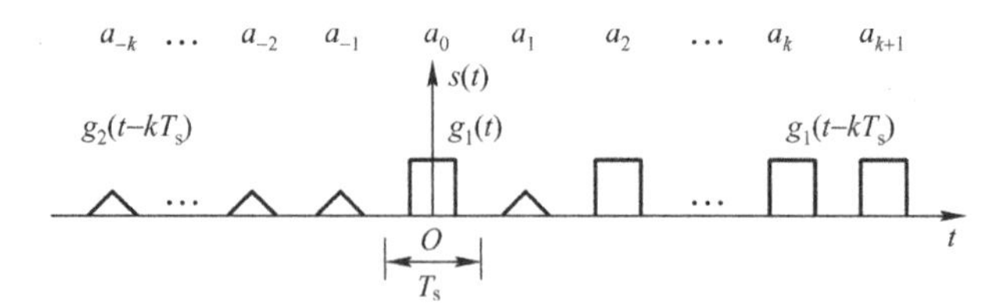

图 7.6 基带数字信号序列

7.2.3 基带数字信号的频域特点

设一单极性周期性矩形波的波形如图 7.7 所示，其周期为 T，脉冲宽度为 τ，对波形函数进行傅里叶级数展开

$$f(t)=a_0+\sum_{n=1}^{\infty}a_n\cos n\Omega t+\sum_{n=1}^{\infty}b_n\sin n\Omega t$$

$$a_0=\frac{1}{T}\int_{-\frac{T}{2}}^{\frac{T}{2}}f(t)\mathrm{d}t=\frac{1}{T}\int_{-\frac{\tau}{2}}^{\frac{\tau}{2}}A\mathrm{d}t=\frac{\tau}{T}A$$

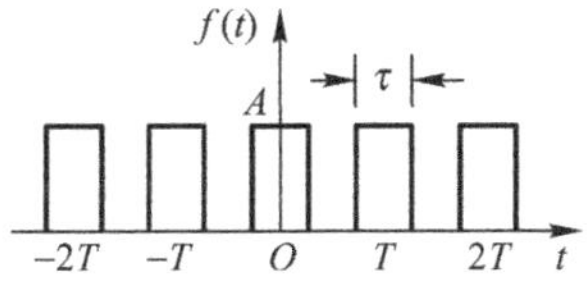

图 7.7 单极性周期矩形波

$$a_n=\frac{2}{T}\int_{-\frac{T}{2}}^{\frac{T}{2}}f(t)\cos n\Omega t\mathrm{d}t=\frac{2}{T}A\int_{-\frac{\tau}{2}}^{\frac{\tau}{2}}\cos n\Omega t\mathrm{d}t=\frac{4A}{Tn\Omega}\sin\frac{n\Omega\tau}{2}\qquad(n=1、2、3\cdots)$$

由于$f(t)$是偶对称的，因此，$b_n=0$，所以

$$f(t)=\frac{\tau}{T}A+\sum_{n=1}^{\infty}\frac{2\tau A}{T}\frac{\sin\frac{n\Omega\tau}{2}}{\frac{n\Omega\tau}{2}}\cos n\Omega t=\frac{\tau}{T}A\left(1+2\sum_{n=1}^{\infty}\frac{\sin\frac{n\Omega\tau}{2}}{\frac{n\Omega\tau}{2}}\cos n\Omega t\right)\qquad(7\text{-}4)$$

式中，$\frac{\tau}{T}A$是信号的直流分量；

$a_1=\frac{4A}{T\Omega}\sin\frac{\Omega\tau}{2}$是信号的基波分量振幅；

$a_n=\frac{4A}{Tn\Omega}\sin\frac{n\Omega\tau}{2}$（$n$=2、3…）是信号的 n 次谐波振幅。

作出信号的幅度频谱图如图 7.8 所示。由图可见，非正弦周期性矩形脉冲信号可以分解成无数个正弦波之和，其频谱由无数条离散的谱线组成，每条谱线的频率$\omega=n\Omega$（n=0、1、2、3…），其相邻两谱线的间隔为Ω（$\Omega=2\pi/T$），各谱线端点连线所形成的包络线（如图 7.8 中虚线所示）呈衰减振荡波形，其表示式为：

$$a(\omega)=\frac{2\tau}{T}A\frac{\sin\frac{\omega\tau}{2}}{\frac{\omega\tau}{2}}\qquad(7\text{-}5)$$

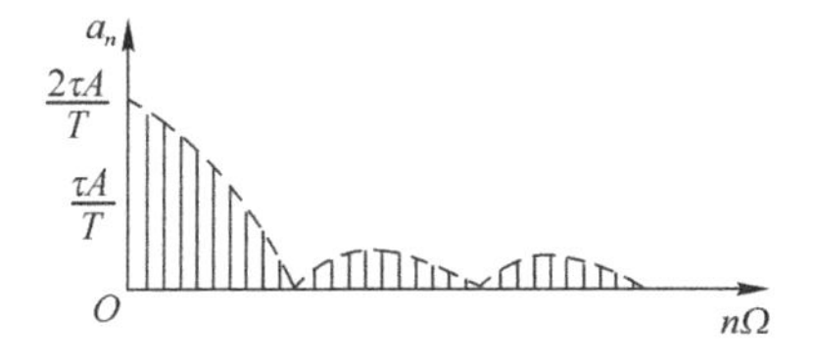

图 7.8 矩形波的频谱

当$\omega\tau/2=n\pi$，即$\omega=2n\pi/\tau$时，其包络线为零。

图 7.9 画出了周期相同而脉冲宽度不同的矩形波频谱。由图可见，由于周期相同，因而相邻谱线的间隔相同；脉冲宽度τ越窄，其频谱包络线的零点频率越高，从而相邻两个零值之间所包含的谐波分量就越多（也就是说，包络振荡衰减得越慢），因而信号所占据的频带越宽。

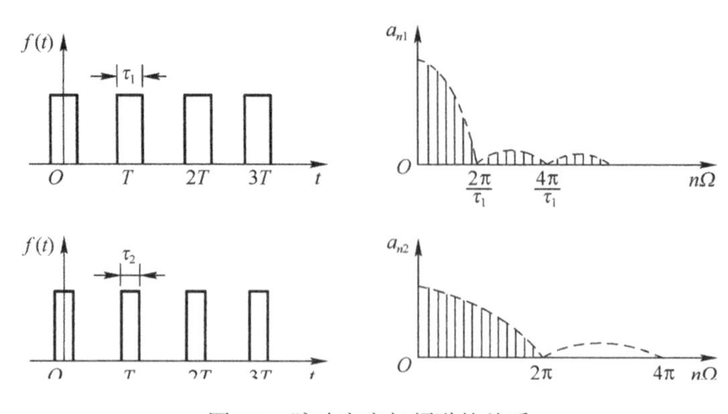

图 7.9 脉冲宽度与频谱的关系

在数字通信中，由于传输的基带数字信号在绝大多数情况下是随机信号，而不是周期的，因而信号的频谱也有所不同。如图 7.10 所示单极性归零矩形脉冲序列的功率密度谱 $W(f)$代表在频率 f 处的频率区间 df 之内的信号功率，其量纲是单位频带内的功率。由图 7.10 可见，归零随机脉冲序列 $s(t)$的功率谱包含两部分：一部分是连续谱，即 $s(t)$的功率在频率轴上的分布是连续的；另一部分是离散谱，它表明 $s(t)$含有直流成分，以及频率为 nf_s 的无穷多个谐波分量，其中频率为 nf_s 的离散谱分量可能被用做码元同步信号，因为这个频率正好是码元速率或码元速率的整数倍。从图 7.10 中还可发现，归零随机脉冲序列 $s(t)$的功率谱主要集中在第一个零点频率 $1/\tau$以下的频段之内，在 $1/\tau$以上的功率谱较小，可以忽略，因而通常认为，具有矩形脉冲波形的随机信号序列的功率密度谱宽度等于 $1/\tau$。τ越大，即码元脉冲 $g(t)$的持续时间越长，则数字信号序列的带宽越窄。在码元速率 $f_s=1/T$ 给定的条件下，τ不能大于 T_s，因此取 $\tau=T_s$，即选用不归零的矩形脉冲作为码元波形，可以使数字信号序列 $s(t)$具有较窄的带宽。在用矩形脉冲传送数字信号时，经常采用不归零脉冲，而不采用归零脉冲。对于不归零矩形脉冲，$\tau=T_s$，可以证明其连续功率密度谱中只含有直流分量，没有线谱，也就是说它不包含频率为 f_s 及其倍频的正弦分量，因此，也就不能用滤波的方法从这种信号序列中直接提取同步信号。

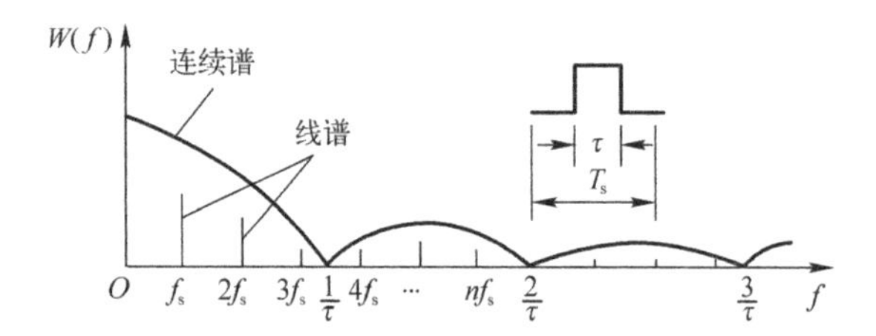

图 7.10 矩形脉冲随机序列的功率密度谱

7.3 幅度键控

基带数字信号含有零频率及丰富的低频成分，只能在具有低通传输特性的信道中（如市话电缆、同轴电缆等）传送，不宜进行无线传输，因而同模拟调制一样，必须用基带信号对高频载波进行调制才能够传送。数字信号调制也有三种基本方式，即调幅、调频和调相。下面分别加以讨论。

7.3.1 幅度键控信号的产生

利用基带信号 $s(t)$对载频为ω_c 的正弦波幅度进行控制的方式叫做调幅，也称幅度键控，记为 ASK。

如图 7.11 所示是采用模拟调制方法的调幅器方框图。基带数字信号 $s(t)=\sum\limits_k a_k g(t-kT_s)$ 经低通滤波器后与正弦载波 $u_c(t)$同时加到环形调制器上，相乘后，得到调幅信号。它的一般表达式为：

$$u_{\text{ASK}}(t)=\left[\sum_k a_k g(t-kT_s)\right]U_{\text{cm}}\cos\omega_c t \tag{7-6}$$

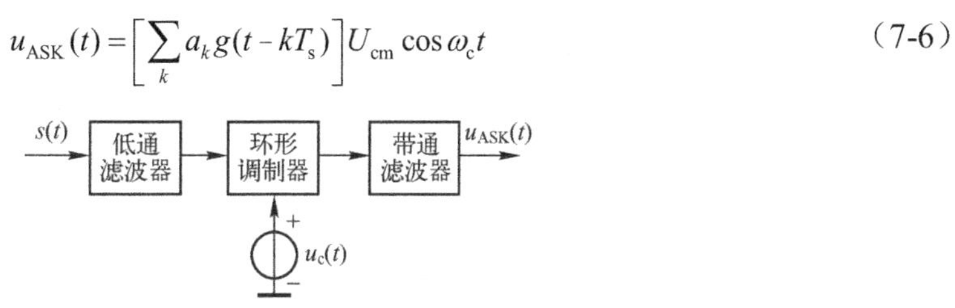

图 7.11　模拟调制方法的调幅器方框图

式中，a_k 是随机变量。对于 m 进制，它可取 m 种数值；对于 2 进制，可取 0、1 两种数值。$g(t)$是码元脉冲波形，调幅后它是调幅信号的包络线。如果 $g(t)$是持续时间为 T_s 的矩形脉冲，则数字调幅波形如图 7.12 所示。

图 7.13 是采用数字键控方法的调幅器方框图，由基带数字信号去控制一个开关电路。当出现“1”码时开关闭合，高频载波有输出；当出现“0”码时开关断开，无高频载波输出，很明显，其输出波形与图 7.12 所示波形相同。

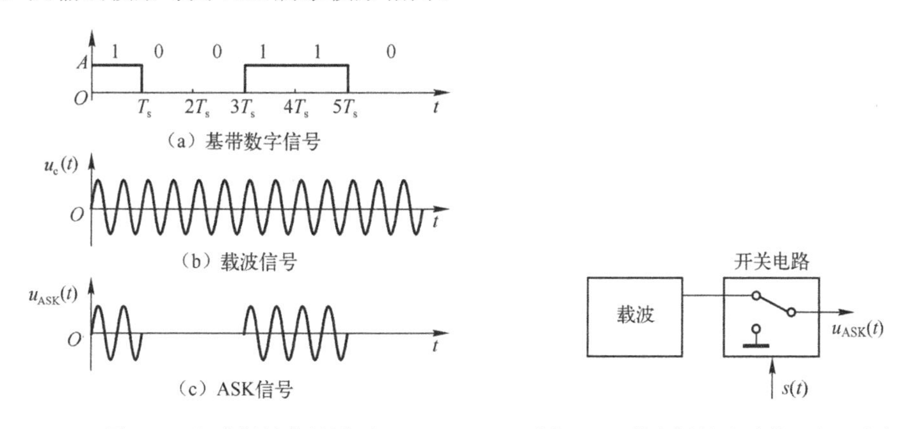

图 7.12　幅度键控信号波形　　　　图 7.13　数字键控方法的调幅器方框图

图 7.14 是调幅信号产生的原理图，图 7.14（a）中两个二极管 VD_1、VD_2 的导通与截止受基带信号控制。当基带信号 $s(t)$为高电平时，二极管导通，有正弦载波输出；当基带信号 $s(t)$为低电平时，二极管截止，无正弦载波输出。图 7.14（b）中三极管 VT 受基带信号控制，当 $s(t)$为高电平时三极管 VT 截止，有正弦载波输出；当 $s(t)$为低电平时，三极管 VT 导通，相当于输出端短路，无正弦载波输出。

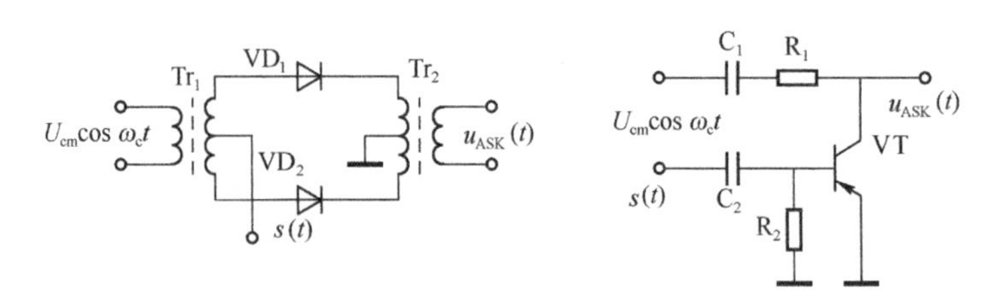

图 7.14 调幅信号产生的原理图

从频域上看，幅度调制的作用是将基带信号频谱移到以载频ω_c为中心的频带内。调幅之后将产生上、下两个边带，每一个边带都是基带频谱的线性搬移，如图 7.15 所示，由图可见，其频谱结构和各个频率分量的相对关系并没有发生非线性变化，这种调制叫做线性调制。由于信号的能量主要集中在载波附近，通常取邻近载波的左右两个第一零点之间的范围为 ASK 信号的带宽，即$f_{BW}=2f_s$。

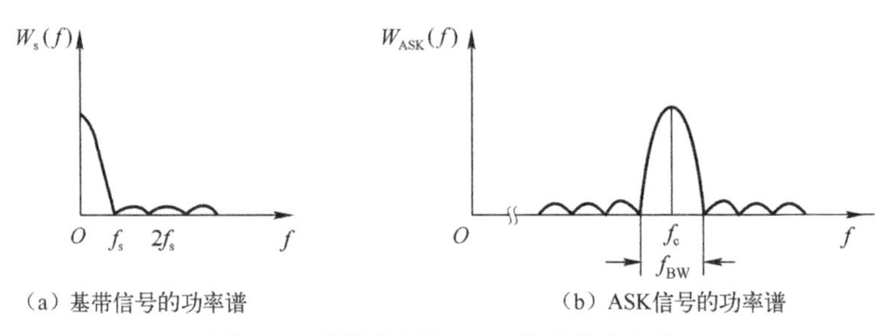

（a）基带信号的功率谱　　（b）ASK信号的功率谱

图 7.15 基带信号与 ASK 信号的功率谱

在数字通信系统中，较多采用的是残留边带调幅，图 7.11 中所示的带通滤波器如果具有“斜切”的传输特性，把双边带调幅信号的部分频谱抑制掉，就可以获得所需要的残留边带调幅信号。

从上面的讨论可以看出，数字信号调幅和模拟信号调幅在原理上和电路上都没有什么区别，但是由于具体条件不同，数字调幅还有一些特殊问题。例如，在利用频带为 0～4 000Hz 的话路来传送数据时，载波频率f_c很低，调幅后的信号频谱可能产生额外的失真，如图 7.16 所示。假设基带信号$s(t)$是一个矩形脉冲序列，码元速率为 1800B，由于话路频带的限制，载波频率不能随意选择，假设载频为 2 400Hz，显然，ASK 信号的下边带将出现“负频率”的分量，如图 7.16 中AO段的阴影线所示。实际上负频率是不存在的，频率为负的正弦振荡等效于频率为正值但具有一定相移的正弦分量，也就是 ASK 信号的下边带中出现“反转”的频率分量。如图 7.16 中OA'段的虚线部分所示，其结果使调幅信号产生失真，由于“反转”的频率是由“负频率”以零频率为中心“反射”（或折叠）而产生的，因此叫做零频率反射干扰或折叠干扰。

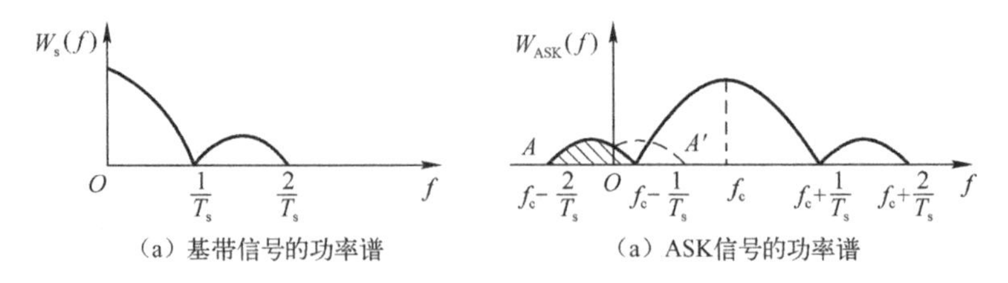

（a）基带信号的功率谱　　（a）ASK信号的功率谱

图 7.16 数字调幅的折叠干扰

消除折叠干扰的办法是：用低通滤波器把基带数字信号中高于载波 f_c 的频率分量滤掉。图 7.11 所示的低通滤波器就是为了消除这种干扰而设置的。

7.3.2 幅度键控信号的解调

从已调信号中恢复调制信号的过程称为解调。如同 AM 信号的解调方法，二进制 ASK 信号也有两种基本的解调方法，即相干解调（同步检波）和非相干解调（包络检波）。如图 7.17 所示为两种基本解调方式的框图。

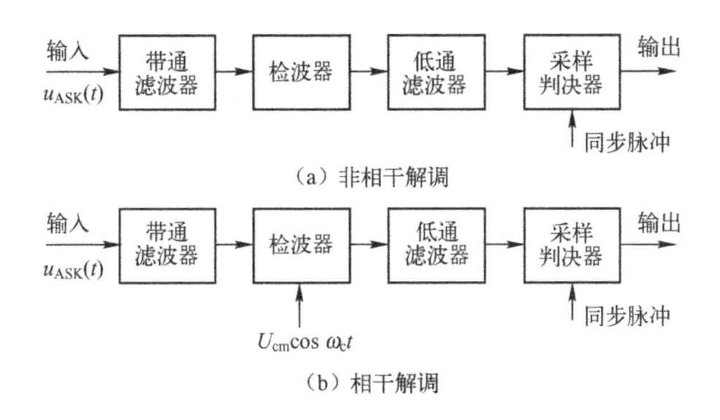

图 7.17　ASK 信号的解调框图

在模拟通信系统中，解调器的输出就是所需要的原调制信号，如果通信系统的频带不够宽，或者在信号传输过程中混入了干扰，解调后的输出信号就会有一定的失真和干扰，从理论上说，这些失真和干扰对于模拟信号的危害是无法消除的，这是模拟通信的基本缺点。

对于数字信号来说，情况就有所不同，和模拟信号一样，已调数字信号经解调后也可以得到原来的基带信号，但是，代表每个符号的码元波形是可以任意选择的，所以波形本身有无失真是不太重要的，关键问题在于能否根据解调后的基带信号波形，正确地判定它们所代表的符号。具体地说，解调后的基带信号即使有失真和干扰，也可以想办法对它们进行“鉴别”，判定各个码元波形所代表的符号，恢复所需的数字序列。下面结合数字调幅信号的情况，具体说明这个问题。

假设 $u_{ASK}(t)$是一个数字调幅信号，它的包络是理想的矩形脉冲，如图 7.18（a）所示，利用图 7.17 所示的幅度检波器（相干解调或非相干解调）就可以检出它的包络。如果检波器中低通滤波器的 RC 时间常数太大，即频带较窄，那么，检波后的输出包络将有一定的失真，具体表现为输出脉冲的前、后沿变坏，如图 7.18（b）所示。这种失真对模拟信号的危害是很难消除的。例如，对于雷达设备来说，雷达脉冲回波的时间代表目标的距离，因而脉冲前沿失真就直接影响雷达系统的测距精度。但是，失真和干扰对数字信号序列的正确恢复却可以没有影响，或者可以把影响大大减小。利用图 7.18 所示的波形可以清楚地说明这一点，图中第一个码元（时隙 $0\sim T_s$）的脉冲包络虽然前沿有失真，但在相当长的时间内包络电压都等于 U，第二个码元（时隙 $T_s\sim 2T_s$）内虽然有前一个脉冲的后沿窜入，但在大部分时间内电压都等于零。显然，只要失真不是太大，又没有其他干扰，或者干扰较小，就能够正确判定第一个码元的符号是“1”，而第二个码元的符号是“0”，从而可以正确无误地恢复原来的数字序列。由此可见，在数字信号的接收装置中，除了解调器之外，通常还须有一个“判决器”，其判决电平为 U_P，整形后的波形如图 7.18（c）所示。

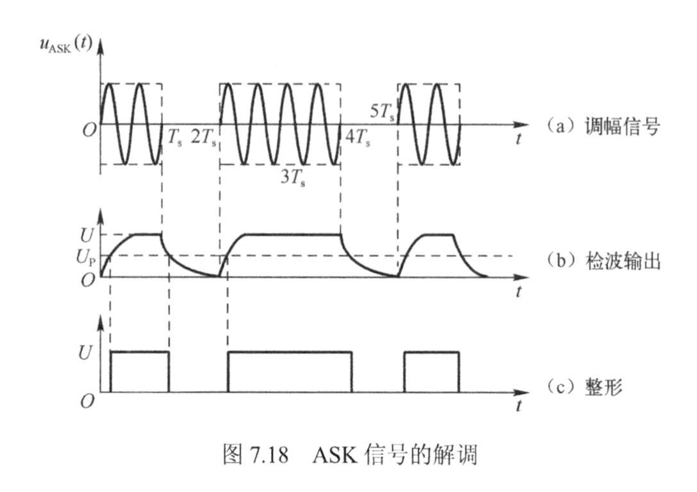

图 7.18　ASK 信号的解调

7.4　频率键控

7.4.1　频率键控信号的产生

用基带信号 $s(t)$对载波的瞬时频率进行控制的方式叫做调频。在数字通信中，称为频率键控（或频移键控），记为 FSK。

根据定义，频率键控信号 $u_{FSK}(t)$的瞬时频率为：

$$\omega(t)= \omega_c+\omega_d s(t) \tag{7-7}$$

式中，ω_c是未调载波频率；

ω_d为频率偏移对基带信号电压 $s(t)$的变换系数，如果 $s(t)$是归一化基带信号，即$|s(t)|$的最大值等于 1，且没有量纲，则ω_d是最大频率偏移，简称频偏。

对于二进制信号，如果基带信号 $s(t)$是不归零矩形脉冲序列，则频率键控信号 $u_{FSK}(t)$的瞬时频率只取两种数值，由式（7-7）可知，即$\omega_1=\omega_c-\omega_d$、$\omega_2=\omega_c+\omega_d$。也就是说，在这种情况下，$u_{FSK}(t)$是频率为$\omega_1$与$\omega_2$两个正弦振荡按照基带信号 $s(t)$的不同取值而交替出现的随机高频信号序列。图 7.19 所示为二进制 FSK 信号的波形，在码元转换的时刻，两个余弦波的相位可以是连续的，也可以是不连续的。前者叫做相位连续的频率键控信号，后者叫做相位不连续的频率键控信号。相位连续的二进制频率键控应用极为广泛，大量的有线通信网（公用交换电话网、计算机通信网、电力通信网和光缆通信网等）中使用的调制解调器 MODEM 和无线数据通信中的 MODEM 几乎都采用相位连续的二进制频率键控。频率键控也可以是多进制，用 m 个频率不同的振荡信号来代表 m 进制的数字信号，这种数字信号叫做多频制信号，较常用的是四频制和八频制。

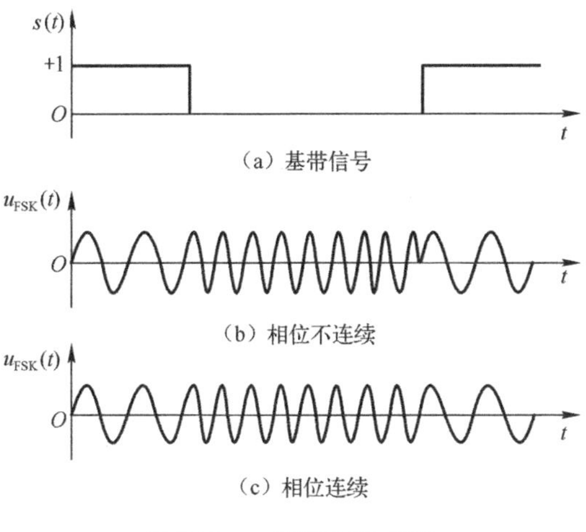

图 7.19　二进制 FSK 信号

频率键控信号的产生可以用类似 FM 模拟调制的方法来实现，其差别仅仅是调制信号为基带数字信号而已。图 7.20 所示是一种常用的 FSK 信号产生电路。晶体管及 LC_1 回路组成一个振荡器，振荡频率主要由回路参数 L、C_1、C_2 决定。基带信号 $s(t)$是双极性不归零矩形脉冲，当 $s(t)$为正脉冲时，二极管 VD_2、VD_3 截止，电容 C_2 与振荡回路断开，这时的振荡频率为：

$$\omega_1 \approx \frac{1}{\sqrt{LC_1}} \tag{7-8}$$

当 $s(t)$为负脉冲时，VD_2 和 VD_3 导通，电容 C_2 连接到回路中，振荡频率变为：

$$\omega_2 \approx \frac{1}{\sqrt{L(C_1 + C_2')}} \tag{7-9}$$

式中，C_2'为电容 C_2 折合到回路 a b 端的等效值。

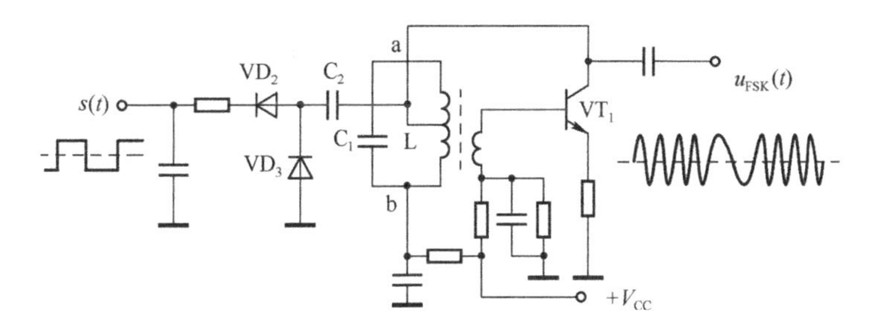

图 7.20　FSK 信号产生电路

FSK 信号产生电路还有很多形式，如采用 RC 相移振荡器，用基带信号控制 RC 相移网络的某一个电阻或电容，也能产生所需的频率变化，这些电路的振荡频率较低，因此大都用于以音频为载波的低速数据传输设备。

7.4.2　频率键控信号的解调

二进制 FSK 信号常用的解调方法是采用如图 7.21 所示的非相干检测法和相干检测法。

频率键控信号经解调（鉴频）后的输出基带波形往往也有失真或混入干扰，仿照上一节所介绍的方法，通常也采用判决电路对鉴频后的输出波形进行判决，这里的采样判决器用以判定两个输入样值的相对大小，故此时无须专门设置门限电平。

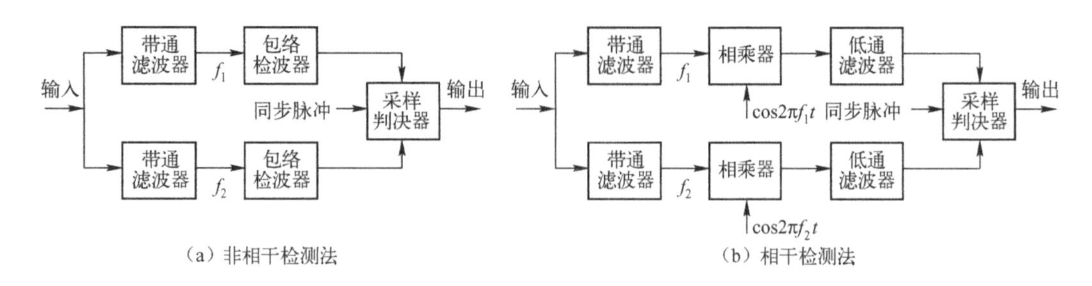

图 7.21　FSK 信号常用的解调器

二进制频率键控信号还有其他的解调法，如模拟 FM 信号的斜率鉴频、相位鉴频和锁相环鉴频等方法均可对二进制频率键控信号进行解调，但输出必须加一个判决电路才能恢复出原基带信号。

频率键控的实现比较容易，设备不太复杂，性能比调幅优越，传输电路中电平变化对它的影响也较小，因此 FSK 是数字通信中用得较广泛的一种方式。但因其信号频带较宽，故多用于速度较低的数据传输系统中，如以音频话路为传输信道的中、低速数据传输设备($f_s \leqslant 1\ 200$B）和短波通信的移频电报等。

7.5　相位键控

用基带数字信号对载波相位进行控制的方式叫做调相。在数字通信中称之为“相位键控”，记为 PSK。

PSK 是数字通信的一种非常重要的调制方式，应用十分广泛。相位键控分为绝对相位键控和相对相位键控（DPSK）两种。用未调载波的相位作为基准的调制，叫做绝对相位键控。以二进制 PSK 为例：设码元取“1”时，已调高频振荡的相位与未调载波的相位相同；取“0”时的相位与未调载波的相位相差 180°，则调相波 $u_{\mathrm{PSK}}(t)$的波形如图 7.22（c）所示。采用绝对相移方式时，由于发送系统是以某一个相位作为基准的，因而在接收系统中也必须有一个与发送系统相同的基准相位作为参考，根据这个参考相位，当判定接收信号的相移为零时，认为接收到的是“1”码，而相移为π时，则认为接收到的是“0”码。如果这个参考相位发生变化（由 0 变为π或由π变 0），则恢复的数字信息就会发生由“1”变“0”或由“0”变“1”的现象，从而造成误码。考虑到实际通信时，参考基准相位有随机跳变的可能，而且在通信过程中不易被发现，这样采用绝对 PSK 方式就会在接收端发生错误的恢复，这样的现象称为绝对 PSK 方式的“倒π”现象或“反相工作”现象。因此，在通信系统中，一般不采用绝对 PSK 方式，而采用相对 PSK 方式（DPSK）。

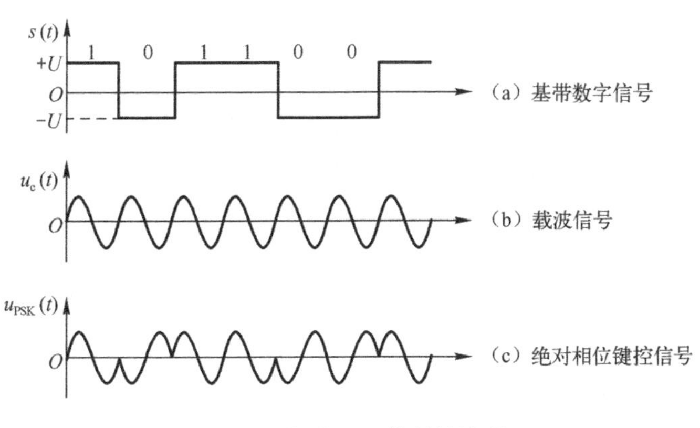

图 7.22 绝对 PSK 信号的波形

相对 PSK 方式是指利用前后相邻码元的相对载波相位差值去表示数字信息的一种方式，即各个码元的载波相位不是以固定的、未调载波的相位作为基准，而是以相邻的前一个码元的载波相位为基准来确定相位的取值。例如，设本码元与前一码元的载波相位差为π时，代表数字信息“0”；相邻码元载波相位差为 0 时，代表数字信息“1”。数字信息序列与相对 PSK 信号的码元相位关系可举例如下：

数字信息		1	0	1	1	0	0	1
相对 PSK 信号相位	0	0	π	π	π	0	π	π
或	π	π	0	0	0	π	0	0

显然，相对 PSK 信号的初相有这样的特点：当数字信号是 1 时，该码元的相对 PSK 信号初相与前一码元相同；当数字信号是 0 时，该码元的相对 PSK 信号初相与前一码元相差π，按上述规定画出相对 PSK 信号的波形如图 7.23 所示（假设起始载波相位为 0）。由图可见，相对 PSK 的波形与绝对 PSK 的波形（见图 7.22）不同，它们的同一相位（绝对相位）并不对应相同的信息符号，在相对 PSK 信号中，前后码元相位的差才唯一决定信息符号。这说明，解调相对 PSK 信号时，并不依赖于某一固定的载波相位参考值，只要前后码元的相对相位关系不被破坏，则鉴别这个相位关系就可正确恢复数字信息，这就避免了绝对 PSK 方式中的“倒π”现象发生。需要强调的是，单纯从波形上看，相对 PSK 与绝对 PSK 是无法分辨的，也就是说，只有已知相位键控是绝对的还是相对的，才能正确判定原信息。

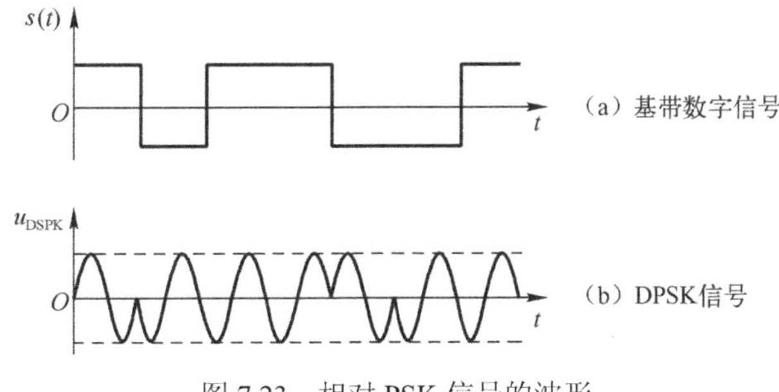

图 7.23 相对 PSK 信号的波形

相位键控还有一些其他类型，如四相制，用四个不同的相位来代表码元的符号，四个不同的相位可以是 0、π/2、π和 3π/2；也可以是π/4、3π/4、−3π/4 和−π/4。应该注意的是，对绝对调相来说，如果是载波的相位，那么对相对调相来说，就是载波超前前一码元的相位值。

7.5.1 相位键控信号的产生

相位键控（调相）电路的类型很多，但基本上可以分为两大类，一类是用基带数字信号控制载波的相位，称为直接控制相位法；另一类是根据基带数字信号的取值，从若干个相位不同的载波中选取所需要的波形，称为相位选择法。下面以两相调相为例，介绍直接控制载波相位的调相电路。

如图 7.24 所示为两相调相调制器的方框图。其中，图 7.24（a）是绝对 PSK 调制器的方框图，它的基本工作原理是：用基带数字信号 $s(t)$（绝对码）去控制电子开关，电子开关按照 $s(t)$的不同取值进行相应的动作，进而完成载波相位的切换，因此输出信号中载波的相位按基带数字信号的规律而变化，即实现了调相的功能。图 7.24（b）是相对 PSK 调制器的方框图，其中“码变换”方框将绝对码波形 $s(t)$变为相对码波形，利用相对码去进行绝对调相，最终达到相对调相的目的。

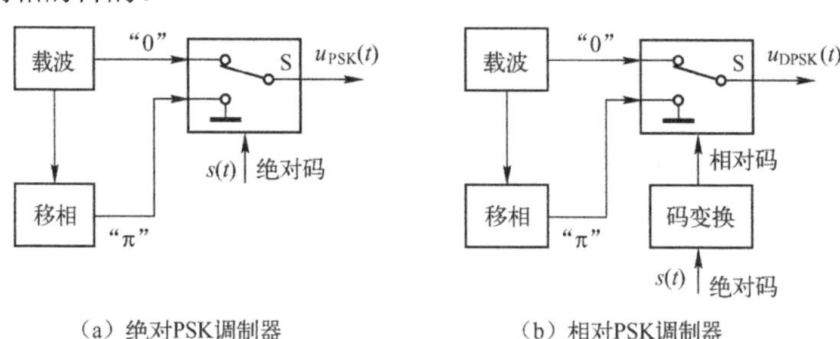

（a）绝对PSK调制器　　（b）相对PSK调制器

图 7.24　两相调相的调制器方框图

两相调相信号常用环形调制器来产生，如图 7.25 所示为两相调相电路。假设基带信号 $S(t)$是双极性不归零矩形脉冲，$u_c(t)$ 是载波。当基带信号为正极性时，VD_1、VD_2导通，VD_3、VD_4截止，输出信号 $u_{PSK}(t)$和输入载波 $u_c(t)$的相位相同，即相位差$\varphi=0°$；当基带信号为负极性时，VD_1、VD_2截止，VD_3、VD_4导通，输出信号 $u_{PSK}(t)$的相位和输入载波 $u_c(t)$的相位相反，即相位差$\varphi=180°$，这样就得到了所需的两相调相信号。应该指出的是，这里是以未调载波的初相位作为基准，因而所得的输出是两相绝对调相（它们的波形参看图 7.22）。如果利用图 7.25 所示的环形调制器实现两相相对调相，首先应把原来的基带脉冲序列，即绝对码变为相对码 $s(t)$，然后利用相对码 $s(t)$去对载波实现调相，就得到两相相对调相信号 $u_{DPSK}(t)$，它们的波形如图 7.26 所示。

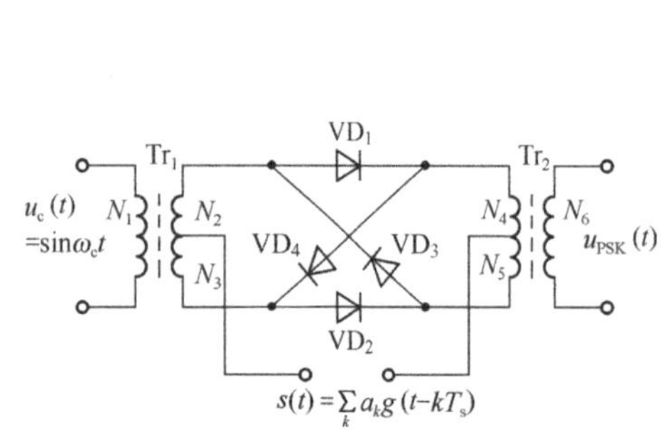

图 7.25　两相调相电路

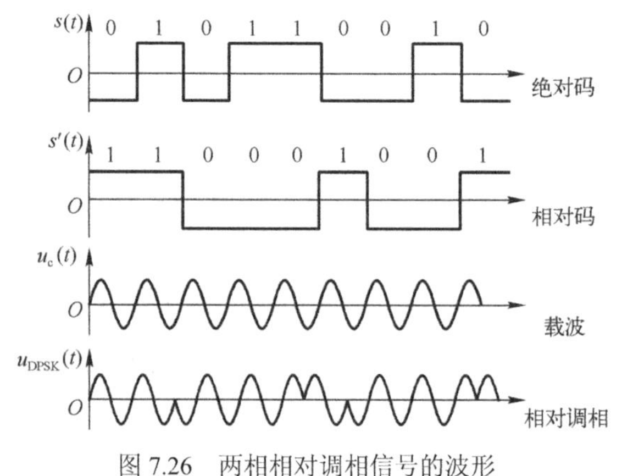

图 7.26　两相相对调相信号的波形

在制作环形调制器时，必须注意电路的对称性。由图 7.25 可见，如果电路不严格对称，那么 0 相和π相两个振荡波的幅度将不相等，调制器的输出调相信号将包含有一定的载频分量，通常把它叫做“载漏”。实际工作中为了减小载漏，应尽量保证调制器的对称性，即 VD_1～VD_4 四个二极管应该选用特性曲线相同的管子，当工作频率较高时，还应特别注意它们的极间电容的影响。此外，耦合变压器 Tr_1 和 Tr_2 也必须平衡，通常变压器初、次级的变比是 1∶1，即三组线圈的匝数（N_1、N_2、N_3，N_4、N_5、N_6）相同，绕制时用三根等长的导线并排或扭成一股，这样既可以减小漏感，又可以更好地保证变压器的对称性。

数字调相的应用很广，数据传输、数字接力通信和卫星通信以及很多特殊的通信系统广泛采用数字调相。和数字调幅信号一样，当载波频率低于基带信号频谱的最高频率时，也会出现折叠失真，这个问题在以话路为传输信道的数据传输设备中经常遇到。为了解决这个问题，基带信号可采用频谱宽度较窄的升余弦脉冲，或用低通滤波器把基带信号中高于载频 f_c 的频率分量滤掉。

7.5.2 相位键控信号的解调

相位键控信号的解调几乎都采用相干解调，相干解调就是利用相干信号来进行解调。两个或两个以上的信号，彼此之间如果存在着一定的关系，就称它们具有“相干性”，如频率相同、初相位不同的若干个正弦振荡信号具有相干性。下面具体介绍调相信号相干解调的方法和原理。

如图 7.27 所示是相干解调的原理方框图。设两相调相信号的数学表达式为：

$$u_{PSK}(t)=\sum_k a_k g(t-kT_s)\cdot U_{cm}\cos\omega_c t \tag{7-10}$$

$$a_k=\begin{cases}1 & \text{概率为 } P\\ -1 & \text{概率为}(1-P)\end{cases}$$

式中，$\sum_k a_k g(t-kT_s)$是基带数字脉冲序列。

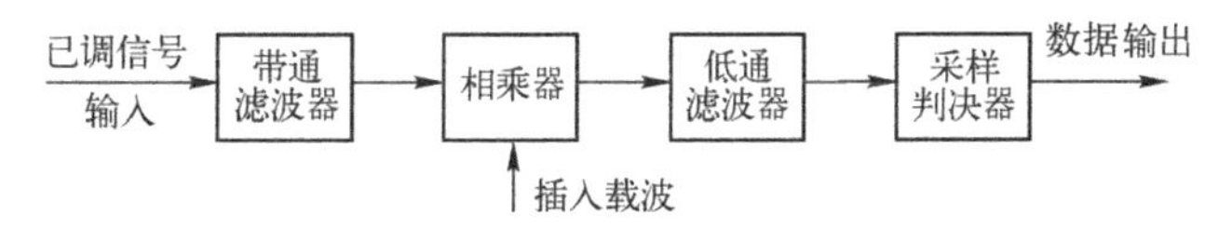

图 7.27　调相信号的解调器方框图

接收机产生的本地振荡信号（插入载波）$u_L(t)$为：

$$u_L(t)=U_{Lm}\cos\omega_c t \tag{7-11}$$

这个振荡信号的频率和调相信号载波的频率相同，初相也相等，因此 $u_L(t)$也叫做相干振荡信号，又因为它和调相信号的载波同频同相，即“同步”，因而相干解调也称为同步解调。

将调相信号 $u_{PSK}(t)$和相干信号 $u_L(t)$相乘，得：

$$\begin{aligned}u_{PSK}(t)\,u_L(t)&=U_{cm}U_{Lm}\cos^2\omega_c t\cdot\Sigma a_k g(t-kT_s)\\&=\frac{1}{2}U_{cm}U_{Lm}(1+\cos2\omega_c t)\cdot\Sigma a_k g(t-kT_s)\end{aligned} \tag{7-12}$$

显然，所得的结果包含原来的基带信号和中心频率为 $2f_c$ 的另一个调相信号，通过低通滤波器，把高频分量滤掉，就得到了所需的基带信号，完成解调的任务。上述过程，用图 7.28 所示的波形也很容易加以说明，当调相信号 $u_{PSK}(t)$为 0 相移时，它和相干信号相乘并把高频分量滤掉以后，得到正脉冲，可判决为“1”；当调相信号为π相移时，得到负脉冲，可判决为“0”。

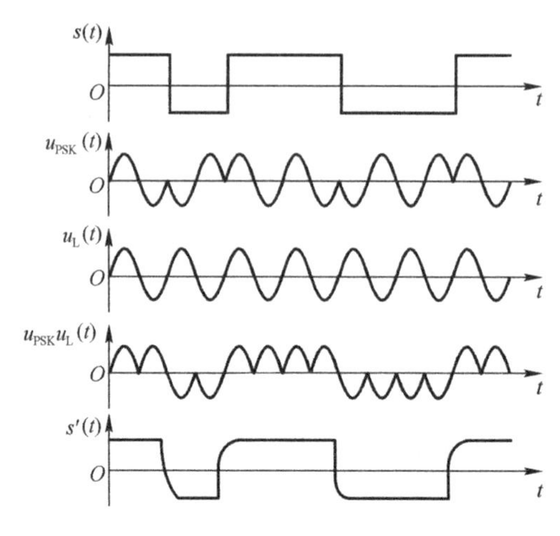

图 7.28　调相信号的同步解调

在上面的分析中，我们假设相干振荡信号 $u_L(t)$的初相位等于零，即恰好是解调所需的基准相位，但接收机所产生的相干信号的初相位具有不确定性，它可能是 0，也可能是π。如果是π，则解调后的基带脉冲极性恰好正负颠倒，即出现“倒π”现象。因此实际上应用的数字调相系统都采用相对调相。图 7.29 是相对调相信号同步解调的方框图，其中“码变换器”的作用就是把相对码变为绝对码，恢复原来的数字序列。

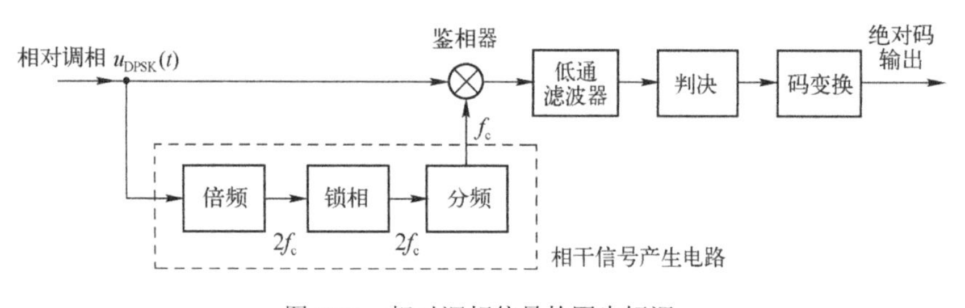

图 7.29　相对调相信号的同步解调

在接收调相信号时，如何产生相干信号（即载波），是同步解调的关键。由于数字调相信号 $u_{PSK}(t)$不包含载波 f_c 的分量（这时因为数字调相相当于抑制载波的双边带调幅），因此无法直接从 $u_{PSK}(t)$中提取载波，但是从调相波形可看出，如果将调相波进行全波整流，所产生的波形中将包括频率为 $2f_c$ 的谐波分量，用滤波或锁相电路把它提取出来，经分频后，即可获得频率为 f_c 的相干振荡，这种作用叫做载波提取。应该指出，将 $2f_c$ 的振荡分频为 f_c 的相干载波时，后者的初相位是不确定的，可能是 0 相，也可能是π相，如图 7.30 所示。前面已讨论过，这种相位不确定性对于绝对调相信号的解调是有害的，但对于相对调相的解调却可以没有影响，因而上述提取载波的方法是可以采用的。

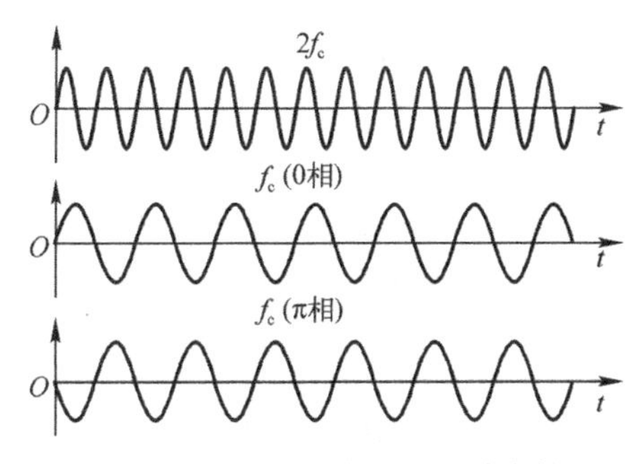

图 7.30　分频电路的相位不确定性

相对调相信号的另一种常用解调方法是差分相干解调法。因为相对调相是用相邻的前一个码元的载波相位作为基准的，因此利用前一个码元的振荡信号作为相干信号，也就可以实现相干解调。图 7.31 所示是差分相干解调的方框图及有关的波形，其中 T_s 是延迟时间，应恰好等于一个码长 T_s；经延迟后的信号 $u_{DPSK}(t-T_s)$比原来的调相信号 $u_{DPSK}(t)$落后一个码元的时间，用相乘器（鉴相器）将它们相乘，再用低通滤波器滤掉其中的高频分量，然后通过判决器进行判决，就可以得到原来的基带信号了。

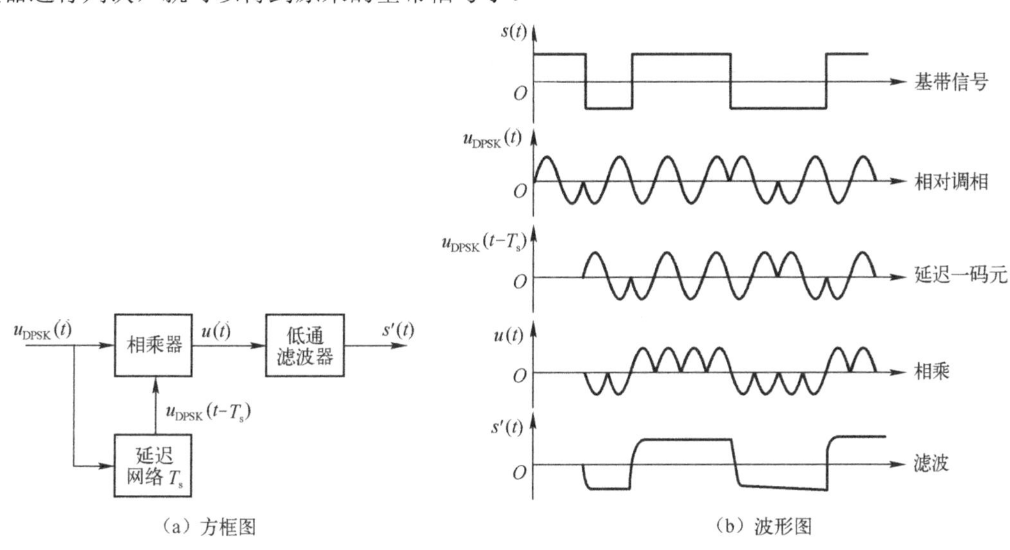

图 7.31　相对调相信号的差分解调

差分相干解调的一个优点是：将相对调相信号进行解调后所得的信号序列，就是所需的绝对码，不需要再进行相对码-绝对码变换，因而电路比较简单。

差分相干解调所需要的关键元件是延迟网络，对于低速数据信号，延迟网络一般采用 LC 元件；对于载波为几十兆赫的高速数字信号，可以采用同轴电缆或表面声波延迟线。对延迟网络的要求是：延迟时间应等于一个码长，并且具有足够的稳定度；延迟网络的频带必须足够宽，调相信号通过网络后，应保持原有的波形。由于调相信号是依靠相位来传送信息的，因此延迟网络应具有足够的相频特性。理想延迟网络通频带内的群时延应该是一个常数，信号通过网络后才不会产生相位失真。

差分相干解调的另一个优点是：载频 f_c 的稳定度对解调性能的影响较小，即抗频漂性能好。这是因为，即使 f_c 的稳定度不高（即频率 f_c 的漂移大），但由于一个码元的时间很短，因而相邻两个码元中的载波频率不会有什么变化，实际上可以认为前一个码元中的载波是后一个码元的理想相干信号。差分相干解调的主要缺点是抗干扰能力差。很容易看出，如果接收信号 $u_{DPSK}(t)$ 中混进了外来的干扰和噪声，那么这些有害杂波将同时在相干信号 $u_{DPSK}(t-T_s)$中出现，使解调后的信号中的干扰增加，因而更容易产生误码。同步解调的相干信号虽然也是从接收信号 $u_{DPSK}(t)$中提取出来的，但是由于载波提取电路是频带较窄的带通滤波器或锁相电路，混杂在信号中的干扰大部分被滤除掉，因此同步解调具有较好的抗干扰性能。

本 章 小 结

（1）数字通信系统是传输数字信号的。数字通信系统的主要性能指标为码元传输速率和差错率。

（2）常见的二进制基带数字信号有单极性脉冲、双极性脉冲、单极性归零脉冲和双极性归零脉冲等。

（3）数字信号调制有三种基本方式：振幅键控、频率键控和相位键控。

（4）利用基带信号对载波的幅度进行控制的方式称为振幅键控，记为 ASK。

（5）利用基带信号对载波的瞬时频率进行控制的方式称为频率键控，记为 FSK。

（6）利用基带信号对载波相位进行控制的方式称为相位键控，记为 PSK。相位键控分为绝对相位键控和相对相位键控。在通信系统中，一般采用相对相位键控 DPSK 方式。

习 题 7

7.1 数字通信系统由哪几部分组成？简述各部分的作用。

7.2 数字通信与模拟通信相比有何优点？

7.3 画出二进制数字序列 111001001 的绝对码和相对码。

7.4 试设计一个绝对码-相对码转换电路。

7.5 什么叫折叠干扰？怎样防止这种干扰？

7.6 在图 7.32 中，数字序列的脉冲波是升余弦波，试画出调幅后的波形。

7.7 设有一个二进制数字信号 101110110，每个码元所占有的时间是 833μs（即 f_s=1 200Hz），载波是 f_c=1 800Hz 的正弦振荡。画出这个数字序列的绝对调相波和相对调相波的波形（假设基带信号是矩形脉冲）。

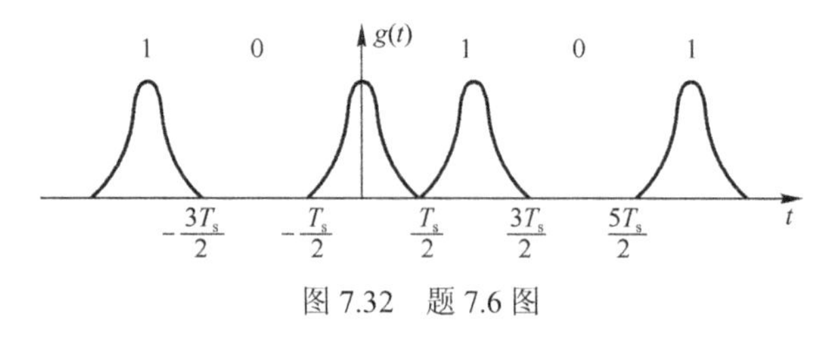

图 7.32 题 7.6 图

7.8 （1）在 7.5.2 节所讨论的数字调相同步解调法中，如果调相信号$u_{PSK}(t)$载波频率不稳定，对解调有什么影响？试做出定性说明。

（2）为什么差动相干解调具有较好的抗频漂性能？

7.9 用话路信道来传送 2 400b/s 的数据信号，设载频为 1 800Hz，采用四相调相，给定数据序列是：1100100001011011。画出调相波的波形。

7.10 给定数据序列 0110111001001001，试分别画出其 ASK、FSK、PSK、DPSK、4PSK 和 4DPSK 波形。

附录A 实　　验

随着电子技术和计算机技术的发展，电子产品与计算机系统紧密相连，电子产品的智能化日益完善，电路的集成度越来越高，而产品的更新周期却越来越短。电子线路设计自动化（EDA）技术使得电子线路的设计人员能在计算机上完成电路的功能设计、逻辑设计、性能分析、时序设计直至印制电路板的设计，彻底改变了过去“定量估算”、“实验调整”的传统设计方法。本附录的实验将利用 Electronics Workbench（简称 EWB）电路仿真系统软件对各章节的有关电路进行仿真实验及性能分析。

A.1　EWB 基本操作方法简介

1. 器件操作

（1）元件的选用。打开元件库，移动鼠标到需要的元件图形上，按下左键，将元件符号拖曳到工作区。

（2）元件的移动要用鼠标拖曳。

（3）元件的旋转、反转、复制和删除。用鼠标单击元件符号，选定元件，用相应的菜单、工具栏，或单击右键激活弹出菜单，选定需要的动作。

（4）元件参数设置。选定该元件，从右键弹出菜单，选“Component Properties”（元件特性）或双击该元件，便会弹出相应的元件特性对话框，根据需要设定元器件的标签、编号、数值和模型参数。

2. 导线的操作

（1）连接。用鼠标指向一元件的端点，出现小圆点后，按下左键并拖曳导线到另一个元件的端点，出现小圆点后松开鼠标左键。

（2）删除和改动。选定该导线，单击鼠标右键，在弹出菜单中选“Delete”。或者用鼠标将导线的端点拖曳离开它与元件的连接点。

3. 仪器仪表的使用

打开指示器件库，可以选定电压表或电流表，用鼠标拖曳到电路工作区，通过旋转操作可以改变其引出线的方向。双击电压表或电流表可以在弹出的对话框中设置工作参数；打开仪器库，可以选择数字多用表、函数信号发生器、示波器、波特图仪、字信号发生器、逻辑分析器和逻辑转换仪等。用鼠标将相应图标拖曳到工作区的欲放置位置，双击图标即可打开其面板，根据实验电路的需要对其进行相应的设置。仪器的移动和删除的方法与元件的移动、删除方法相同。

A.2 实验内容及要求

实验 1 高频小信号谐振放大器

1. 实验目的

（1）EWB 常用菜单的使用。

（2）搭接实验电路及各种测量仪器设备。

（3）估算小信号谐振放大器的带宽和矩形系数。

2. 实验内容及步骤

（1）利用 EWB 软件绘制出如图 A.1 所示的高频小信号谐振放大器实验电路。

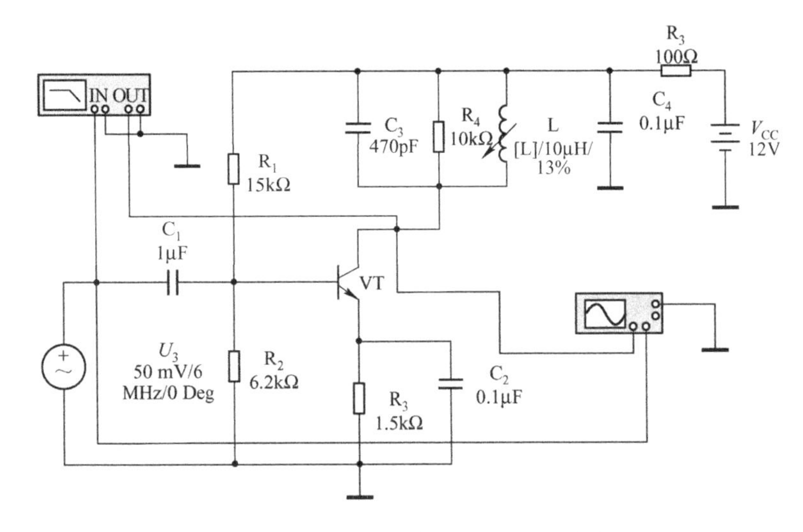

图 A.1 高频小信号谐振放大器实验电路

（2）当接上信号源 U_s（50mV/6MHz/0°）时，开启仿真实验电源开关，双击示波器，调整适当的时基及 A、B 通道的灵敏度，即可看到如图 A.2 所示的输入、输出波形。

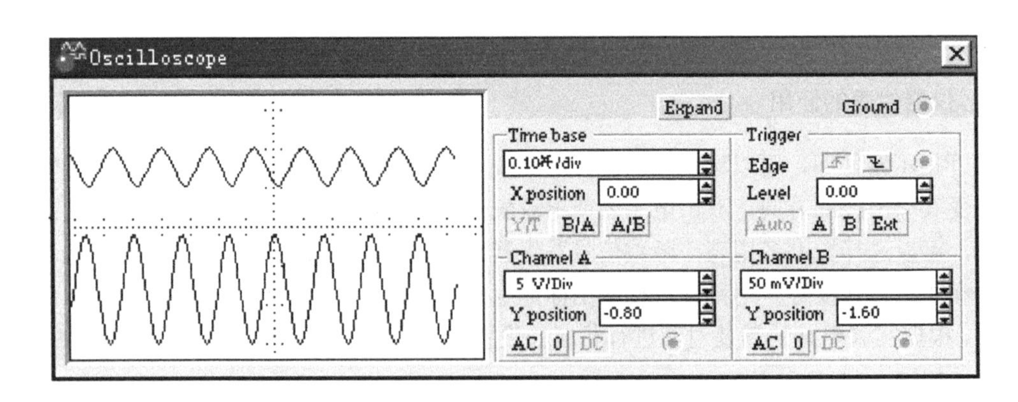

图 A.2 高频小信号谐振放大器的输入、输出波形图

（3）观察并对比输入与输出波形，估算此电路的电压增益。

（4）双击波特图仪，适当选择垂直坐标与水平坐标的起点和终点值，即可看到如图 A.3 所示的高频小信号放大器的幅频特性曲线。从波特图仪上的幅频特性曲线分析此电路的带宽与矩形系数。

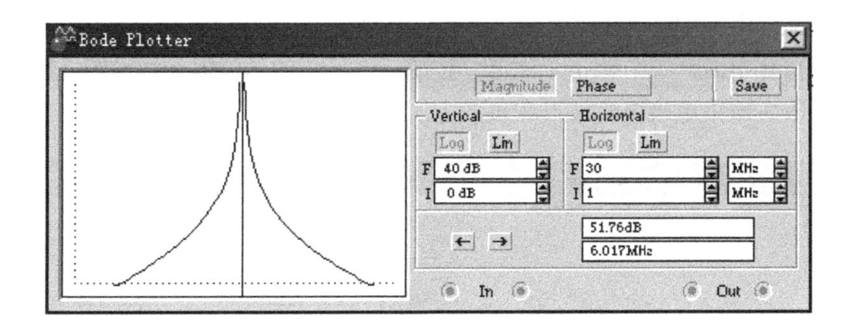

图 A.3　高频小信号谐振放大器的幅频特性曲线

（5）改变电阻 R_4 的阻值，观察频带宽度的变化。

实验 2　高频谐振功率放大器

1．实验目的

（1）进一步熟悉仿真电路的绘制及仪器的连接方法。

（2）学会利用仿真仪器测量高频功率放大器的电路参数和性能指标。

（3）熟悉谐振功率放大器的三种工作状态及调整方法。

2．实验内容及步骤

（1）利用 EWB 软件绘制高频谐振功率放大器电路，实验电路如图 A.4 所示。

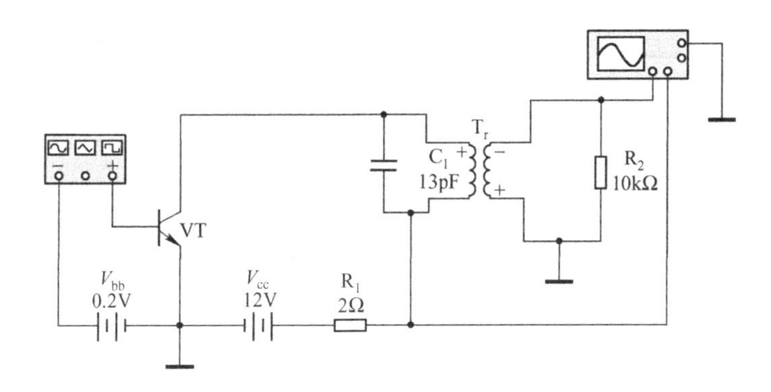

图 A.4　高频谐振功率放大器实验电路

（2）对交流输入信号进行设置如下：

① 正弦交流电有效值 300mV。

② 工作频率 2MHz。

③ 相位 0°。

（3）对变压器进行设置：

① N 设定为 0.99。

② LE=1e-05H。

③ LM=0.000 5H。

（4）其他元件参数编号和参数按图 A.4 所示设置。

（5）按下仿真电源开关，双击示波器，按图 A.5 所示的示波器参数设置，即可观察到图示的高频功率放大器集电极电流波形和负载上的电压波形。由波形可说明电路的工作特点。

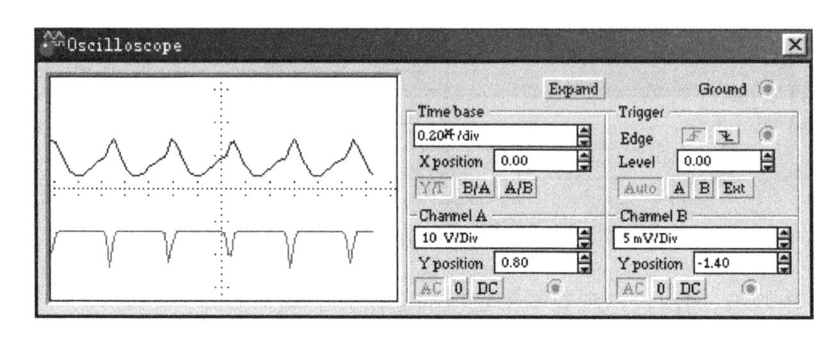

图 A.5　高频功率放大器集电极电流波形和负载上的电压波形

（6）将输入信号设定为 400mV，观察到的集电极电流波形和负载上的电压波形如图 A.6 所示。说明高频功率放大器工作在过压状态的特点。

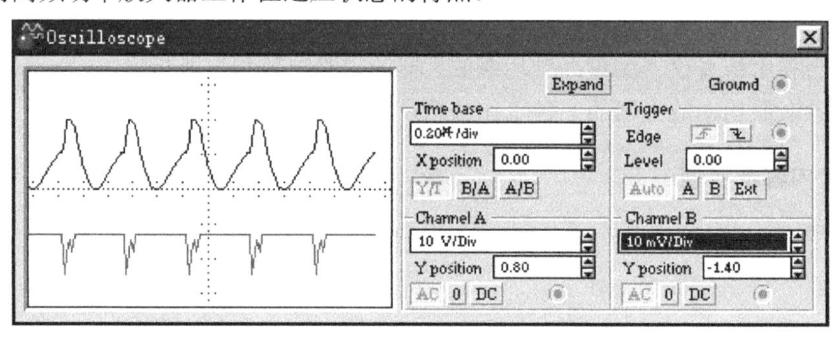

图 A.6　高频功率放大器工作于过压状态时的集电极电流波形和负载上的电压波形

实验 3　正弦波振荡器

1. 实验目的

（1）熟练掌握各种元件的连接及其参数的设置。

（2）进一步熟悉正弦波振荡器的组成原理。

（3）观察输出波形，分析有关元件参数的变化对振荡器性能的影响。

2. 实验内容及步骤

（1）利用 EWB 仿真软件绘制出如图 A.7 所示的西勒（Seiler）振荡器实验电路。

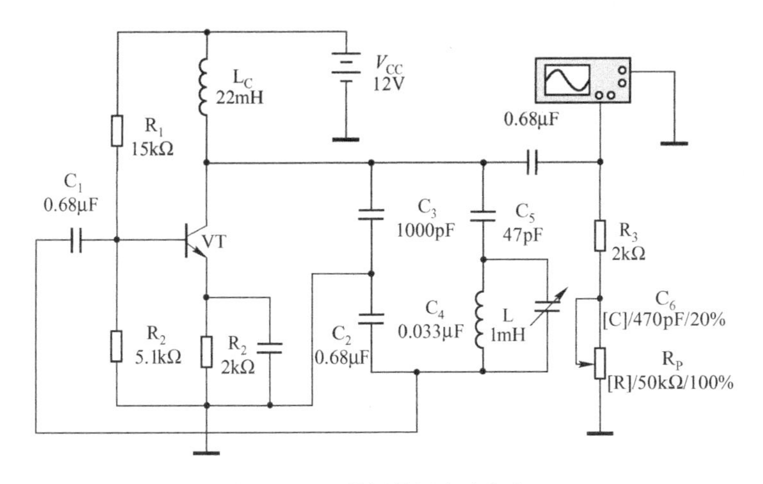

图 A.7　西勒振荡器实验电路

（2）按图 A.7 设置各元件参数，打开仿真开关，从示波器上观察振荡波形，如图 A.8 所示，读出振荡频率 f_0，并做好记录。

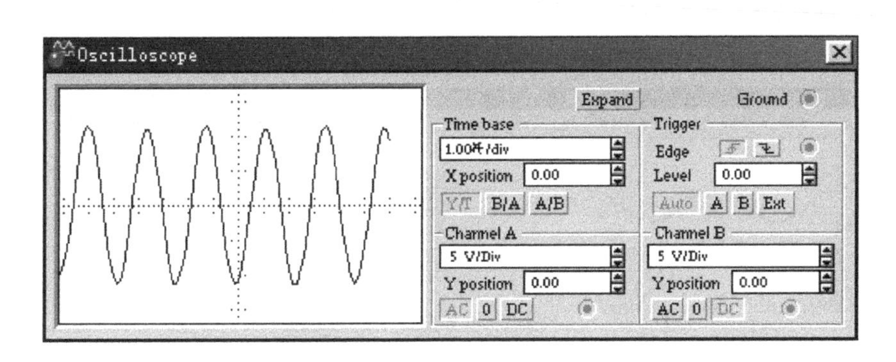

图 A.8　西勒振荡器的输出波形

（3）改变电容 C_6 的值，分别为最大或最小（100%或 0%）时，观察振荡频率变化，并做好记录。

（4）改变电容 C_4 的值，分别为 0.33μF 和 0.001μF，从示波器上观察起振情况和振荡波形的好坏（与 C_4 为 0.033μF 时进行比较），并分析原因。

（5）将 C_4 的值恢复为 0.033μF，分别调节 R_P 为最大和最小时，观察输出波形振幅的变化，并说明原因。

实验 4　调幅与检波

1. 实验目的

（1）在以上实验的基础上，加强 EWB 的熟练应用，掌握一些仿真的技巧。

（2）进一步熟悉调幅电路、检波电路的工作原理。

（3）观察调幅电路、检波电路的输出波形。

2．实验内容及步骤

（1）普通调幅电路。

① 利用 EWB 绘制出如图 A.9 所示的普通调幅实验电路。

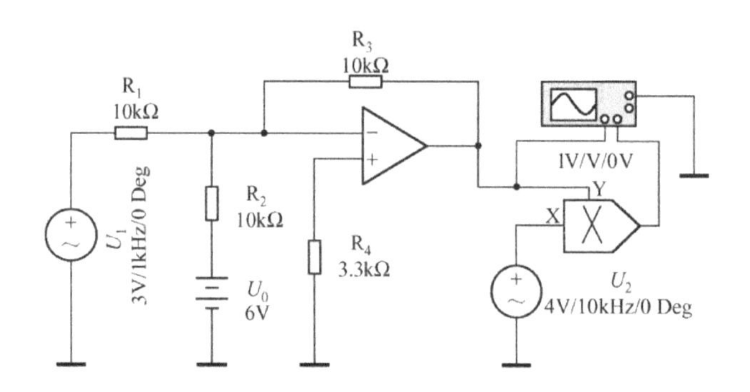

图 A.9　普通调幅实验电路

② 按图 A.9 设置 U_0、U_1、U_2 以及电路中各元件的参数，打开仿真开关，从示波器上观察调幅波的波形以及与调制信号 U_1 的关系，如图 A.10 所示。

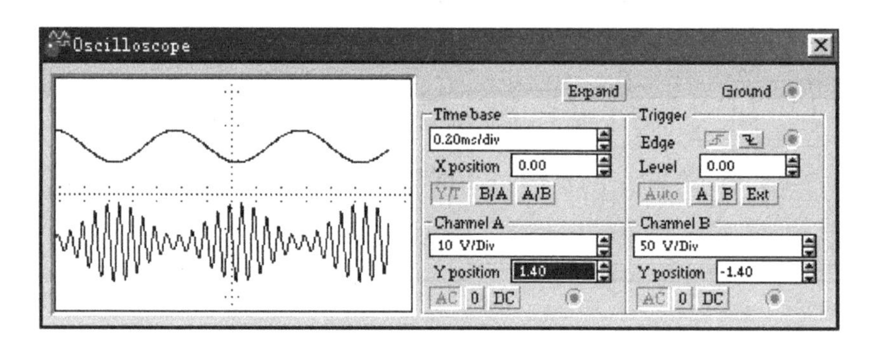

图 A.10　普通调幅电路的输入、输出波形

③ 改变直流电压 U_0 值为 4V，观察过调幅现象（见图 A.11）。做好记录并说明原因。

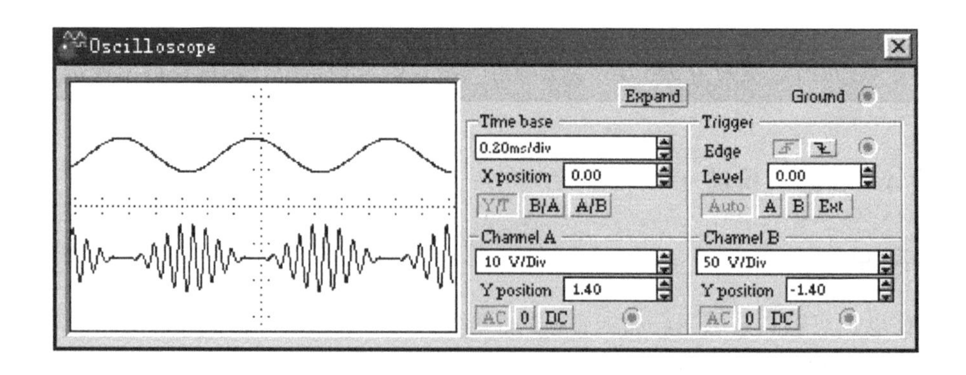

图 A.11　过调幅时的输入、输出波形

（2）双边带调制电路。

① 利用 EWB 绘制出双边带调制仿真电路，接上载波信号源 U_1、调制信号 U_2 以及示波器，如图 A.12 所示。

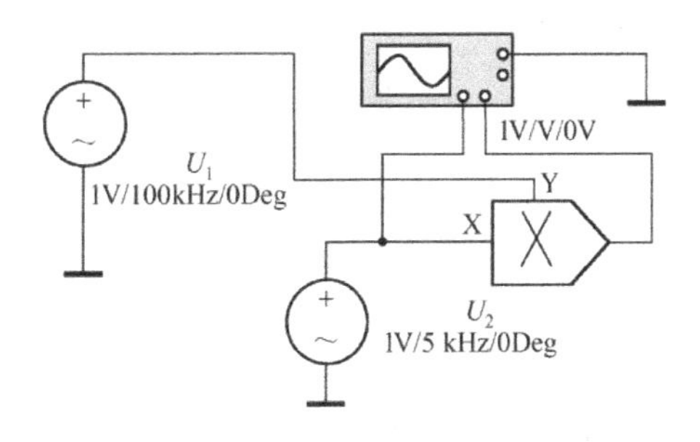

图 A.12　双边带调制实验电路

② 按图 A.12 所示设置 U_1、U_2 的参数，打开仿真开关，从示波器上可以观察到双边带调制信号，说明双边带信号的特点。输入调制信号波形及输出双边带信号波形如图 A.13 所示。图 A.14 是其扩展方式的波形。

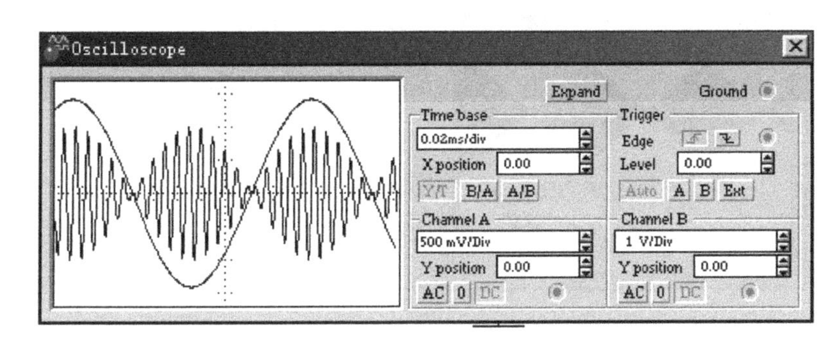

图 A.13　调制信号与双边带信号的波形

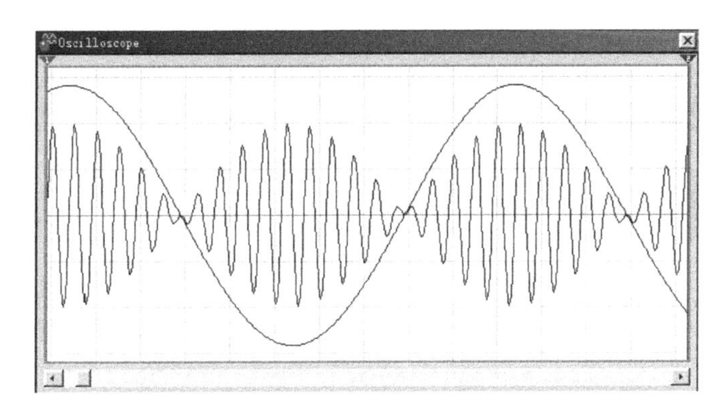

图 A.14　扩展后的调制信号与双边带信号波形

（3）二极管包络检波器。

① 利用 EWB 绘制出如图 A.15 所示的二极管包络检波器的仿真实验电路。

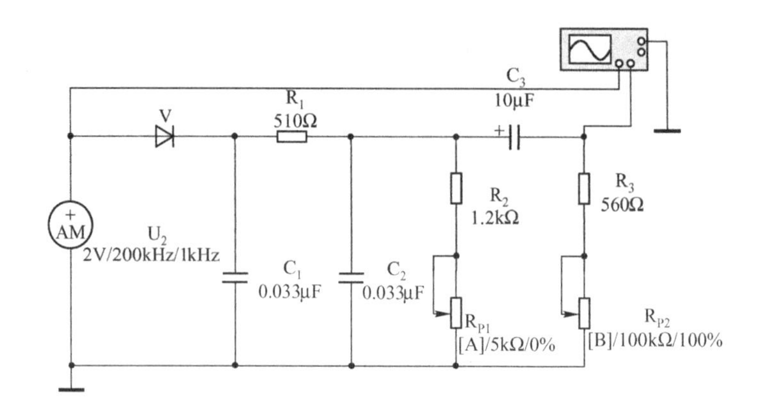

图 A.15　二极管包络检波器仿真实验电路

② 按图 A.15 设置 U_s 及各元件的参数，其中调幅信号源的调幅度 M 设为 0.8。打开仿真开关，从示波器上观察检波器输出波形以及与输入调幅波信号 U_s 的关系，如图 A.16 所示。

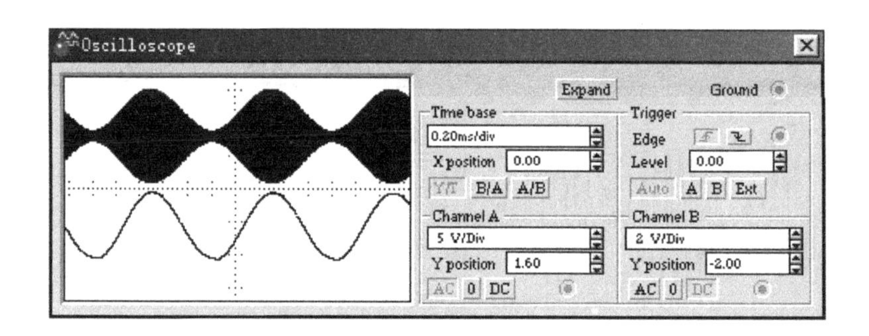

图 A.16　检波器输出波形与输入调幅波的关系

③ 将 R_{P1} 调到最大（100%），从示波器上可以观察到检波器的输出波形将出现惰性失真，如图 A.17 所示。试分析其原因。

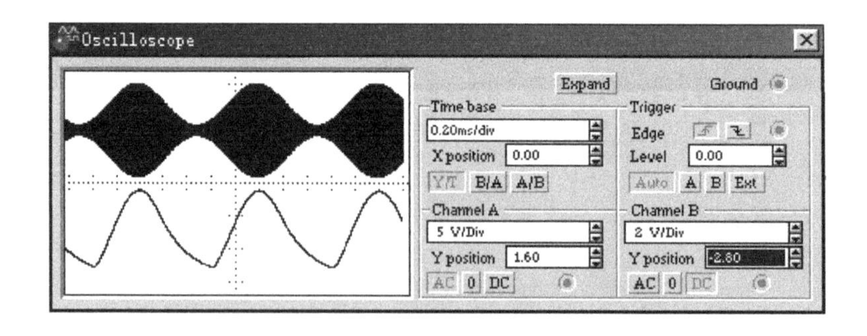

图 A.17　检波器出现惰性失真时的输出波形

④ 将 R_{P1} 恢复为最小（0%），再将 R_{P2} 调到最小（0%），从示波器上又可以观察到检波器输出将出现负峰切割失真，如图 A.18 所示。试分析其原因。

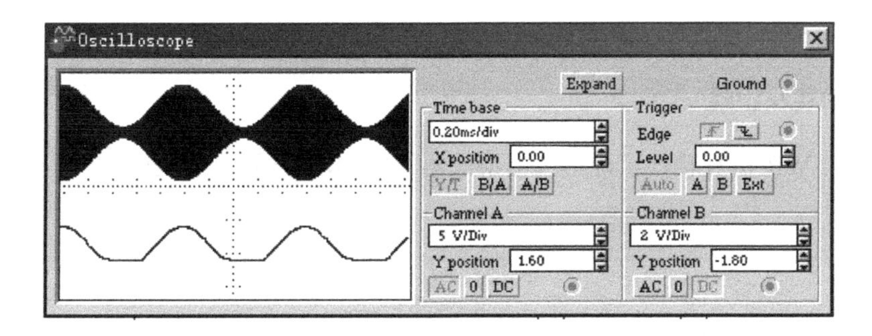

图 A.18　检波器出现负峰切割失真时的输出波形

（4）同步检波器。

① 利用 EWB 绘制出双边带调制及其同步检波的仿真电路，如图 A.19 所示。其中 IC_1 组成双边带调制电路，IC_2 以及低通滤波器 R_1、C_1、C_2 组成同步检波器。

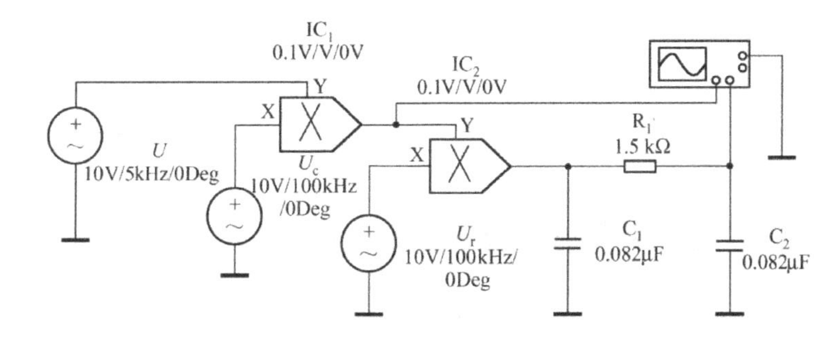

图 A.19　双边带调制及其同步检波的仿真实验电路

② 按图 A.19 所示设置调制信号 U、载波信号 U_c、参考信号 U_r 以及各元件的参数，打开仿真电源开关，从示波器上观察同步检波器输入的双边带信号及其输出信号，如图 A.20 所示。

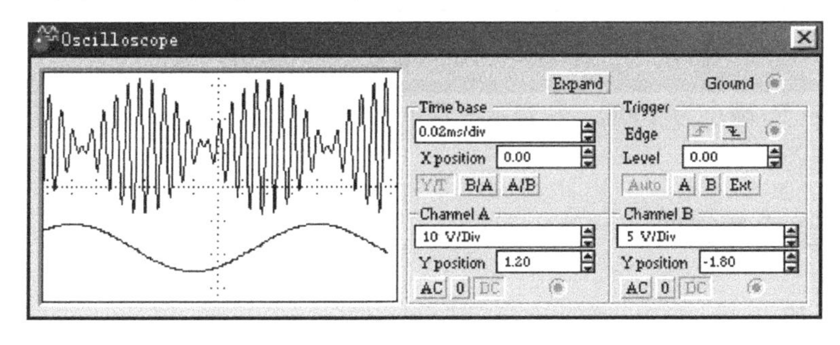

图 A.20　同步检波器输入的双边带信号及其输出信号

③ 改变同步检波器参考信号的相位，观察输出波形的变化，并说明其原因。

实验 5　混频器

1. 实验目的

（1）进一步熟悉 EWB 的使用。

（2）正确理解混频器的工作原理。

（3）观察混频器的输入、输出波形。

2．实验内容及步骤

（1）利用 EWB 仿真软件正确搭接由乘法器组成的混频器，如图 A.21 所示。

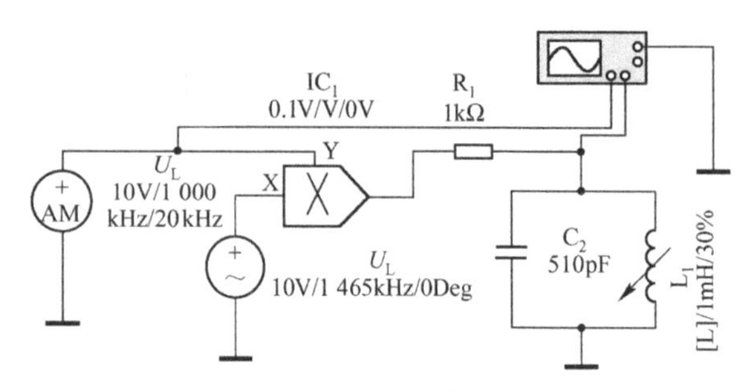

图 A.21　乘法器混频电路

（2）按图 A.21 所示设置调幅信号源 U_s、本振信号 U_L 以及其他元件的参数，其中调幅信号源的调幅度 M 设为 0.8。打开仿真电源开关，双击示波器，正确设置示波器的参数，即可看到混频器输入的调幅波以及混频器的输出波形，如图 A.22 所示。做好波形的记录，并说明混频器的作用。

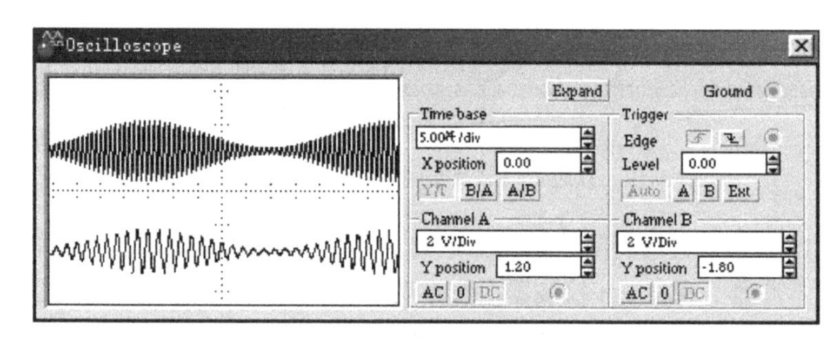

图 A.22　混频器输入的调幅波以及混频器的输出波形

（3）将电阻 R_1 减小为 100Ω，观察示波器上混频器输出的波形变化，并进一步说明电阻 R_1 的作用。

实验 6　斜率鉴频器

1．实验目的

（1）了解斜率鉴频器的工作原理、电路结构和性能特点。

（2）学会利用 EWB 对斜率鉴频器进行仿真。

（3）观察频幅转换网络参数的变化对混频器输出的影响。

2．实验内容及步骤

（1）由于斜率鉴频器是由频幅转换网络和包络检波器组成，因此，首先利用 EWB 仿真软件绘制出如图 A.23 所示的单失谐回路的幅频转换网络，并设置好调频信号源和电路参数。如图 A.24 所示为单失谐回路的幅频特性曲线。

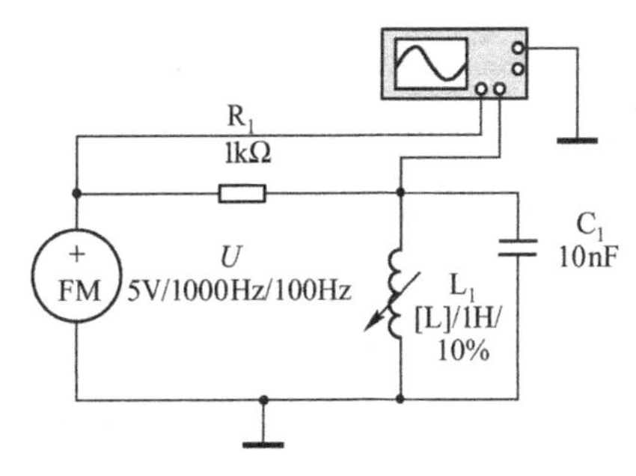

图 A.23　单失谐回路的幅频转换网络

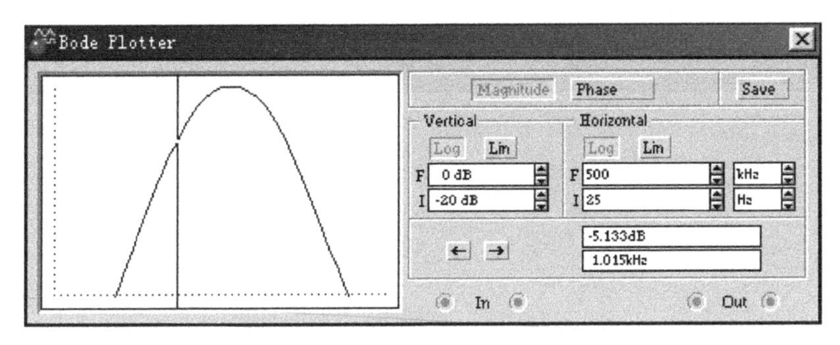

图 A.24　单失谐回路的幅频特性曲线

（2）打开仿真电源开关，从示波器上可看到单失谐回路能够将调频波的频率变化转变为幅度的变化，即将调频波转化为调幅-调频波。波形如图 A.25 所示。

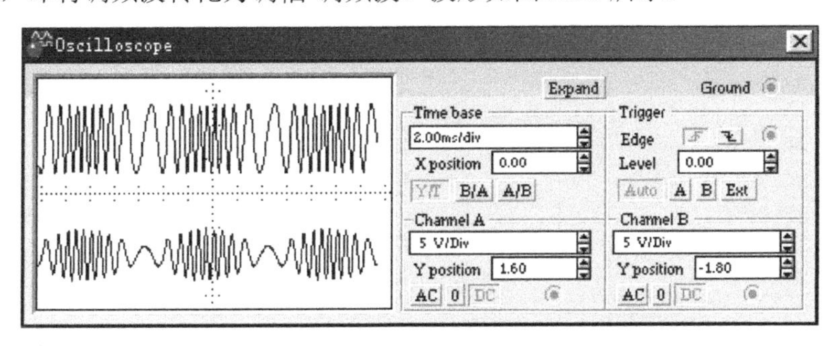

图 A.25　输入的调频波与输出的调幅-调频波

（3）改变 L_1 的电感量，即可改变 L_1、C_1 单失谐回路的谐振频率，观察输出波形有何变化。做好记录，并说明其原因。

（4）按图 A.26 所示，正确搭接单失谐回路的斜率鉴频器，并按图示要求设置电路中元件的参数。打开仿真电源开关，将会看到如图 A.27 所示的输出波形。

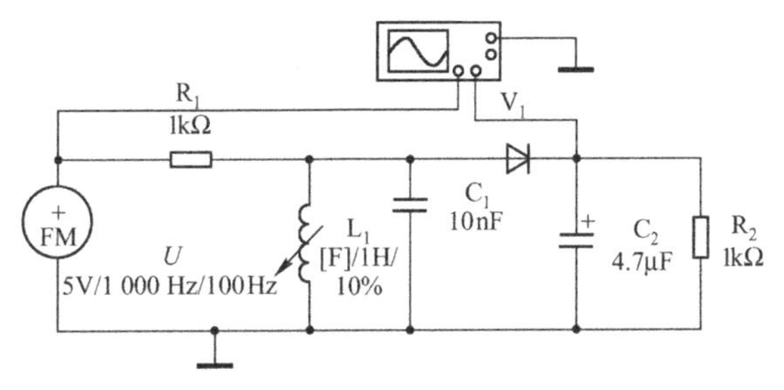

图 A.26　单失谐回路的斜率鉴频器电路

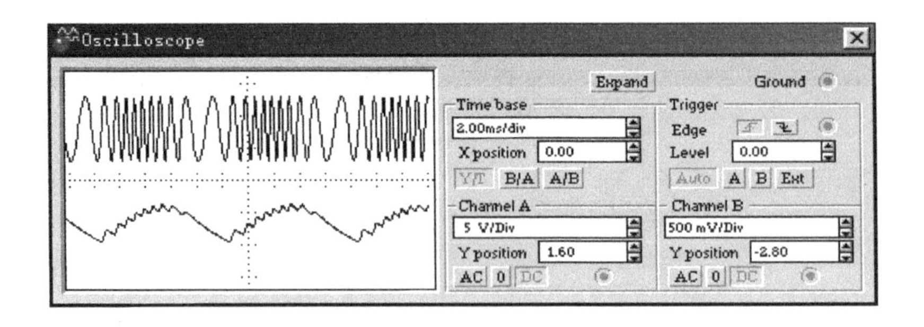

图 A.27　斜率鉴频器的输入、输出波形

（5）改变调频信号的调频指数 M，观察输出波形有何变化。做好波形的记录，并说明其原因。

附录B 综合实训

——HX108-2型调幅收音机的装配与调试

1. 实训目的

（1）通过对收音机的安装、焊接及调试，了解电子产品的生产与制作过程；

（2）掌握电子元器件的识别及质量检验；

（3）学会利用工艺文件独立进行整机的装焊和调试，并达到产品质量要求；

（4）学会编制简单电子产品的工艺文件，能按照行业规程要求，撰写实训报告；

（5）训练动手能力，培养职业道德和职业技能，培养工程实践观念及严谨细致的科学作风。

2. 电路原理简介

HX108-2型7管半导体收音机的主要性能为频率范围：525～1 605kHz；输出功率：100mW（最大）；扬声器：ϕ57mm、8Ω；电源：3V（5号电池两节）；体积：122mm×66mm×26mm。电路原理图如图B.1所示。由图可见，整机中含有7只三极管，因此称为7管收音机。其中，三极管VT_1为变频管，VT_2、VT_3为中放管，VT_4为检波管，VT_5为低频前置放大管，VT_6、VT_7为低频功放管。

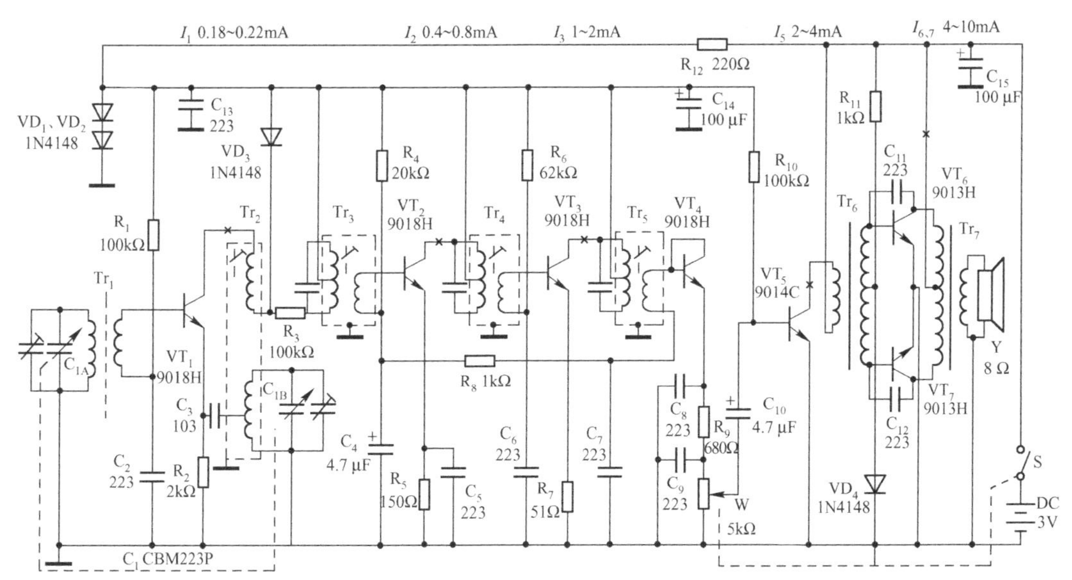

说明：“×”为集电极工作电流测试点，电流参考值见上方。电容223即为0.22μF，电容103即为0.01μF

焊接要求：中周外壳（Tr_2）应弯脚并与铜箔焊接牢固，以防调谐盘卡盘。

图B.1 HX108-2型收音机电路原理图

天线回路选出所需的电台信号，经过变压器 Tr_1（或 B_1）耦合到变频管 VT_1 的基极。与此同时，由变频管 VT_1、振荡线圈 Tr_2、双联同轴可变电容 C_{1B} 等元器件组成的共基调射型变压器反馈式本机振荡器，其本振信号经电容 C_3 注入到变频管 VT_1 的发射极。电台信号与本振信号在变频管 VT_1 中进行混频，混频后，VT_1 管集电极电流中将含有一系列的组合频率分量，其中也包含本振信号与电台信号的差频（465kHz）分量，经过中周 Tr_3（内含谐振电容），选出所需的中频（465kHz）分量，并耦合到中放管 VT_2 的基极。图 B.1 中电阻 R_3 是用来进一步提高抗干扰性能的，二极管 VD_3 是用以限制混频后中频信号振幅（即二次 AGC）的。

中放是由 VT_2、VT_3 等元器件组成的两级小信号谐振放大器。通过两级中放将混频后所获得的中频信号放大后，送入下一级的检波器。检波器是由三极管 VT_4（相当于二极管）等元件组成的大信号包络检波器。检波器将放大了的中频调幅信号还原为所需的音频信号，经耦合电容 C_{10} 送入后级低频放大器中进行放大。在检波过程中，除产生所需的音频信号之外，还产生了反映输入信号强弱的直流分量，由检波电容 C_7 两端取出后，经 R_8、C_4 组成的低通滤波器滤波后，作为 AGC 电压（$-U_{AGC}$）加到中放管 VT_2 的基极，实现反向 AGC。即当输入信号增强时，AGC 电压降低，中放管 VT_2 的基极偏置电压降低，工作电流 I_E 将减小，中放增益随之降低，从而使得检波器输出的电平能够维持在一定的范围内。

低放部分是由前置放大器和低频功率放大器组成的。由 VT_5 组成的变压器耦合式前置放大器将检波器输出的音频信号放大后，经输入变压器 Tr_6 送入功率放大器中进行功率放大。功率放大器是由 VT_6、VT_7 等元器件组成的，它们组成了变压器耦合式乙类推挽功率放大器，将音频信号的功率放大到足够大后，经输出变压器 Tr_7 耦合去推动扬声器发声。其中 R_{11}、VD_4 用来给功放管 VT_6、VT_7 提供合适的偏置电压，消除交越失真。

本机由 3V 直流电压供电。为了提高功放的输出功率，3V 直流电压经滤波电容 C_{15} 去耦滤波后，直接给低频功率放大器供电。而前面各级电路是用 3V 直流电压经过由 R_{12}、VD_1、VD_2 组成的简单稳压电路稳压后（稳定电压约为 1.4V）供电。目的是用来提高各级电路静态工作点的稳定性。

3. 整机装配工艺

（1）元器件准备。首先根据元器件清单（如表 B.1）清点所有元器件，并用万用表粗测元器件的质量好坏。再将所有元器件上的漆膜、氧化膜清除干净，然后进行搪锡（如元器件引脚未氧化则省去此项），最后根据图 B.2 所示将电阻、二极管进行弯脚。

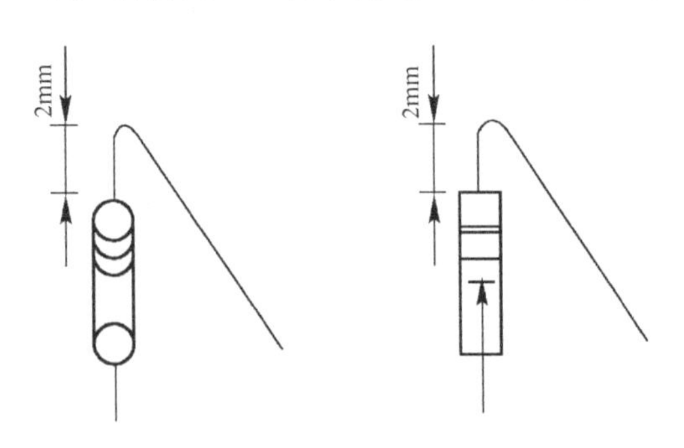

图 B.2　电阻、二极管弯脚方式

表 B.1　元器件及结构件清单

元器件位号目录				结构件清单		
位　号	名称规格	位　号	名称规格	序　号	名称规格	数　量
R_1	电阻 100kΩ	R_8	1kΩ	1	前框	1
R_2	2kΩ	R_9	680Ω	2	后盖	1
R_3	100Ω	R_{10}	100kΩ	3	周率板	1
R_4	20kΩ	R_{11}	1kΩ	4	调谐盘	1
R_5	150Ω	R_{12}	220Ω	5	电位盘	1
R_6	62kΩ			6	磁棒支架	1
R_7	51Ω	W	电位器 5kΩ	7	印制板	1
C_1	双连 CBM223P	Tr_2	振荡线圈（红）	8	正极片	2
C_2	元片电容 0.022 μF	Tr_3	中周（黄）	9	负极簧	2
C_3	元片电容 0.01 μF	Tr_4	中周（白）	10	拎带	1
C_4	电解电容 4.7 μF	Tr_5	中周（黑）	11	沉头螺钉	
C_5	元片电容 0.022 μF	Tr_6	输入变压器（蓝绿）		M2.5×5	3
C_6	元片电容 0.022 μF	Tr_7	输出变压器（黄）	12	自攻螺钉	
C_7	元片电容 0.022 μF	VD_1、VD_2	二极管 1N4148		M2.5×5	1
C_8	元片电容 0.022 μF	VD_3、VD_4	二极管 1N4148	13	电位器螺钉	
C_9	元片电容 0.022 μF	VT_1	三极管 9018H		M1.7×4	1
C_{10}	电解电容 4.7μF	VT_2	三极管 9018H	14	正极导线（9cm）	1
C_{11}	元片电容 0.022 μF	VT_3	三极管 9018H	15	负极导线（10cm）	1
C_{12}	元片电容 0.022μF	VT_4	三极管 9018H	16	扬声器导线（10cm）	2
C_{13}	元片电容 0.022 μF	VT_5	三极管 9014C			
C_{14}、C_{15}	电解电容 100 μF	VT_6	三极管 9013H			
	磁棒 B5×13×55	VT_7	三极管 9013H			
Tr_1	天线线圈	Y	$2\frac{1}{4}$ 扬声器 8Ω			

（2）插件焊接。

① 按照装配图（见图 B.3）正确插入元件，其高低、极向应符合图纸规定。

② 焊点要光滑，大小最好不要超出焊盘，不能有虚焊、搭焊、漏焊。

③ 注意二极管、三极管的极性以及色环电阻的识别，如图 B.4 所示。

④ 输入（绿或蓝色）、输出（黄色）变压器不能调换位置。

⑤ 红中周 Tr_2 插件后外壳应弯脚焊牢，否则会造成卡调谐盘。

（3）组合件准备。

① 将电位器拨盘装在 W-5K 电位器上，用 M1.7×4 螺钉固定。

② 将磁棒按图 B.5 所示套入天线线圈及磁棒支架。

（4）安装大件。

① 将双联 CBM-223P 安装在印制电路板正面，将天线组合件上的支架放在印制电路板反面双联上，然后用两只 M2.5×5 螺钉固定，并将双联引脚超出电路板部分弯脚后焊牢。

② 天线线圈的 1 端焊接于双联天线联 C_1-A 上，2 端焊接于双联中点地线上，3 端焊接于 VT_1 基极（b）上，4 端焊接于 R_1、C_2 公共点。

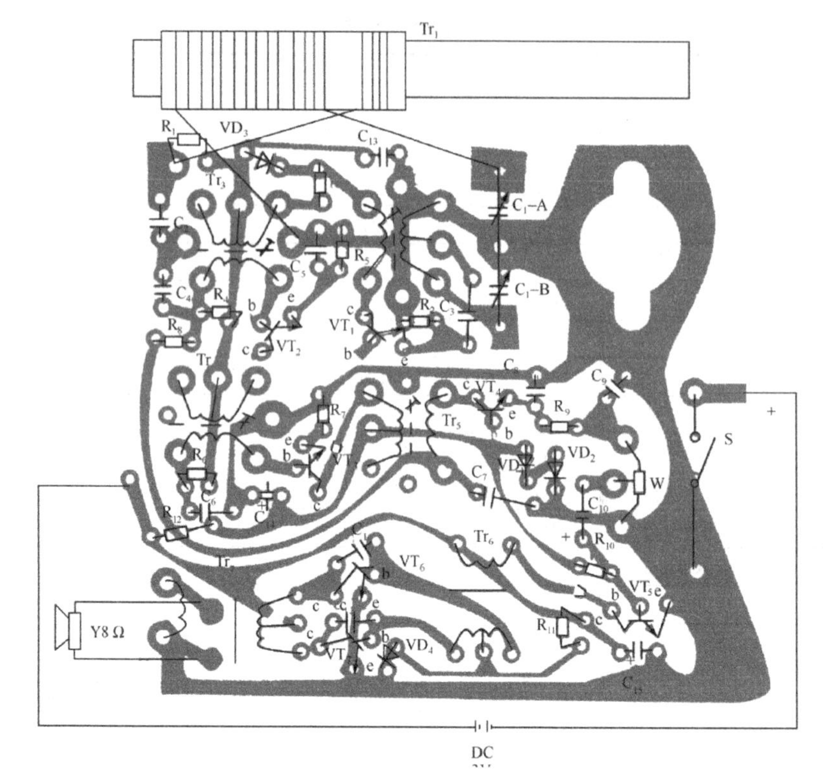

图 B.3　HX108-2 型收音机装配图

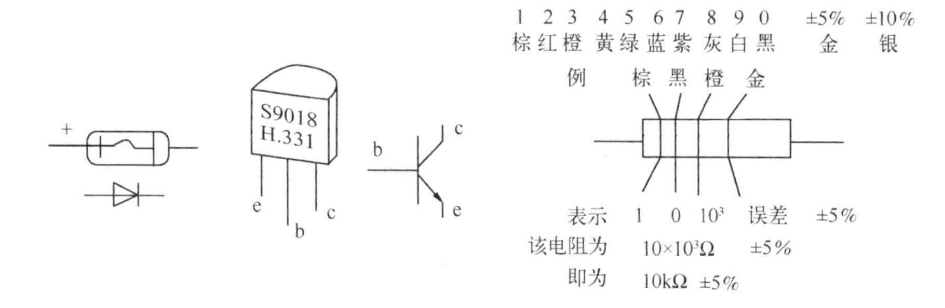

图 B.4　二极管、三极管的极性以及色环电阻的识别

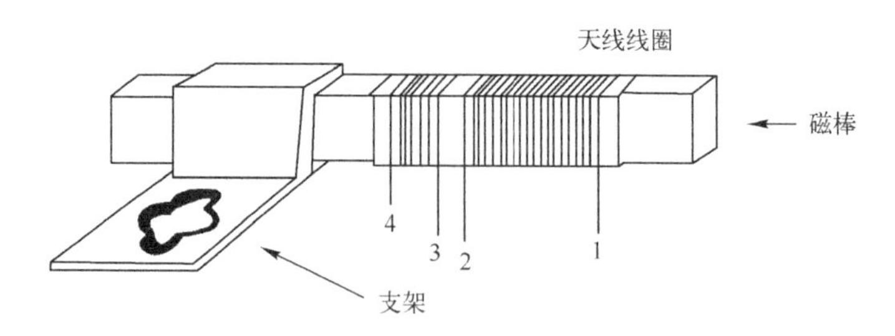

图 B.5　磁棒天线装配示意图

③ 将电位器组合件焊接在电路板指定位置。

（5）开口检查与试听。收音机装配焊接完成后，应检查元件有无装错位置，焊点是否脱焊、虚焊、漏焊。所焊元件有无短路或损坏。发现问题要及时修理、更正。用万用表进行整机工作点、工作电流测量，如检查都满足要求，即可进行收台试听。

各级工作点参考值如下：

V_{CC}=3V

U_{c1}=1.35V　　I_{c1}=0.18～0.22mA

U_{c2}=1.35V　　I_{c2}=0.4～0.8mA

U_{c3}=1.35V　　I_{c3}=1～2mA

U_{c4}=1.4V

U_{c5}=2.4V　　I_{c5}=2～4mA

U_{c6}、U_{c7}=3V　　I_{c6}、I_{c7}=4～10mA

（6）前框准备。

① 将电池负极弹簧、正极片安装在塑壳上，如图 B.6 所示，同时焊好连接点及黑色、红色引线。

② 将周率板反面的双面胶保护纸去掉，然后贴于前框，注意要安装到位，并撕去周率板正面保护膜。

③ 将喇叭 Y 安装于前框，用一字小螺丝批导入压脚，再用烙铁热铆三只固定脚，如图 B.7 所示。

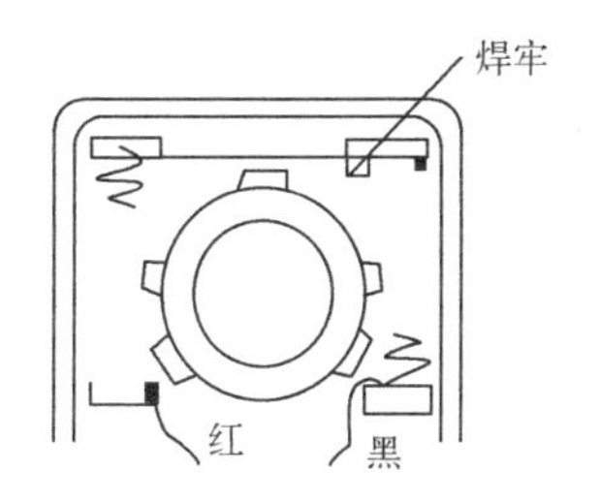

图 B.6　电池簧片安装示意图

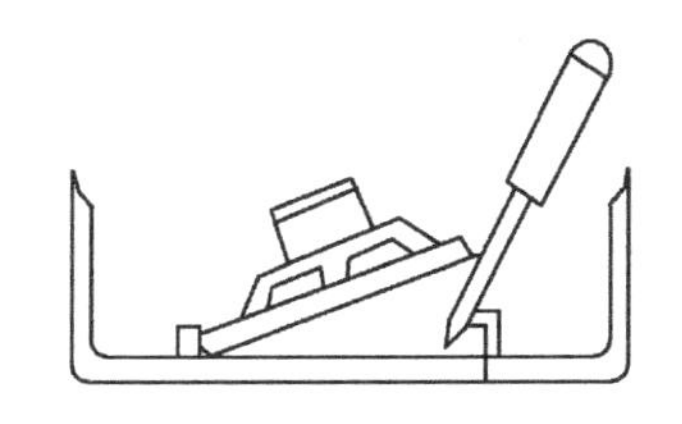

图 B.7　喇叭安装示意图

④ 将拎带套在前框内。

⑤ 将调谐盘安装在双联轴上，如图 B.8 所示，用 M2.5×5 螺钉固定，注意调谐盘方向。

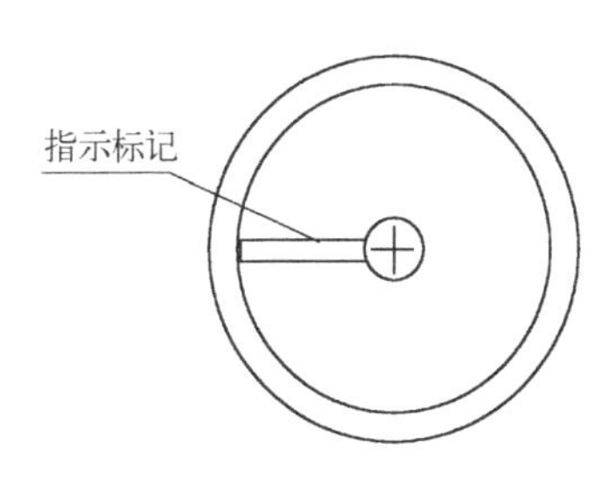

图 B.8　调谐盘安装示意图

⑥ 根据装配图，分别将两根白色或黄色导线焊接在喇叭与线路板上。

⑦ 将正极（红）、负极（黑）电源线分别焊在线路板指定位置。

⑧ 将组装完毕的机芯按图 B.9 所示装入前框，一定要到位。

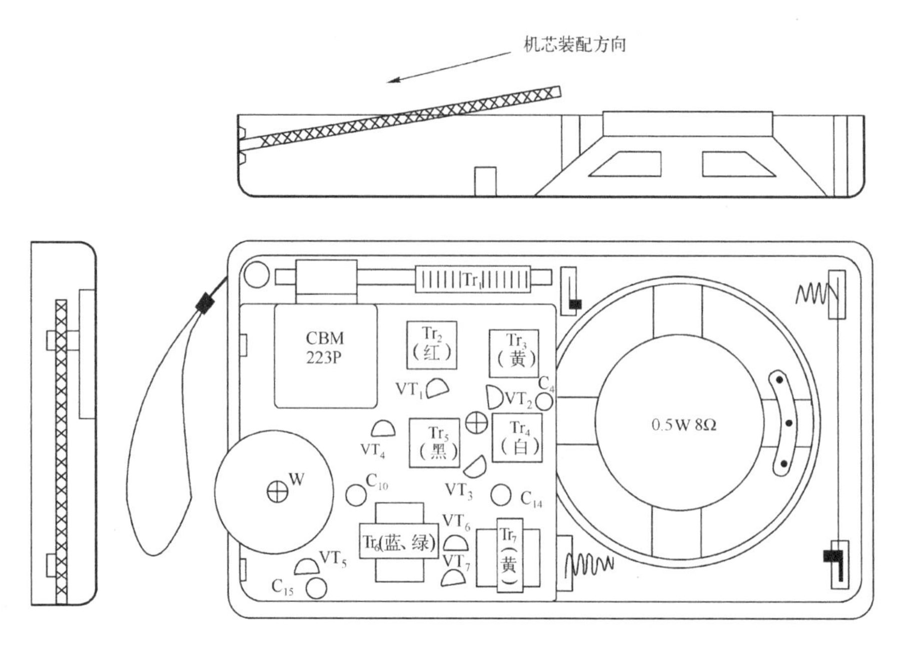

图 B.9　机芯安装示意图

4．整机调试工艺

（1）仪器设备。常用仪器设备有：稳压电源（200Ma、3V）；XFG-7 高频信号发生器；示波器（一般示波器即可）；DA-16 毫伏表（或同类仪器）；圆环天线（调 AM 用）；无感应螺丝刀。

（2）调试步骤。

① 在元器件装配焊接无误及机壳装配好后，将机器接通电源，在中波段内能收到本地电台后，即可进行调试工作。仪器连接方框图如图 B.10 所示。

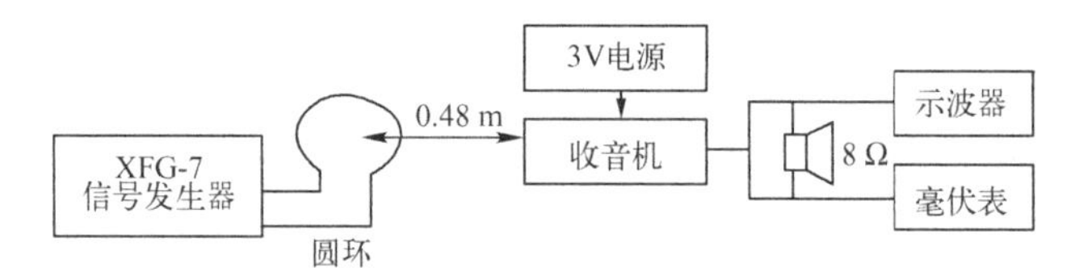

图 B.10　仪器连接方框图

② 中频调试。首先将双联旋至最低频率点，XFG-7 信号发生器置于 465kHz 频率处，输出场强为 10mV/M，调制频率为 1 000Hz，调幅度为 30%。收音机收到信号后，示波器应有 1 000Hz 信号波形，用无感应螺丝刀依次调节黑、白、黄三个中周，且反复调节，使其输出最大，此时，465kHz 中频即调好。

③ 频率覆盖。将 XFG-7 置于 520kHz，输出场强为 5mV/M，调制频率 1 000kHz，调幅度 30%。双联调至低端，用无感应螺丝刀调节红中周（振荡线圈），收到信号后，再将双联旋至最高端，XFG-7 信号发生器置于 1 620kHz，调节双联振荡联微调电容 C_{1B}，收到信号后，再重复将双联旋至低端，调红中周，依次类推。高低端反复调整，直至低端频率为 520kHz，高端频率为 1 620kHz 为止，频率覆盖调节到此结束。

④ 统调。将 XFG-7 置于 600kHz 频率，输出场强为 5mV/M 左右，调节收音机调谐旋钮，收到 600kHz 信号后，调节中波磁棒线圈位置，使输出最大，然后将 XFG-7 旋至 1 400kHz，调节收音机，直至收到 1 400kHz 信号后，调双联微调电容 C_1-A，使输出为最大，重复调节 600kHz 和 1 400kHz 统调点，直至两点均为最大为止。至此统调结束。

在中频、覆盖、统调结束后，机器即可收到高、中、低端电台，且频率与刻度基本相符。至此，放入 2 节 5 号电池进行试听，在高、中、低端都能收到电台后，即可将后盖盖好。

5. 实训报告

实训报告应包括主要指标、线路工作原理、装配工艺、测试说明、调试工艺、实训体会等。

附录C　基于 Labview 的教学平台

随着计算机技术迅速发展，使用软件仿真实训成为可能。目前已有许多专业软件，如 Protel、EWB、Matlab 等。本章提出了另一种软件解决方案，使用 Labview 对《高频电子电路》课程教学中涉及到的实例进行仿真，较其他专业软件更快捷、更形象、更生动，学生更容易掌握。

C.1　Labview 简介

Labview（Laboratory Virtual Instrument Engineering Workbench，实验室虚拟仪器集成环境）是由美国国家仪器公司 NI（National Instruments）推出的一个功能强大而又灵活的仪器和分析软件应用开发工具。Labview 同时又是一种崭新的图形化编程语言（G 语言），其源程序完全是图形化的框图，而不是传统语言所采用的文本语言，这就使得用 Labview 编程只需以直觉的方法建立前面板、人机界面和方块图程序，便可完成编程过程，避免了传统程序语言线性结构的困扰。另外 Labview 还提供了简单、方便、完整的程序查错和调试工具。在 Labview 中程序查错不需要预先编译，只要程序中存在语法错误，它就会马上提示你，然后只要用鼠标点击两下，就可以快速地查出错误的类型、原因以及错误的准确位置，这对于编写较大程序尤其方便。Labview 中的程序调试方法同样具有特色，其中数据指针最具有代表性，在程序调试运行的时候，可以在程序的任意位置插入任意多的数据指针，以检查该点在运行过程中的数据。

Labview 图形化软件平台具有一般编程语言的特点，带有各种软件包和过程库，它的特点在于：

（1）图形化编程，使得编程十分方便、快捷。

（2）具有类似仪器的用户界面，如开关、按钮、各种显示等功能，使用户操作计算机如同操作实际的仪器。

（3）带有较安全的仪器接口、数据采集接口、网络接口软件包，在与外界打交道时只须做相应的配置，而不需要写繁琐的驱动程序。

（4）带有很多的分析软件包，可以直接对数据进行分析、处理，因此被广泛应用于数据检测与分析、过程控制等领域。

由于 Labview 提供了丰富的信号以及信号处理单元，且具有直观、形象生动的特点，比较适合于通信电子电路课程教学过程中的仿真。

C.2　Labview 编程基础

用 Labview 编写程序与其他 Windows 环境下的可视化开发环境一样，程序的界面和代码是分离的。在 Labview 中，通过使用系统提供的工具选板、工具条和菜单来创建程序的前面板和程序框图。Labview 包括 3 个工具选板：控件选板（为前面板添加控件）、函数选板（在程序框图中添加函数或数据等)、工具选板(选择各种编辑工具，前面板和后面板都要用到)，还包括启动窗口、上下文帮助窗口、工程管理窗口和导航窗口。

1. Labview8.2 启动界面

选择“开始”→“程序”→National Instruments Labview8.2 选项，启动 Labview。启动完成后进入如图 C.1 所示的启动窗口。

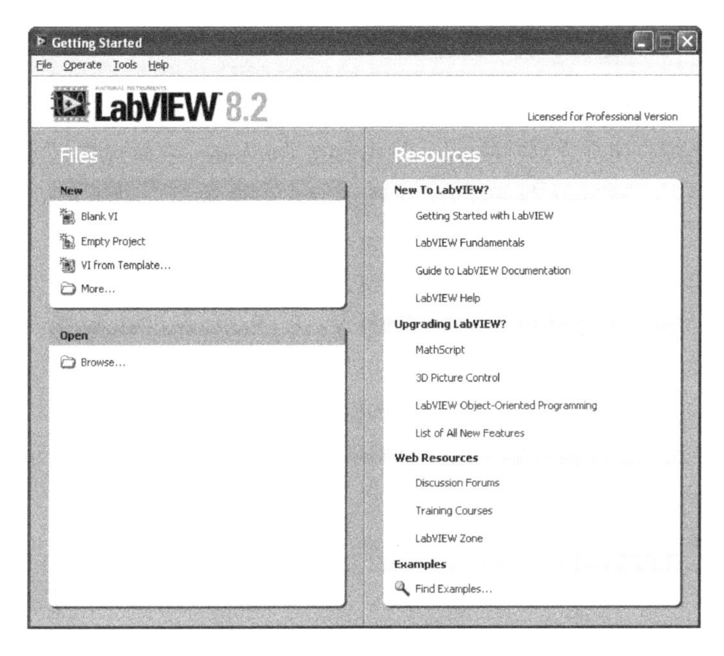

图 C.1　Labview8.2 启动界面

2. Labview8.2 前面板和程序框图

在 Labview 中开发的程序都被称为 VI(虚拟仪器)，其扩展名默认为.vi。所有的 VI 都包括前面板、程序框图以及图标 3 部分。如图 C.2 所示。

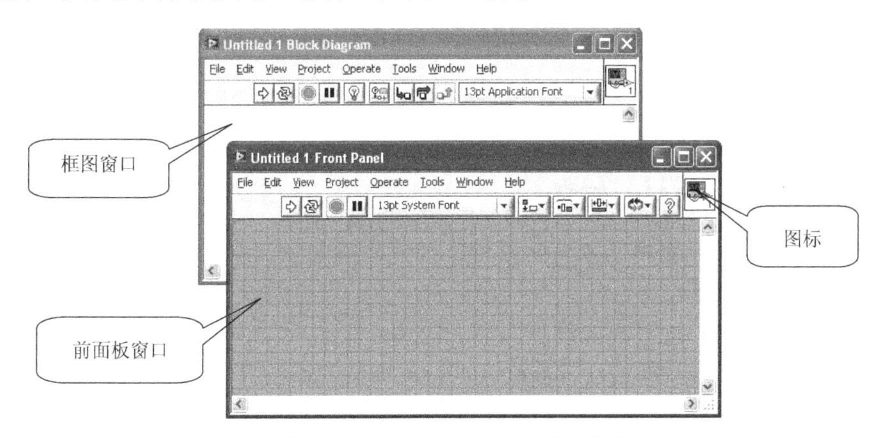

图 C.2　Labview 前面板和程序框图

前面板是图形用户界面，该界面上有交互式的输入和输出两类控件，分别是输入和显示控件。输入控件包括开关、旋钮、按钮和其他各种输入设备；显示控件包括图形、LED 和其他显示输出对象。

程序框图是实现 VI 逻辑功能的图形化源代码，框图中的编程元素除了包括与前面板上的控件对应的连线端子外，还有函数、子 VI、常量、结构和连线等。

如果将 VI 与标准仪器相比较，那么前面板相当于仪器面板，而框图相当于仪器箱内的功能部件。

3．控件选板、函数选板以及工具选板

控件选板在前面板显示，它包含创建前面板时可用的全部对象。控件选板中的基本常用控件可以以现代（modern）、经典（classic）和系统（system）三种风格显示。

选择主菜单 View→Controls Palette 选项或右击前面板空白处就可以显示控件选板。如图 C.3 所示。

函数选板只能在编辑程序框图时使用，与控件选板的工作方式大体相同。创建框图程序常用的 VI 和函数对象都包含在该选板中。选择 View→Functions Palette 或右击框图面板空白处就可以显示函数选板。如图 C.4 所示。

在前面板和程序框图中都可以使用工具选板，使用其中不同的工具可以操作、编辑或修饰前面板和程序框图中选定的对象，也可以用来调试程序等。可以选择 View→Tools Palette 选项来显示工具选板，如图 C.5 所示。

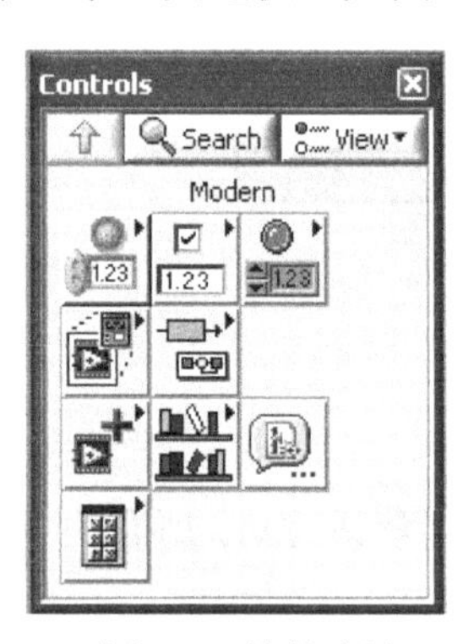

图 C.3　控件选板

图 C.4　函数选板

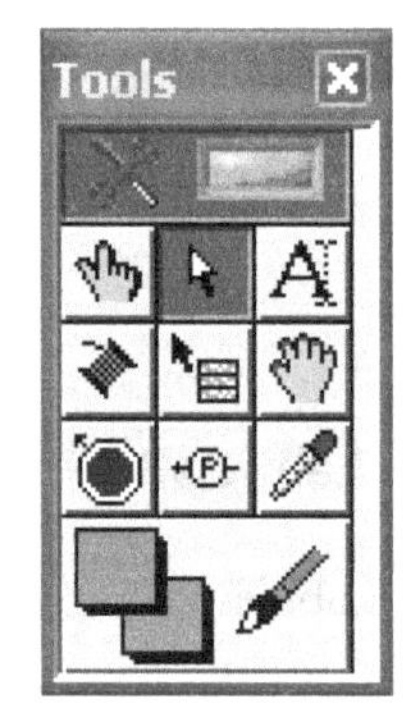

图 C.5　工具选板

C.3　Labview 仿真实例

C.3.1　幅度调制（AM）仿真

普通调幅方式（AM）是用低频调制信号去控制高频余弦波载波的振幅，使其随调制信号波形的变化而呈线性变化。

设载波信号为：$u_c(t)=U_{cm}\cos\omega_c t$

单音频调制信号为：$u_\Omega(t)=U_{\Omega m}\cos\Omega t$

则调幅信号的表达式为：

$$u_{AM}(t)=(U_{cm}+k_a U_{\Omega m}\cos\Omega t)\cos\omega_c t=U_{cm}(1+k_a U_{\Omega m}\cos\Omega t/U_{cm})\cos\omega_c t$$
$$=U_{cm}(1+m_a\cos\Omega t)\cos\omega_c t$$

式中，k_a 为比例常数，由调制电路确定，称为调制灵敏度；

$m_a = k_a U_{\Omega m} / U_{cm}$ 称为调幅系数或调幅度，表示载波振幅受调制信号控制的强弱程度。当 $m_a > 1$ 时，AM 信号得包络变化与调制信号不再相同，产生失真，称为过调制，所以要求 $0 < m_a \leqslant 1$。

仿真步骤如下：

（1）启动 Labview8.2 界面，新建一个空 VI，如图 C.2 所示。

（2）在新建的前面板中创建 3 个图形显示控件，分别作为调制信号、载波信号及已调后的 AM 信号波形显示图。在前面板中单击右键，在控件选板中选择图形控件→波形图，拖动到前面板即可。如图 C.6 所示。

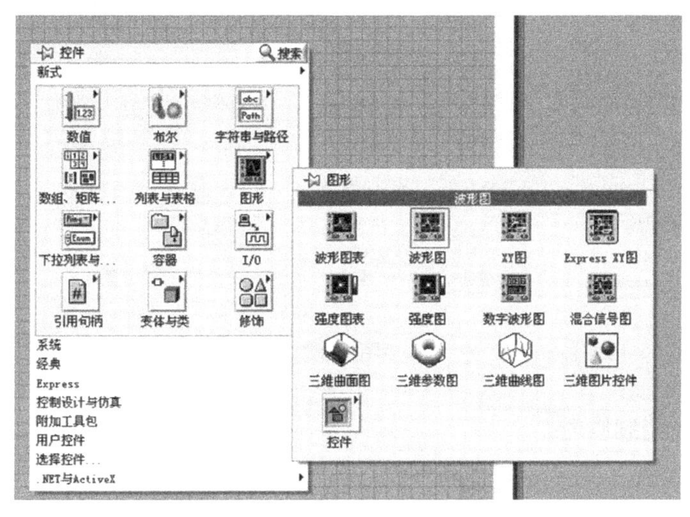

图 C.6

（3）在新建的程序面板中创建 2 个正弦波形发生器，分别作为调制信号和载波信号。在程序面板中单击右键，在函数选板中选择信号处理选板→波形生成→正弦波形，拖动到程序面板即可。如图 C.7 所示。

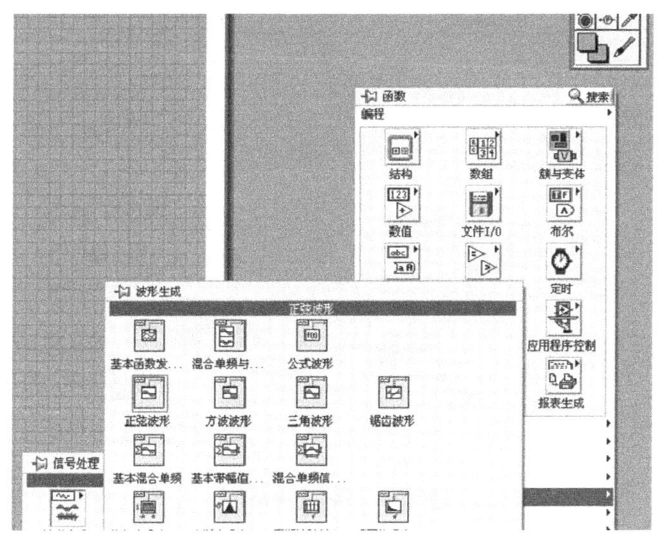

图 C.7

（4）根据步骤（3）创建的正弦波形信号，在前面板中单击右键，控件选板中选择数值控件→数值输入控件若干，分别作为调制信号、载波信号的幅度、频率、相位以及调制时所需的比例系数。如图 C.8 所示。

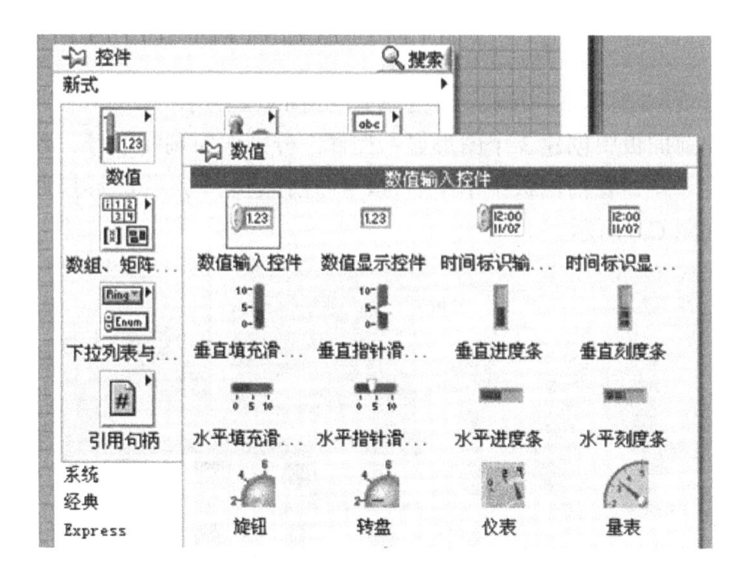

图 C.8

（5）根据 AM 调制原理：

$$U_{\mathrm{AM}}=(U_{\mathrm{cm}}+k_{\mathrm{a}}U_{\Omega\mathrm{m}}\cos\Omega t)\cos\omega_{\mathrm{c}}t$$

将程序面板中的各个控件按照上述公式的顺序使用工具选板中的工具连接，连接后的程序面板如图 C.9 所示，前面板如图 C.10 所示。

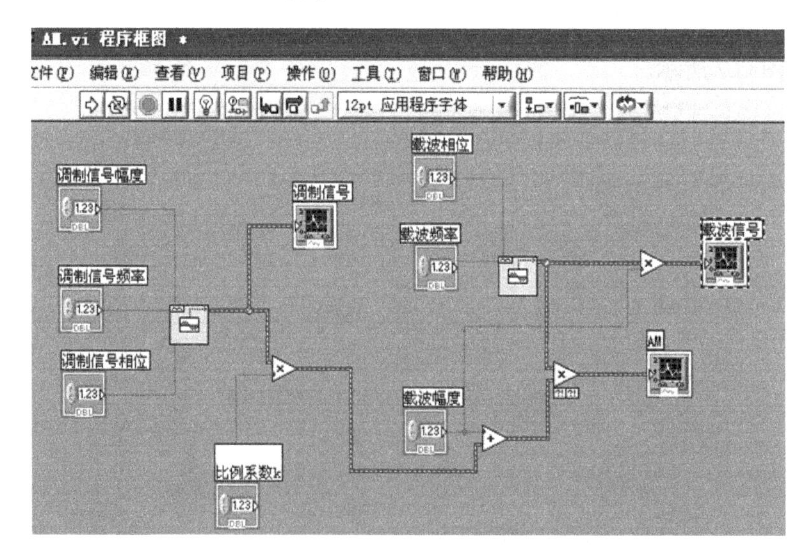

图 C.9　AM 程序面板

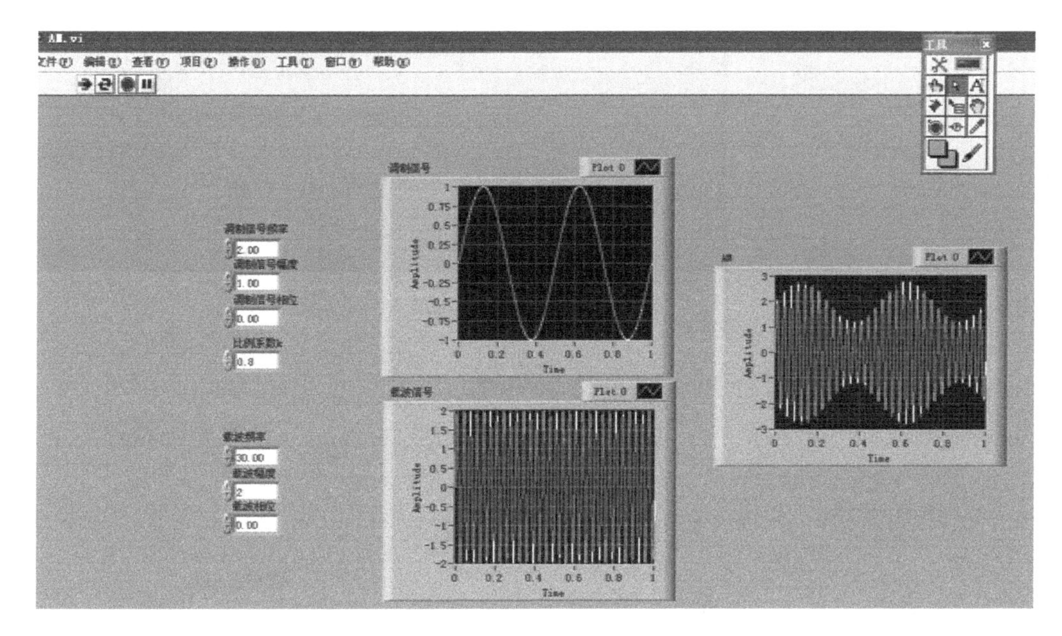

图 C.10　AM 前面板

C.3.2　频率调制（FM）仿真

频率调制是调制信号去控制载波信号频率变化的一种信号变换方式。

设载波信号为：$u_{\mathrm{c}}(t)=U_{\mathrm{cm}}\cos\omega_{\mathrm{c}}t$

单音频调制信号为：$u_{\Omega}(t)=U_{\Omega\mathrm{m}}\cos\Omega t$

则调频信号的表达式为：

$$u_{\mathrm{FM}}=U_{\mathrm{cm}}\cos\left\{\int\left[\omega_{\mathrm{c}}+k_{\mathrm{f}}U_{\Omega\mathrm{m}}\cos\Omega\right]dt\right\}$$

$$=U_{\mathrm{cm}}\cos(\omega_{\mathrm{c}}t+\frac{k_{\mathrm{f}}U_{\Omega\mathrm{m}}}{\Omega}\sin\Omega t)$$

仿真步骤如下：

（1）启动 Labview8.2 界面，新建一个空 VI，如图 C.2 所示。

（2）在新建的前面板中创建 3 个图形显示控件，分别作为调制信号、载波信号及已调后的 AM 信号波形显示图。在前面板中单击右键，在控件选板中选择图形控件→波形图，拖动到前面板即可。如图 C.6 所示。

（3）在新建的程序面板中创建若干个正弦波形发生器，分别作为调制信号和载波信号。在程序面板中单击右键，在函数选板中选择信号处理选板→波形生成→正弦波形，拖动到程序面板即可。如图 C.7 所示。

（4）根据步骤（3）创建的正弦波形信号，在前面板中单击右键，在控件选板中选择数值控件→数值输入控件若干，分别作为调制信号、载波信号的幅度、频率、相位以及调制时所需的比例系数。如图 C.8 所示。

（5）在程序面板中单击右键，在函数选板中选择数学控件→基本与特殊函数→三角函数→正弦以及余弦控件，拖动到程序面板即可。如图 C.11 所示。

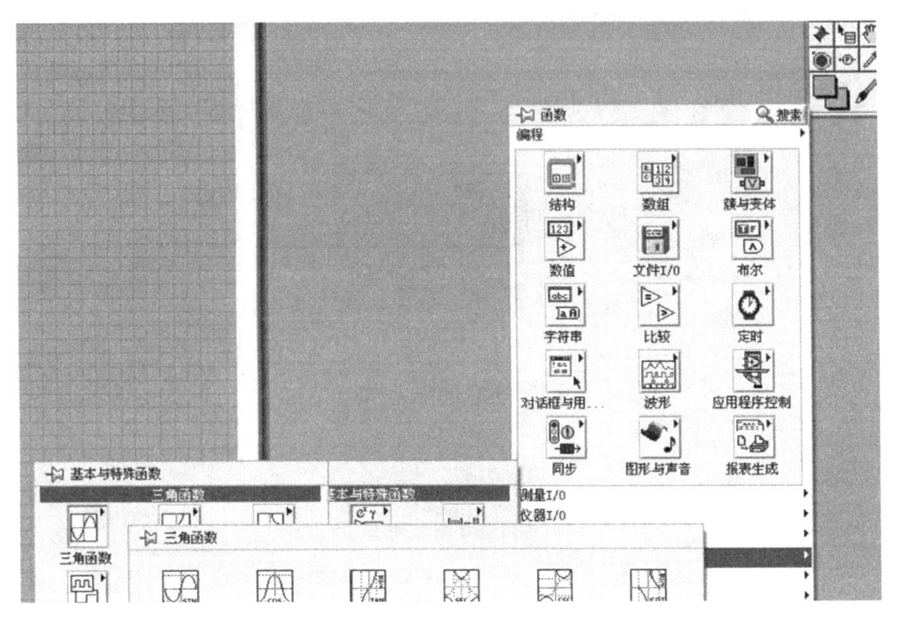

图 C.11

（6）根据 FM 调制原理：

$$U_{\mathrm{FM}} = U_{\mathrm{cm}}\cos(\omega_{\mathrm{c}}t + \frac{k_{\mathrm{f}}U_{\Omega\mathrm{m}}}{\Omega}\sin\Omega t)$$

$$= U_{\mathrm{cm}}\cos(\omega_{\mathrm{c}}t)\times\cos\left[\frac{k_{\mathrm{f}}U_{\Omega\mathrm{m}}}{\Omega}\sin\Omega t\right] - U_{\mathrm{cm}}\sin(\omega_{\mathrm{c}}t)\times\sin\left[\frac{k_{\mathrm{f}}U_{\Omega\mathrm{m}}}{\Omega}\sin\Omega t\right]$$

将程序面板中的各个控件按照上述公式的顺序使用工具选板中的工具连接，连接后的程序面板如图 C.12 所示，前面板如图 C.13 所示。

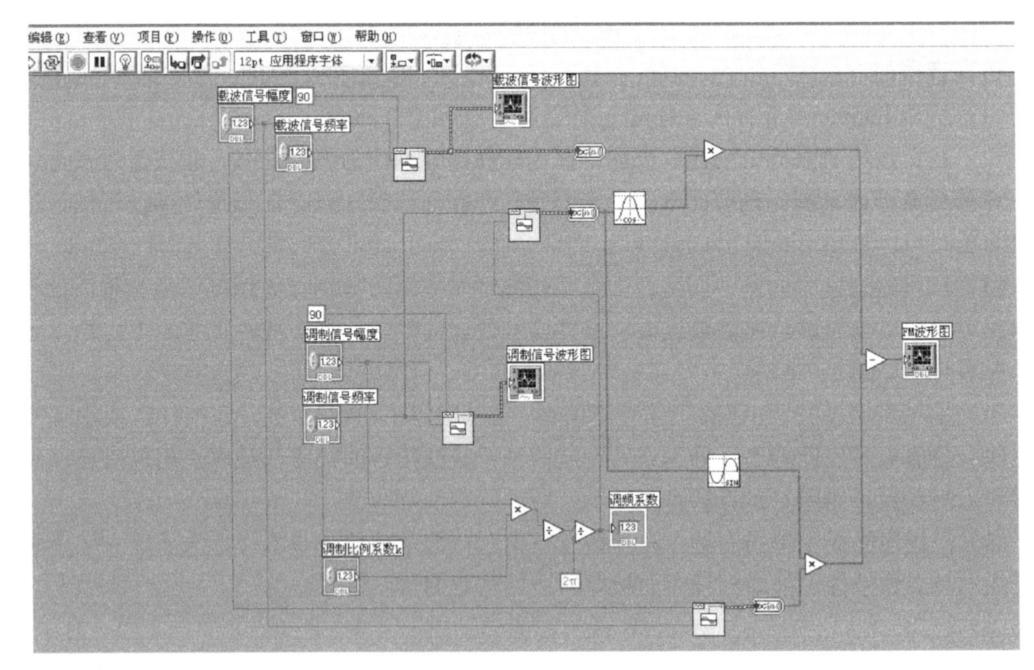

图 C.12　FM 程序面板

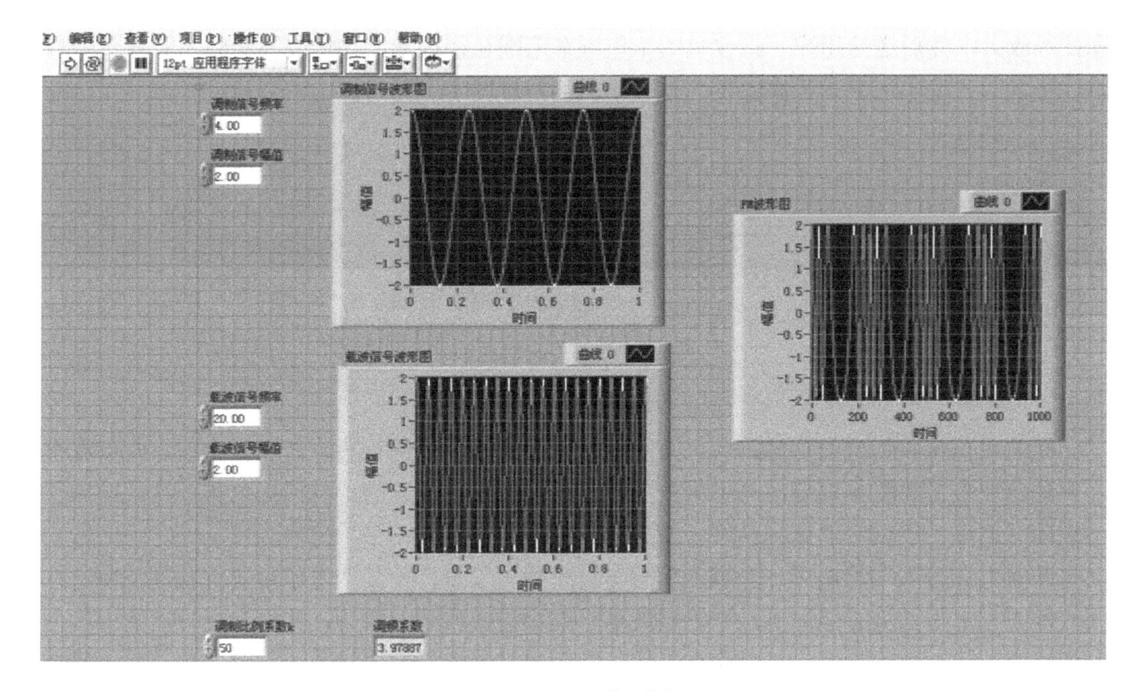

图 C.13　FM 前面板

C.3.3　超外差式接收机的仿真

超外差式原理是利用本地产生的振荡波与输入信号混频，将输入信号频率变换为某个预先确定的频率的方法。超外差原理最早是由 E.H.阿姆斯特朗于 1918 年提出的。这种方法是为了适应远程通信对高频率、弱信号接收的需要，在外差原理的基础上发展而来的。外差方法是将输入信号频率变换为音频，而阿姆斯特朗提出的方法是将输入信号变换为超音频，所以称之为超外差。1919 年利用超外差原理制成了超外差接收机。这种接收方式的性能优于高频（直接）放大式接收，所以至今仍广泛应用于远程信号的接收，并且已推广应用到测量技术等方面。

超外差原理框图如图 C.14 所示。本地振荡器产生频率为 f_L 的等幅正弦信号，输入信号是一中心频率为 f_c 的已调制频带有限信号，通常 $f_L>f_c$。这两个信号在混频器中混频，输出的差频分量称为中频信号，$f_I=f_L-f_c$ 为中频频率。输出的中频信号除中心频率由 f_c 变换到 f_I 外，其频谱结构与输入信号相同，因此中频信号保留了输入信号的全部有用信息。

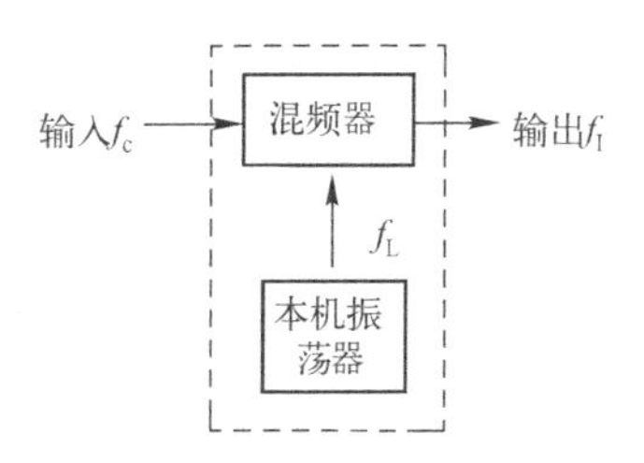

图 C.14　超外差原理框图

超外差原理的典型应用是超外差接收机（见图 C.15）。从天线接收的信号经高频放大器放大，与本地振荡器产生的信号一起加入混频器混频，得到中频信号，再经中频放大、检波和低频放大，然后送给用户。接收机的工作频率范围往往很宽，在接收不同频率的输入信号时，可以用改变本地振荡频率 f_L 的方法使混频后的中频 f_I 保持为固定的数值。

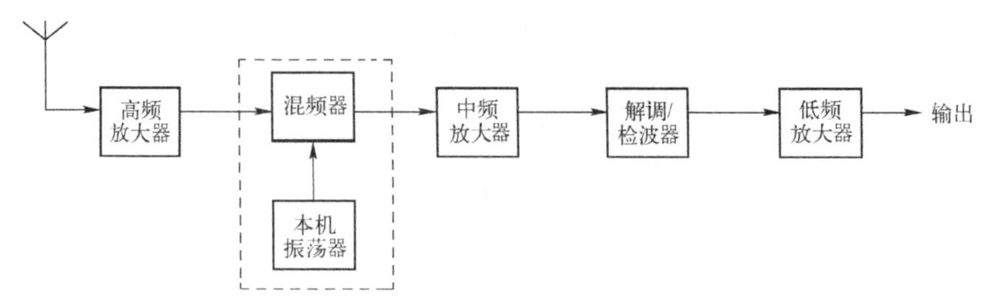

图 C.15　超外差式接收机方框图

接收机是接收信号的通信设备。常采用超外差式接收机进行接收，其原因在于此接收机在解调前加入了载波频率变换与中频放大，由于其中频是固定的，其谐振电路一次调准后，不需随时调整，所以它的选择性好、增益高、工作稳定。

仿真时在输入端给出了一个调制信号与一个载波信息，使其两个信号进行幅度调制。在接收端先与本振信号完成混频，把已调波信号的频谱搬移到中频区，接着让混频后的中频信号通过中频滤波器滤除多余的噪声和干扰，随后通过包络检波器提取出包络，恢复原来的调制信号。最后使用低通滤波器来平滑输出的波形，这样就完成了整个过程。

具体仿真步骤如下：

（1）首先建立 AM 仿真波形。

（2）在函数选板中选择一个信号作为本振信号，其目的就是将 AM 已调信号与本振信号进行混频。

（3）将混频后的信号通过函数选板中的滤波器控件（选择中频滤波器）滤除多余的噪声与干扰。

（4）选择函数选板→信号处理控件→信号操作控件选择峰值检波器即包络检波器，将包络信号提取出来。

（5）最后选择函数选板中的低通滤波器，来平滑输出波形，这样便完成了整个过程。如图 C.16 程序面板、图 C.17 前面板所示。

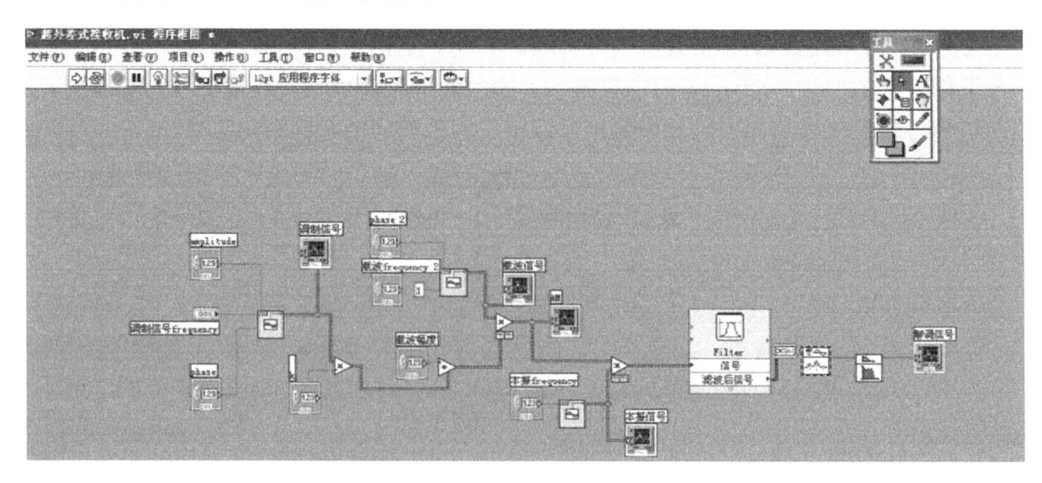

图 C.16　程序面板

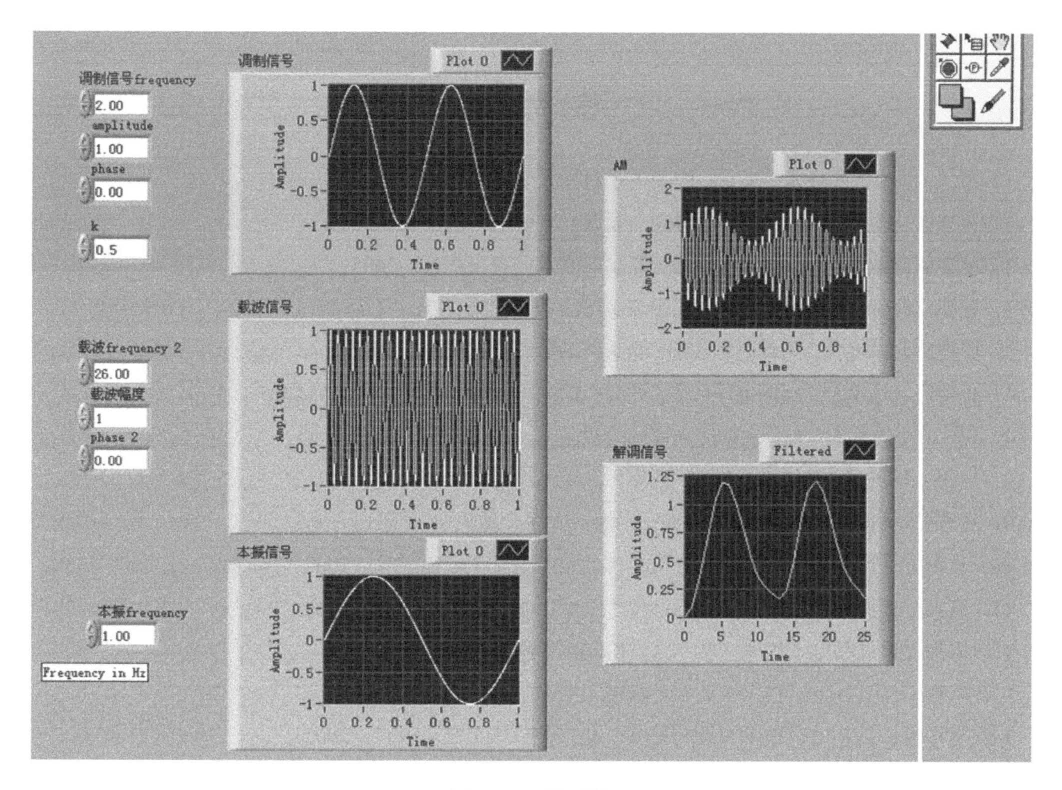
调制信号frequency
2.00
amplitude
1.00
phase
0.00
k
0.5
载波frequency 2
26.00
载波幅度
1
phase 2
0.00
本振frequency
1.00
Frequency in Hz
调制信号
Plot 0
Amplitude
Time
载波信号
本振信号
AM
解调信号
Filtered

图 C.17　前面板

参 考 文 献

1．周雪. 模拟电子技术. 西安：西安电子科技大学出版社，2002
2．胡宴如. 高频电子线路（第3版）. 北京：高等教育出版社，2004
3．胡宴如、耿苏燕. 高频电子线路. 北京：高等教育出版社，2005
4．刘骋. 高频电子技术. 北京：人民邮电出版社，2006
5．张肃文、陆兆熊. 高频电子线路. 北京：高等教育出版社，2002
6．申功迈、钮文良. 高频电子线路. 西安：西安电子科技大学出版社，2005
7．何丰. 通信电子线路. 北京：人民邮电出版社，2003
8．钱聪、陈英梅. 通信电子线路. 北京：人民邮电出版社，2004
9．蒋敦斌、林春方．高频电子线路．上海：上海交通大学出版社，2003
10．林春方．高频电子线路（第2版）．北京：电子工业出版社，2007
11．高吉祥．高频电子线路．北京：电子工业出版社．2003
12．阳昌汉．高频电子线路．哈尔滨：哈尔滨工程大学出版社，2001
13．黄亚平．高频电子技术．北京：机械工业出版社，2002
14．林冬梅．高频电子技术习题与答案．北京：机械工业出版社，2002